VOYAGE
EN ESPAGNE

OUVRAGES DU MÊME AUTEUR

LES DIEUX DE LA PEINTURE, en collaboration avec MM. Paul de Saint-Victor et Arsène Houssaye. 1 vol. illustré de 15 gravures représentant un tableau de chacun des grands maîtres.. 18

PARIS ET LES PARISIENS AU XIXᵉ SIÈCLE, en collaboration avec MM. A. Dumas, Houssaye, P. de Musset et L. Énault. 1 vol. illustré de 28 gravures sur acier............ 18

PREMIÈRES POÉSIES (Albertus. — La comédie de la mort, etc., etc.). 1 vol......... 3

POÉSIES NOUVELLES (Émaux et camées. — Théâtre en vers, etc., etc.). 1 vol....... 3

MADEMOISELLE DE MAUPIN. 1 vol.. 3

LE CAPITAINE FRACASSE. 2 vol... 7

SPIRITE, nouvelle fantastique. 1 vol.. 3

VOYAGE EN RUSSIE. 1 vol... 3 5

ROMANS ET CONTES. 1 vol... 3 5

NOUVELLES. 1 vol... 3 50

Corbeil. — Typ. et stér. de Crété fils.

DILIGENCE ESPAGNOLE. PASSAGE DU COL DE BALAGUER.

VOYAGE
EN ESPAGNE

— TRAS LOS MONTES —

PAR

THÉOPHILE GAUTIER

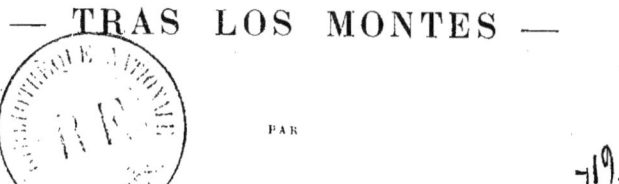

NOUVELLE ÉDITION

Illustrée de splendides gravures sur acier

PARIS

LAPLACE, SANCHEZ ET Cie, ÉDITEURS

3, RUE SÉGUIER, 3

A

MON AMI ET COMPAGNON DE VOYAGE

EUGÈNE PIOT

CE LIVRE EST DÉDIÉ

THÉOPHILE GAUTIER.

TRAS LOS MONTES

VOYAGE EN ESPAGNE

I

DE PARIS A BORDEAUX.

Il y a quelques semaines (avril 1840), j'avais laissé tomber négligemment cette phrase : « J'irais volontiers en Espagne! » Au bout de cinq ou six jours, mes amis avaient ôté le prudent conditionnel dont j'avais mitigé mon désir et répétaient à qui voulait l'entendre que j'allais faire un voyage en Espagne. A cette formule positive succéda l'interrogation : « Quand partez-vous? » Je répondis, sans savoir à quoi je m'engageais : « Dans huit jours. » Les huit jours passés, les gens manifestaient un vif étonnement de me voir encore à Paris. « Je vous croyais à Madrid, disait l'un. — Êtes-vous revenu? » demandait l'autre. Je compris alors que je devais à mes amis une absence de plusieurs mois, et qu'il fallait acquitter cette dette au plus vite, sous peine d'être harcelé sans répit par ces créanciers officieux; le foyer des théâtres, les divers asphaltes et bitumes élastiques des boulevards m'étaient interdits jusqu'à nouvel ordre : tout ce que je pus obtenir fut un délai de trois ou quatre jours, et le 5 mai je commençai à débarrasser ma patrie de ma présence importune, en grimpant dans la voiture de Bordeaux.

Je glisserai très-légèrement sur les premières postes, qui n'offrent rien de curieux. A droite et à gauche s'étendent toutes sortes de cultures tigrées et zébrées qui ressemblent parfaitement à ces cartes de tailleurs où sont collés les échantillons de pantalons et de gilets. Ces perspectives font les délices des agronomes, des propriétaires et autres bourgeois, mais offrent une maigre pâture au voyageur enthousiaste et descriptif qui, la lorgnette en main, s'en va prendre le signalement de l'univers. Étant parti le soir, mes premiers souvenirs, à dater de Versailles, ne sont que de faibles ébauches estompées par la nuit. Je regrette d'avoir passé par Chartres sans avoir pu voir la cathédrale.

Entre Vendôme et Château-Regnault, qui se prononce *Chtrnô* dans la langue des postillons, si bien imitée par Henri Monnier, quand il fait son admirable charge de la diligence, s'élèvent des collines boisées où les habitants creusent leurs maisons dans le roc vif et demeurent sous terre, à la façon des anciens Troglodytes : ils vendent la pierre qu'ils retirent de leurs excavations, de sorte que chaque maison en creux en produit une en relief comme un plâtre qu'on ôterait d'un moule, ou une tour qu'on sortirait d'un puits; la cheminée, long tuyau pratiqué au marteau dans l'épaisseur de la roche, aboutit à fleur de terre, de façon que la fumée part du sol même en spirales bleuâtres et sans cause visible comme d'une soufrière ou d'un terrain volcanique. Il est très-facile au promeneur facétieux de jeter des pierres dans les omelettes de ces populations cryptiques, et les lapins distraits ou myopes doivent fréquemment tomber tout vifs dans la marmite. Ce genre de constructions dispense de descendre à la cave pour chercher du vin.

Château-Regnault est une petite ville à pentes tournantes et rapides, bordées de maisons mal assises et chancelantes, qui ont l'air de s'épauler les unes les autres pour se tenir debout; une grosse tour ronde, posée sur quelques talus d'anciennes fortifications drapées çà et là de vertes nappes de lierre, relève un peu sa physionomie. De Château-Regnault à Tours il n'y a rien de remarquable : de la terre au milieu, des arbres de chaque côté; de ces longues bandes jaunes qui s'allongent à perte de vue, et que l'on appelle *rubans de queue* en style de roulier : voilà tout ; puis la route s'enfonce tout à coup entre deux glacis assez escarpés, et, au bout de quelques minutes, on découvre la ville de Tours, que ses pruneaux, Rabelais et M. de Balzac ont rendue célèbre.

Le pont de Tours est très-vanté et n'a rien de fort extraordinaire en lui-même; mais l'aspect de la ville est charmant. Quand j'y arrivai, le ciel, où traînaient nonchalamment quelques flocons de nuages, avait une teinte bleue d'une douceur extrême; une ligne blanche, pareille à la raie tracée sur un verre par l'angle d'un diamant, coupait la surface limpide de la Loire; ce feston était formé par une petite cascatelle provenant d'un de ces bancs de sable si fréquents dans le lit de cette rivière. Saint-Gatien profilait dans la limpidité de l'air sa silhouette brune et ses flèches gothiques ornées de boules et de renflements comme les clochers du Kremlin, ce qui donnait à la découpure de la ville une apparence moscovite tout à fait pittoresque; quelques tours et quelques clochers, appartenant à des églises dont je ne sais pas les noms, achevaient le tableau ; des bateaux à voiles blanches glissaient avec un mouvement de cygne endormi sur le miroir azuré du fleuve. J'aurais bien voulu visiter la maison de Tristan l'Ermite, le formidable compère de Louis XI, qui est restée dans un état de conservation merveilleuse avec ses ornements terriblement significatifs, composés de lacs, de cordes et autres instruments de tortures entremêlés, mais je n'en ai point eu le temps ; il m'a fallu me contenter de suivre la Grande-Rue, qui doit faire l'orgueil des Tourangeaux, et qui a des prétentions à la rue de Rivoli.

Châtellerault, qui jouit d'une grande réputation sous le rapport de la coutellerie, n'a rien de particulier qu'un pont avec des tours anciennes à chaque bout, qui font un effet féodal et romantique le plus charmant du monde. Quant à sa manufacture d'armes, c'est une grande masse blanche avec une multitude de fenêtres. De Poitiers, je n'en puis rien dire, l'ayant traversé par une pluie battante et une nuit plus noire qu'un four, sinon que son pavé est parfaitement exécrable.

Quand le jour revint, la voiture parcourait un pays boisé d'arbres vert-pomme plantés dans une terre du rouge le plus vif ; cela faisait un effet très-singulier : les maisons étaient couvertes de toits en tuiles creuses à l'italienne avec des cannelures ; ces tuiles étaient aussi d'un rouge éclatant, couleur étrange pour des yeux accoutumés aux tons de bistre et de suie des toitures parisiennes. Par une bizarrerie dont le motif m'échappe, les constructeurs du pays commencent les maisons par les toits ; les murs et les fondations viennent ensuite. L'on pose la charpente sur quatre forts madriers, et les couvreurs font leur besogne avant les maçons.

C'est vers cet endroit que commence cette longue orgie de pierres de taille qui ne s'arrête qu'à Bordeaux ; la moindre masure sans porte ni fenêtre est en pierres de taille, les murs des jardins sont formés de gros blocs superposés à sec ; le long de la route, à côté des portes, vous voyez d'énormes tas de pierres superbes, avec lesquelles il serait facile de bâtir à peu de frais des Chenonceaux et des Alhambras ; mais les habitants se contentent de les entasser carrément et de recouvrir le tout d'un couvercle de tuiles rouges ou jaunes, dont les découpures contrariées forment un feston d'un effet assez gracieux.

Angoulême, ville bizarrement juchée sur un coteau fort roide au pied duquel la Charente fait babiller deux ou trois moulins, est bâtie dans ce système ; elle a une espèce de faux air italien, augmenté encore par les massifs d'arbres qui couronnent ses escarpements et un grand pin évasé en parasol comme ceux des villas romaines. Une vieille tour, qui, si ma mémoire est fidèle, est surmontée d'un télégraphe (le télégraphe sauve beaucoup de vieilles tours), donne de la sévérité à l'aspect général et fait tenir à la ville une assez bonne place sur le bord de l'horizon. En gravissant la montée, je remarquai une maison barbouillée extérieurement de fresques grossières représentant quelque chose comme Neptune, Bacchus ou peut-être Napoléon. Le peintre ayant négligé de mettre le nom à côté, toutes suppositions sont permises et peuvent se défendre.

Jusque-là, j'avoue qu'une excursion à Romainville ou à Pantin eût été tout aussi pittoresque ; rien de plus plat, de plus nul, de plus insipide que ces interminables lanières de terrain, pareilles à ces bandelettes au moyen desquelles les lithographes renferment les boulevards de Paris dans une même feuille de papier. Des haies d'aubépine et des ormes rachitiques, des ormes rachitiques et des haies d'aubépine, et plus loin, quelque file de peupliers, plumets verts piqués dans une terre plate, ou quelque saule au tronc difforme, à la perruque enfarinée, voilà pour le paysage ; pour figure, quelque pionnier ou cantonnier, hâlé comme un More d'Afrique, qui vous regarde passer la main appuyée sur le manche de son marteau, ou bien quelque pauvre soldat qui regagne son corps, suant et chancelant sous le harnais. Mais au delà d'Angoulême, la physionomie du terrain change, et l'on commence à comprendre qu'on est à une certaine distance de la banlieue.

En sortant du département de la Charente, on rencontre la première lande : ce sont d'immenses nappes de terre grise, violette, bleuâtre, avec des ondulations plus ou moins prononcées. Une mousse courte et rare, des bruyères d'un ton roux et des genêts rabougris forment toute la végétation. C'est la tristesse de la Thébaïde égyptienne, et à chaque minute l'on s'attend à voir défiler des dromadaires et des chameaux : on ne dirait pas que l'homme ait jamais passé par là.

La lande traversée, on entre dans une région assez pittoresque. Sur le bord de la route sont groupées çà et là des maisons enfouies comme des nids dans des bouquets d'arbres, qui ressemblent à des tableaux d'Hobbema, avec leurs grands toits, leurs puits bordés de vigne folle, leurs grands bœufs aux yeux étonnés, et leurs poules qui picorent sur le fumier ; toutes ces maisons, bien entendu, sont en pierres de taille, ainsi que les clôtures des jardins. De tous les côtés on voit des ébauches de constructions abandonnées par pur caprice, et recommencées à quelques pas de là ; les indigènes sont à peu près comme les enfants à qui l'on a donné pour étrennes *un jeu d'architecture* avec lequel, au moyen d'un certain nombre de morceaux de bois taillés à angle droit, on peut bâtir toutes sortes d'édifices ; ils ôtent leur toit, déplacent les pierres de leurs maisons, et avec les mêmes pierres en élèvent une tout à fait différente. Au bord du chemin s'épanouissent des jardins entourés de beaux arbres de la plus humide fraîcheur et diaprés de pois en fleur, de marguerites et de roses ; et la vue plonge sur des prairies où les vaches ont de l'herbe jusqu'au poitrail. Un chemin de traverse tout parfumé d'aubépines et d'églantiers, un groupe d'arbres sous lequel on aperçoit un chariot dételé, quelques paysannes avec leurs bonnets évasés comme un turban d'uléma et une étroite jupe rouge : mille détails inattendus réjouissent les yeux et varient la route. En passant un glacis de bitume sur la teinte écarlate des toits, l'on pourrait se croire en Normandie. Flers et Cabat trouveraient là des tableaux tout faits. C'est vers cette latitude que les bérets commencent à se montrer ; ils sont tous bleus, et leur forme élégante est bien supérieure à celle des chapeaux.

C'est aussi de ce côté que l'on rencontre les premières voitures traînées par des bœufs ; ces chariots ont un aspect assez homérique et primitif : les bœufs sont attelés par la tête à un joug commun garni d'un petit frontail en peau de mouton ; ils ont un air doux, grave et résigné, tout à fait sculptural et digne des bas-reliefs éginétiques. La plupart portent un caparaçon de toile blanche qui les garantit des mouches et des taons ; rien n'est plus singulier à voir que ces bœufs en chemise, qui lèvent lentement vers vous leurs mufles humides et lustrés et leurs grands yeux d'un bleu sombre que les Grecs, ces connaisseurs en beauté, trouvaient assez remarquables pour en faire l'épithète sacramentelle de Junon : *Boôpis Hèrè*.

Une noce qui se faisait dans une auberge me fournit l'occasion de voir ensemble quelques naturels du pays ; car, dans un espace de plus de cent lieues, je n'avais pas aperçu dix personnes. Ces naturels sont fort laids, les femmes surtout ; il n'y a aucune différence entre les jeunes et les vieilles : une paysanne de vingt-cinq ans ou une de soixante sont également flétries et ridées. Les petites filles ont des bonnets aussi développés que ceux de leurs grand'mères, ce qui leur donne l'air de ces gamins turcs à tête énorme et à corps fluet des pochades de Decamps. Dans l'écurie de cette auberge je vis un monstrueux bouc noir, avec d'immenses cornes en spirale, des yeux jaunes et flamboyants, qui avait un air hyperdiabolique et aurait fait au moyen âge un digne président de sabbat.

Le jour baissait quand on arriva à Cubzac. Autrefois l'on passait la Dordogne dans un bac ; la largeur et la rapidité de ce fleuve rendaient la traversée dangereuse, maintenant le bac est remplacé par un pont suspendu de la plus grande hardiesse : l'on sait que je ne suis pas très-grand admirateur des inventions modernes, mais c'est réellement un ouvrage digne de l'Égypte et de Rome par ses dimensions colossales et son aspect grandiose. Des jetées formées par une suite d'arches dont la hauteur s'élève progressivement vous conduisent jusqu'au tablier suspendu. Les vaisseaux peuvent passer dessous à toutes voiles comme entre les jambes du colosse de Rhodes. Des espèces de tours en fonte fenestrée, pour les rendre plus légères, servent de chevalets aux fils de fer qui se croisent avec une symétrie de résistance habilement calculée ; ces câbles se dessinent dans le ciel avec une ténuité et une délicatesse de fil d'araignée, qui ajoutent encore au merveilleux de la construction.

Deux obélisques de fonte sont posés à chaque bout comme au péristyle d'un monument thébain, et cet ornement n'est pas déplacé là, car le gigantesque génie architectural des Pharaons ne désavouerait pas le pont de Cubzac. Il faut treize minutes, montre en main, pour le traverser.

Une ou deux heures après, les lumières du pont de Bordeaux, autre merveille d'un aspect moins saisissant, scintillaient à une distance que mon appétit espérait beaucoup plus courte, car la rapidité du voyage s'obtient toujours aux dépens de l'estomac du voyageur. Après avoir épuisé les bâtons de chocolat, les biscuits et autres provisions de voiture, nous commencions à avoir des idées de cannibales. Mes compagnons me regardaient avec des yeux faméliques, et, si nous avions eu encore une poste à faire, nous aurions renouvelé les horreurs du radeau de *la Méduse*, nous aurions mangé nos bretelles, les semelles de nos bottes, nos chapeaux gibus et autres nourritures à l'usage des naufragés qui les digèrent parfaitement bien.

A la descente de voiture on est assailli par une foule de commissionnaires qui se distribuent vos effets et se mettent une vingtaine pour porter une paire de bottes : ceci n'a rien que d'ordinaire ; mais ce qui est plus drôle, ce sont des espèces d'argousins apostés en vedette par les maîtres des hôtels pour happer le voyageur au passage. Toute cette canaille s'égosille à débiter en charabia des kyrielles d'éloges et d'injures : l'un vous prend par le bras, l'autre par la jambe, celui-là par la queue de votre habit, celui-ci par le bouton de votre paletot : « Monsieur, venez à l'hôtel de Nantes, on est très-bien ! — Monsieur, n'y allez pas, c'est l'hôtel des punaises, voilà son vrai nom, se hâte de dire le représentant d'une auberge rivale. — Hôtel de Rouen! hôtel de France! crie la bande qui vous suit en vociférant. — Monsieur, ils ne nettoient jamais leurs casseroles ; ils font la cuisine avec du saindoux ; il pleut dans les chambres ; vous serez écorché, volé, assassiné. » Chacun cherche à vous dégoûter des établissements rivaux, et ce cortége ne vous quitte que lorsque vous êtes entré définitivement dans un hôtel quelconque. Alors ils se querellent entre eux, se donnent des gourmades et s'appellent brigands et voleurs, et autres injures tout à fait vraisemblables, puis ils se mettent en toute hâte à la poursuite d'une autre proie.

Bordeaux a beaucoup de ressemblance avec Versailles pour le goût des bâtiments ; on voit qu'on a été préoccupé de cette idée de dépasser Paris en grandeur ; les rues sont plus larges, les maisons plus vastes, les appartements plus hauts. Le théâtre a des dimensions énormes ; c'est l'Odéon fondu dans la Bourse. Mais les habitants ont de la peine à remplir leur ville ; ils font tout ce qu'ils peuvent pour paraître nombreux ; mais toute leur turbulence méridionale ne suffit pas à meubler ces bâtisses disproportionnées ; ces hautes fenêtres ont rarement des rideaux, et l'herbe croît mélancoliquement dans les immenses cours. Ce qui anime la ville, ce sont les grisettes et les femmes du peuple, elles sont réellement très-jolies ; presque toutes ont le nez droit, les joues sans pommettes, de grands yeux noirs dans un ovale pâle d'un effet charmant. Leur coiffure est très-originale ; elle se compose d'un madras de couleurs éclatantes, posé à la façon des créoles, très en arrière, et contenant les cheveux qui tombent assez bas sur la nuque ; le reste de l'ajustement consiste en un grand châle droit qui va jusqu'aux talons, et une robe d'indienne à longs plis. Ces femmes ont la démarche alerte et vive, la taille souple et cambrée, naturellement fine. Elles portent sur leur tête les paniers, les paquets et les cruches d'eau qui, par parenthèse, sont d'une forme très-élégante. Avec leur amphore sur la tête, leur costume à plis droits, on les prendrait pour des filles grecques et des princesses Nausicaa allant à la fontaine. La cathédrale, construite par les Anglais, est assez belle ; le portail renferme des statues d'évêques de grandeur naturelle, d'une exécution beaucoup plus vraie et plus étudiée que les statues gothiques ordinaires, qui sont traitées en arabesque et complétement sacrifiées aux exigences de l'architecture. En visitant l'église, j'aperçus, posée contre le mur, la magnifique copie du *Christ flagellé* de Riesener, d'après Titien ; elle attendait un cadre. De la cathédrale, nous nous rendîmes, mon compagnon et moi, à la tour Saint-Michel, où se trouve un caveau qui a la propriété de momifier les corps qu'on y dépose.

Le dernier étage de la tour est occupé par le gardien et sa famille, qui font leur cuisine à l'entrée du caveau et vivent là dans la familiarité la plus intime avec leurs affreux voisins ; l'homme prit une lanterne, et nous descendîmes par un escalier en spirale, aux marches usées, dans la salle funèbre. Les morts, au nombre de quarante environ, sont rangés debout autour du caveau et adossés contre la muraille ; cette attitude perpendiculaire, qui contraste avec l'horizontalité habituelle des cadavres, leur donne une apparence de vie fantasmatique très-effrayante, surtout à la lumière jaune et tremblante de la lanterne qui oscille dans la main du guide et déplace les ombres d'un instant à l'autre.

L'imagination des poëtes et des peintres n'a jamais produit de cauchemar plus horrible ; les caprices les plus monstrueux de

Goya, les délires de Louis Boulanger, les diableries de Callot et de Teniers ne sont rien à côté de cela, et tous les faiseurs de ballades fantastiques sont dépassés. Il n'est jamais sorti de la nuit allemande de plus abominables spectres ; ils sont dignes de figurer au sabbat du Brocken avec les sorcières de Faust.

Ce sont des figures contournées, grimaçantes, des crânes à demi pelés, des flancs entr'ouverts, qui laissent voir, à travers le grillage des côtes, des poumons desséchés et flétris comme des éponges : ici la chair s'est réduite en poudre et l'os perce ; là, n'étant plus soutenue par les fibres du tissu cellulaire, la peau parcheminée flotte autour du squelette comme un second suaire ; aucune de ces têtes n'a le calme impassible que la mort imprime comme un cachet suprême à tous ceux qu'elle touche ; les bouches bâillent affreusement, comme si elles étaient contractées par l'incommensurable ennui de l'éternité, ou ricanent de ce rire sardonique du néant qui se moque de la vie ; les mâchoires sont disloquées, les muscles du cou gonflés ; les poings se crispent furieusement ; les épines dorsales se cambrent avec des torsions désespérées. On dirait qu'ils sont irrités d'avoir été tirés de leurs tombes et troublés dans leur sommeil par la curiosité profane.

Le gardien nous montra un général tué en duel, — la blessure, large bouche aux lèvres bleues qui rit à son côté, se distingue parfaitement, — un portefaix qui expira subitement en levant un poids énorme, une négresse qui n'est pas beaucoup plus noire que les blanches placées près d'elle, une femme qui a encore toutes ses dents et la langue presque fraîche, puis une famille empoisonnée par des champignons, et, pour suprême horreur, un petit garçon qui, selon toute apparence, doit avoir été enterré vivant.

Cette figure est sublime de douleur et de désespoir ; jamais l'expression de la souffrance humaine n'a été portée plus loin : les ongles s'enfoncent dans la paume des mains ; les nerfs sont tendus comme des cordes de violon sur le chevalet ; les genoux font des angles convulsifs ; la tête se rejette violemment en arrière ; le pauvre petit, par un effort inouï, s'est retourné dans son cercueil.

L'endroit où ces morts sont réunis est un caveau à voûte surbaissée ; le sol, d'une élasticité suspecte, est composé d'un détritus humain de quinze pieds de profondeur. Au milieu s'élève une pyramide de débris plus ou moins bien conservés ; ces momies exhalent une odeur fade et poussiéreuse, plus désagréable que le âcres parfums du bitume et du natrum égyptien ; il y en a qui sont là depuis deux ou trois cents ans, d'autres depuis soixante ans seulement ; la toile de leur chemise ou de leur suaire est encore assez bien conservée.

En sortant de là, nous allâmes voir le beffroi, composé de deux tours réunies à leur faîte par un balcon d'un goût original et pittoresque, puis l'église de Sainte-Croix, à côté de l'hospice des vieillards, bâtiment à pleins cintres, à colonnes torses, à rinceaux découpés en *grecques* tout à fait dans le style byzantin. Le portail est enrichi d'une multitude de groupes qui exécutent assez effrontément le précepte : *Crescite et multiplicamini*. Heureusement que les arabesques efflorescentes et touffues dissimulent ce que cette manière de rendre l'esprit du texte divin pourrait avoir de bizarre.

Le musée, situé dans le magnifique hôtel de la mairie, renferme une belle collection de plâtres et un grand nombre de tableaux remarquables, entre autres deux petits cadres de Béga qui sont deux perles inestimables : c'est la chaleur et la liberté d'Adrien

Brauwer avec la finesse et le précieux de Teniers ; il y a aussi des Ostade d'une grande délicatesse, des Tiepolo du goût le plus baroque et le plus fantastique, des Jordaens, des Van Dyck et un tableau gothique qui doit être du Ghirlandajo ou du Fiesole : le musée de Paris ne possède rien en fait d'art du moyen âge qui vaille cette peinture ; seulement il est impossible d'accrocher des tableaux avec moins de goût et de discernement ; les meilleures places sont occupées par d'énormes croûtes de l'école moderne du temps de Guérin et de Lethière.

Le port est encombré de vaisseaux de toutes nations et de différents tonnages ; dans la brume du crépuscule, on dirait une multitude de cathédrales à la dérive, car rien ne ressemble plus à une église qu'un vaisseau avec ses mâts élancés en flèches, et les découpures enchevêtrées de ses cordages. Pour finir la journée, nous entrâmes au Grand-Théâtre. Notre conscience nous force de dire qu'il était plein, et cependant on jouait la *Dame Blanche* qui est loin d'être une nouveauté ; la salle est presque de la même dimension que celle de l'Opéra de Paris, mais beaucoup moins ornée. Les acteurs chantaient aussi faux qu'au véritable Opéra-Comique.

A Bordeaux, l'influence espagnole commence à se faire sentir. Presque toutes les enseignes sont en deux langues ; les libraires ont au moins autant de livres espagnols que de livres français. Beaucoup de gens *hâblent* dans l'idiome de don Quichotte et de Guzman d'Alfarache : cette influence augmente à mesure qu'on approche de la frontière ; et, à dire vrai, la nuance espagnole, dans cette demi-teinte de démarcation, l'emporte sur la nuance française : le patois que parlent les gens du pays a beaucoup plus de rapport avec l'espagnol qu'avec la langue de la mère patrie.

II

BAYONNE. — LA CONTREBANDE HUMAINE.

Au sortir de Bordeaux, les landes recommencent plus tristes, plus décharnées et plus mornes, s'il est possible; des bruyères, des genêts et des *pinadas* (forêts de pins) ; de loin en loin, quelque fauve berger accroupi gardant des troupeaux de moutons noirs, quelque cahute dans le goût des wigwams des Indiens : c'est un spectacle fort lugubre et fort peu récréatif. On n'aperçoit d'autre arbre que le pin avec son entaille d'où coule la résine. Cette large blessure, dont la couleur saumon tranche avec les tons gris de l'écorce, donne un air on ne peut plus lamentable à ces arbres souffreteux et privés de la plus grande partie de leur séve. On dirait une forêt injustement égorgée qui lève les bras au ciel pour lui demander justice.

Nous passâmes à Dax au milieu de la nuit et traversâmes l'Adour par un temps affreux, une pluie battante et une bise à décorner les bœufs. Plus nous avancions vers les pays chauds, plus le froid devenait aigre et piquant; si nous n'avions pas eu nos manteaux, nous aurions eu le nez et les pieds gelés comme les soldats de la grande armée à la campagne de Russie.

Lorsque le jour parut, nous étions encore dans les landes; mais les pins étaient entremêlés de liéges, arbres que je m'étais toujours représentés sous la forme de bouchons, et qui sont en effet des arbres énormes qui tiennent à la fois du chêne et du caroubier pour la bizarrerie de l'attitude, la difformité et la rugosité des branches. Des espèces d'étangs d'eau saumâtre et de couleur plombée s'étendaient de chaque côté de la route ; un air salin nous arrivait par bouffées ; je ne sais quelle rumeur vague bourdonnait à l'horizon. Enfin une silhouette bleuâtre se découpa sur le fond pâle du ciel : c'était la chaîne des Pyrénées. Quelques instants après, une ligne d'azur presque invisible, signature de l'Océan, nous annonça que nous étions arrivés. Bayonne ne tarda pas à nous apparaître sous la forme d'un tas de tuiles écrasées avec un clocher gauche et trapu ; nous ne voulons pas dire de mal de Bayonne, attendu qu'une ville que l'on voit par la pluie est naturellement affreuse. Le port n'était pas très-rempli ; quelques rares bateaux pontés flânaient le long des quais déserts avec un air de nonchalance et de désœuvrement admirable ; les arbres qui forment la promenade sont très-beaux et modèrent un peu l'austérité de toutes les lignes droites produites par les fortifications et les parapets. Quant à l'église, elle est badigeonnée en jaune-serin et en ventre de biche ; elle n'a de remarquable qu'une espèce de baldaquin en damas rouge, et quelques tableaux de Lépicier et autres peintres dans le goût de Vanloo.

Bayonne est une ville presque espagnole pour le langage et les mœurs : l'hôtel où nous logions s'appelait la *Fonda San-Esteban*. Sachant que nous allions faire un long voyage dans la Péninsule, on nous faisait toutes sortes de recommandations : « Achetez des ceintures rouges pour vous serrer le ventre ; munissez-vous de tromblons, de peignes et de fioles d'eau insectomortifère ; emportez du biscuit et des provisions, les Espagnols déjeunent d'une cuillerée de chocolat, dînent d'une gousse d'ail arrosée d'un verre d'eau, et soupent d'une cigarette de papier; vous devriez bien aussi vous munir d'un matelas et d'une marmite pour vous coucher et faire la soupe. » Les dialogues français-espagnols à l'usage des voyageurs n'avaient rien de très-rassurant. Au chapitre du voyageur à l'auberge, on lit ces effrayantes paroles : « Je voudrais bien prendre quelque chose. — Prenez une chaise, répond l'hôtelier. — Fort bien; mais j'aimerais mieux prendre n'importe quoi de plus nourrissant. — Qu'avez-vous apporté? poursuit le maître de la posada. — Rien, répond tristement le voyageur. — Eh bien! alors, comment voulez-vous que je vous fasse à manger? Le boucher est là-bas, le boulanger est plus loin; allez chercher du pain et de la viande, et, s'il y a du charbon, ma femme, qui s'entend un peu à la cuisine, vous accommodera vos provisions. » Le voyageur, furieux, fait un vacarme effroyable, et l'hôtelier impassible lui porte sur sa carte : 6 réaux de tapage.

La voiture qui conduit à Madrid part de Bayonne. Le conducteur est un *mayoral* avec un chapeau pointu orné de velours et houppes de soie, une veste brune brodée d'agréments de couleur, des guêtres de peau et une ceinture rouge : voilà un petit commencement de couleur locale. A partir de Bayonne, le pays est extrêmement pittoresque; la chaîne des Pyrénées se dessine plus nettement, et des montagnes aux belles lignes onduleuses varient l'aspect de l'horizon; la mer fait de fréquentes apparitions sur la droite de la route; à chaque coude l'on aperçoit subitement entre deux montagnes ce bleu sombre, doux et profond, coupé çà et là de volutes d'écume plus blanche que la neige, dont jamais aucun peintre n'a pu donner l'idée. Je fais ici amende honorable à la mer, dont j'avais parlé irrévérencieusement, n'ayant vu que la mer d'Ostende qui n'est autre chose que l'Escaut canalisé, comme le soutenait si spirituellement mon cher ami *Fritz*.

Le cadran de l'église d'Urrugne où nous passâmes, portait écrite en lettres noires cette funèbre inscription : *Vulnerant omnes, ultima necat*. Oui, tu as raison, cadran mélancolique, toutes les heures nous blessent avec la pointe acérée de tes aiguilles, et chaque tour de roue nous emporte vers l'inconnu.

Les maisons d'Urrugne et de Saint-Jean-de-Luz, qui n'en est pas très-éloigné, ont une physionomie sanguinaire et barbare, due à la bizarre coutume de peindre en rouge antique ou sang de bœuf les volets, les portes et les poutres qui retiennent les compartiments de maçonnerie. Après Saint-Jean-de-Luz, on trouve Behobie, qui est le dernier village français. On fait sur la frontière deux commerces auxquels les guerres ont donné lieu : d'abord celui des balles trouvées dans les champs, ensuite celui de la contrebande humaine. On passe un carliste comme un ballot de marchandises ; il y a un tarif : tant pour un colonel, tant pour un officier ; le marché fait, le contrebandier arrive, emporte son homme, le passe et le rend à destination comme une douzaine de foulards ou un cent de cigares. De l'autre côté de la Bidassoa l'on aperçoit Irun, le premier village espagnol ; la moitié du pont appartient à la France et l'autre à l'Espagne. Tout près de ce pont se trouve la fameuse île des Faisans, où fut célébré par procuration le mariage de Louis XIV. Il serait difficile aujourd'hui d'y célébrer quelque chose, car elle n'est pas plus grande qu'une sole frite de moyenne espèce.

Encore quelques tours de roue, je vais peut-être perdre une de mes illusions, et voir s'envoler l'Espagne de mes rêves, l'Espagne du romancero, des ballades de Victor Hugo, des nouvelles de Mérimée et des contes d'Alfred de Musset. En franchissant la ligne de démarcation, je me souviens de ce que le bon et spirituel Henri Heine me disait au concert de Liszt, avec son accent allemand plein d'*humour* et de malice : « Comment ferez-vous pour parler de l'Espagne quand vous y serez allé ? »

III

LE ZAGAL ET LES ESCOPETEROS. — IRUN. — LES PETITS MENDIANTS. ASTIGARRAGA.

La moitié du pont de la Bidassoa appartient à la France, l'autre moitié à l'Espagne, vous pouvez avoir un pied sur chaque royaume, ce qui est fort majestueux : ici le gendarme grave, honnête, sérieux, le gendarme épanoui d'avoir été réhabilité, dans les *Français* de Curmer, par Édouard Ourliac; là le soldat espagnol, habillé de vert, et savourant dans l'herbe verte les douceurs et les mollesses du repos avec une bienheureuse nonchalance. Au bout du pont vous entrez de plain-pied dans la vie espagnole et la couleur locale : Irun ne ressemble en aucune manière à un bourg français; les toits des maisons s'avancent en éventail; les tuiles, alternativement rondes et creuses, forment une espèce de crénelage d'un aspect bizarre et moresque. Les balcons très-saillants sont d'une serrurerie ancienne, ouvrée avec un soin qui étonne dans un village perdu comme Irun, et qui suppose une grande opulence évanouie. Les femmes passent leur vie sur ces balcons ombragés par une toile à bandes de couleurs, et qui sont comme autant de chambres aériennes appliquées au corps de l'édifice; les deux côtés restent libres et donnent passage à la brise fraîche et aux regards ardents ; du reste, ne cherchez pas là les teintes fauves et *culottées* (pardon du terme), les nuances de bistre et de vieille pipe qu'un peintre pourrait espérer : tout est blanchi à la chaux selon l'usage arabe; mais le contraste de ce ton crayeux avec la couleur brune et foncée des poutres, des toits et du balcon, ne laisse pas que de produire un bon effet.

Les chevaux nous abandonnèrent à Irun. On attela à la voiture dix mules rasées jusqu'au milieu du corps, mi-partie cuir, mi-partie poil, comme ces costumes du moyen âge qui ont l'air de deux moitiés d'habits différents recousues par hasard ; ces bêtes ainsi rasées ont une étrange mine et paraissent d'une maigreur effrayante ; car cette dénudation permet d'étudier à fond leur anatomie, les os, les muscles et jusqu'aux moindres veines ; avec leur queue pelée et leurs oreilles pointues, elles ont l'air d'énormes souris. Outre les dix mules, notre personnel s'augmenta d'un *zagal* et de deux *escopeteros* ornés de leur *trabuco* (tromblon). Le zagal est une espèce de coureur, de sous-mayoral, qui enraye les roues dans les descentes périlleuses, qui surveille les harnais et les ressorts, qui presse les relais et joue autour de la voiture le rôle de la mouche du coche, mais avec bien plus d'efficacité. Le costume du zagal est charmant, d'une élégance et d'une légèreté extrêmes; il porte un chapeau pointu enjolivé de bandes de velours et de pompons de soie, une veste marron ou tabac, avec des dessous de manches et un collet fait de morceaux de diverses couleurs, bleu, blanc et rouge ordinairement, et une grande arabesque épanouie au milieu du dos, des culottes constellées de boutons de filigrane, et pour chaussures des *alpargatas*, sandales attachées par des cordelettes ; ajoutez à cela une ceinture rouge et une cravate bariolée, et vous aurez une tournure tout à fait caractéristique. Les escopeteros sont des gardiens, des *miqueletes* destinés à escorter la voiture et à effrayer les *rateros* (on appelle ainsi les petits voleurs), qui ne résisteraient pas à la tentation de détrousser un voyageur isolé, mais que la vue édifiante du trabuco suffit à tenir en respect, et qui passent en vous saluant du sacramentel : *Vaya usted con Dios :* « Allez avec Dieu. » L'habit des escopeteros est à peu près semblable à celui du zagal, mais moins coquet, moins enjolivé. Ils se placent sur l'impériale, à l'arrière de la voiture, et dominent ainsi la campagne. Dans la description de notre caravane, nous avons oublié de mentionner un petit postillon monté sur un cheval, qui se tient en tête du convoi et donne l'impulsion à toute la file.

Avant de partir, il fallut encore faire viser nos passe-ports, déjà passablement chamarrés. Pendant cette importante opération, nous eûmes le temps de jeter un coup d'œil sur la population d'Irun, qui n'a rien de particulier, sinon que les femmes portent leurs cheveux, remarquablement longs, réunis en une seule tresse qui leur pend jusqu'aux reins ; les souliers y sont rares et les bas encore davantage.

Un bruit étrange, inexplicable, enroué, effrayant et risible, me préoccupait l'oreille depuis quelque temps ; on eût dit une multitude de geais plumés vifs, d'enfants fouettés, de chats en amour, de scies s'agaçant les dents sur une pierre dure, de chaudrons raclés, de gonds de prison roulant sur la rouille et forcés de lâcher leur prisonnier ; je croyais tout au moins que c'était une princesse égorgée par un nécroman farouche ; ce n'était rien qu'un char à bœufs qui montait la rue d'Irun, et dont les roues miaulaient affreusement faute d'être suiffées, le conducteur aimant mieux sans doute mettre la graisse dans sa soupe. Ce char n'avait assurément rien que de fort primitif; les roues étaient pleines et tournaient avec l'essieu, comme dans les petits chariots que font les enfants avec de l'écorce de potiron. Ce bruit s'entend d'une demi-lieue et ne déplaît pas aux naturels du pays. Ils ont ainsi un instrument de musique qui ne leur coûte rien et qui joue de lui-même, tout seul, tant que la roue dure. Cela leur semble aussi harmonieux qu'à nous des exercices de violoniste sur la quatrième corde. Un paysan ne voudrait pas d'un char qui ne chanterait pas : ce véhicule doit dater du déluge.

Sur un ancien palais transformé en maison commune, nous vîmes pour la première fois le placard de plâtre blanc qui déshonore beaucoup d'autres vieux palais, avec l'inscription : *Plaza de la Constitucion*. Il faut bien que ce qui est dans les choses en sorte par quelque côté : l'on ne saurait choisir un meilleur symbole pour représenter l'état actuel du pays. Une constitution sur l'Espagne, c'est une poignée de plâtre sur du granit.

Comme la montée est rude, j'allai jusqu'à la porte de la ville, et, me retournant, je jetai un regard d'adieu à la France ; c'était un spectacle vraiment magnifique : la chaîne des Pyrénées s'abaissait en ondulations harmonieuses vers la nappe bleue de la mer, coupée çà et là par quelques barres d'argent, et grâce à l'extrême limpidité de l'air, on apercevait loin, bien loin, une faible ligne couleur saumon pâle, qui s'avançait dans l'incommensurable azur et formait une vaste échancrure au flanc de la côte. Bayonne et sa sentinelle avancée, Biarritz, occupaient le bout de cette pointe, et le golfe de Gascogne se dessinait aussi nettement que sur une carte de géographie; à partir de là nous ne verrons plus la mer que lorsque nous serons en Andalousie. Bonsoir, brave Océan !

La voiture montait et descendait au grand galop des pentes d'une rapidité extrême ; exercices sans balancier sur le chemin roide, qui ne peuvent s'exécuter que grâce à la prodigieuse adresse des conducteurs et à l'extraordinaire sûreté du pied des mules. Malgré cette vélocité, il nous tombait de temps en temps sur les genoux une branche de laurier, un petit bouquet de fleurs sauvages, un collier de fraises de montagnes, perles roses enfilées dans un brin d'herbe. Ces bouquets étaient lancés par de petits mendiants, filles et garçons, qui suivaient la voiture en courant pieds nus sur les pierres tranchantes : cette manière de demander l'aumône en faisant d'abord un cadeau soi-même a quelque chose de noble et de poétique.

Le paysage était charmant, un peu suisse peut-être, et d'une grande variété d'aspect. Des croupes de montagnes dont les interstices laissaient voir des chaînes plus élevées, s'arrondissaient de chaque côté de la route; leurs flancs gaufrés de différentes cultures, boisés de chênes verts, formaient un vigoureux repoussoir pour les cimes éloignées et vaporeuses ; des villages avec leurs toits de tuiles rouges s'épanouissaient au pied des montagnes dans des massifs d'arbres, et je m'attendais à chaque instant à voir sortir Kettly ou Gretly de ces nouveaux chalets. Heureusement l'Espagne ne pousse pas l'opéra-comique jusque-là.

Des torrents capricieux comme des femmes vont et viennent, forment des cascatelles, se divisent, se rejoignent à travers les rochers et les cailloux de la manière la plus divertissante, et servent de prétexte à une multitude de ponts les plus pittoresques du monde. Ces ponts multipliés à l'infini ont un caractère singulier; les arches sont échancrées presque jusqu'au garde-fou, en sorte que la chaussée sur laquelle passe la voiture semble ne pas avoir plus de six pouces d'épaisseur ; une espèce de pile triangulaire et formant bastion occupe ordinairement le milieu. Ce n'est pas un état bien fatigant que celui de pont espagnol, il n'y a pas de sinécure plus parfaite : on peut se promener dessous les trois quarts de l'année ; ils restent là avec un flegme imperturbable et une patience digne d'un meilleur sort, attendant une rivière, un filet d'eau, un peu d'humidité seulement ; car ils sentent bien que leurs arches ne sont que des arcades, et que titre de pont est une pure flatterie. Les torrents dont j'ai parlé tout à l'heure ont tout au plus quatre à cinq pouces d'eau ; mais ils suffisent pour faire beaucoup de bruit et servent à donner de la vie aux solitudes qu'ils parcourent. De loin en loin, ils font tourner quelque moulin ou quelque usine au moyen d'écluses bâties à souhait pour les paysagistes ; les maisons, dispersées dans la campagne par petits groupes, ont une couleur étrange ; elles ne sont ni noires, ni blanches, ni jaunes, elles sont couleur de dindes rôties : cette définition, pour être triviale et culinaire, n'en est pas moins d'une vérité frappante. Des bouquets d'arbres et des plaques de chênes verts relèvent heureusement les grandes lignes et les teintes vaporeusement sévères des montagnes. Nous insistons beaucoup sur ces arbres, parce que rien n'est plus rare en Espagne, et que désormais nous n'aurons guère occasion d'en décrire.

Nous changeâmes de mules à Oyarzun, et nous arrivâmes à la tombée de la nuit au village d'Astigarraga, où nous devions coucher. Nous n'avions pas encore tâté de l'auberge espagnole ; les descriptions *picaresques* et fourmillantes de *Don Quichotte* et de *Lazarille de Tormes* nous revenaient en mémoire, et tout le corps nous démangeait rien que d'y songer. Nous nous attendions à des omelettes ornées de cheveux mérovingiens, entremêlées de plumes et de pattes, à des quartiers de lard rance avec toutes leurs soies, également propres à faire la soupe et à brosser les souliers, à du vin dans des outres de bouc, comme celles que le bon chevalier de Manche tailladait si furieusement, et même nous nous attendions à rien du tout, ce qui est bien pis, et nous tremblions de n'avoir rien autre chose à prendre que le frais du soir, et de souper, comme le valeureux don Sanche, d'un air de mandoline tout sec.

Profitant du peu de jour qui nous restait, nous allâmes visiter l'église qui, à vrai dire, avait plutôt l'air d'une forteresse que d'un temple : la petitesse des fenêtres percées en meurtrières, l'épaisseur des murs, la solidité des contre-forts lui donnaient une attitude robuste et carrée, plus guerrière que pensive. Cette forme se reproduit souvent dans les églises d'Espagne. Tout autour régnait une espèce de cloître ouvert, dans lequel était suspendue une cloche d'une forte dimension, qu'on fait sonner en agitant le battant avec une corde, au lieu de donner la volée à l'énorme capsule de métal.

Quand on nous mena dans nos chambres, nous fûmes éblouis de la blancheur des rideaux du lit et des fenêtres, de la propreté hollandaise des planchers, et du soin parfait de tous les détails. De belles grandes filles bien découplées, avec leurs magnifiques tresses tombant sur les épaules, parfaitement habillées, et ne ressemblant en rien aux *maritornes* promises, allaient et venaient avec une activité de bon augure pour le souper, qui ne se fit pas attendre ; il était excellent et fort bien servi. Au risque de paraître minutieux, nous allons en faire la description ; car la différence d'un peuple à un autre se compose précisément de ces mille petits détails que les voyageurs négligent pour de grandes considérations poétiques et politiques que l'on peut très-bien écrire sans aller dans le pays.

L'on sert d'abord une soupe grasse, qui diffère de la nôtre en ce qu'elle a une teinte rougeâtre qu'elle doit au safran dont on la saupoudre pour lui donner du ton. Voilà, pour le coup, de la couleur locale, de la soupe rouge ! Le pain est très-blanc, très-serré, avec une croûte lisse et légèrement dorée ; il est salé d'une manière sensible aux palais parisiens. Les fourchettes ont la queue renversée en arrière, les pointes plates et taillées en dents de peigne ; les cuillers ont aussi une apparence de spatule que n'a pas notre argenterie. Le linge est une espèce de damas à gros grains. Quant au vin, nous devons avouer qu'il était du plus beau violet d'évêque qu'on puisse voir, épais à couper au couteau, et les carafes où il était renfermé ne lui donnaient aucune transparence.

Après la soupe, l'on apporta le *puchero*, mets éminemment espagnol, ou plutôt l'unique mets espagnol, car on en mange tous les jours d'Irun à Cadix, et réciproquement. Il entre dans la composition d'un *puchero* confortable un quartier de vache, un morceau de mouton, un poulet, quelques bouts d'un saucisson nommé *chorizo*, bourré de poivre, de piment et autres épices, des tranches de lard et de jambon, et par là-dessus une sauce véhémente aux tomates et au safran ; voici pour la partie animale. La partie végétale, appelée *verdura*, varie selon les saisons ; mais les choux et les *garbanzos* servent toujours de fond ; le *garbanzo* n'est guère connu à Paris, et nous ne pouvons mieux le définir qu'en disant : « C'est un pois qui a l'ambition d'être un haricot, et qui y réussit trop bien. » Tout cela est servi dans des plats différents, mais on mêle ces ingrédients sur son assiette de manière à produire une mayonnaise très-compliquée et d'un fort bon goût. Cette mixture paraîtra tant soit peu sauvage aux gourmets qui lisent Carême, Brillat-Savarin, Grimod de La Reynière et M. de Cussy ; cependant elle a bien son charme et doit plaire aux éclectiques et aux panthéistes. Ensuite viennent les poulets à l'huile, car le beurre est une chose inconnue en Espagne, le poisson frit, truite ou merluche, l'agneau rôti, les asperges, la salade, et, pour dessert, de petits biscuits-macarons, des amandes passées à la poêle et d'un goût exquis, du fromage de lait de chèvre, *queso de Burgos*, qui a une grande réputation qu'il mérite quelquefois. Pour finir, on apporte un cabaret avec du vin de Malaga, de Xérès et de l'eau-de-vie, *aguardiente*, qui ressemble à de l'anisette de France, et une petite coupe (*fuego*) remplie de braise pour allumer les cigarettes. Ce repas, avec quelques variantes peu importantes, se reproduit invariablement dans toutes les Espagnes...

Nous partîmes d'Astigarraga au milieu de la nuit ; comme il ne faisait pas clair de lune, il se trouve naturellement une lacune dans notre récit. Nous passâmes à Ernani, bourg dont le nom éveille les souvenirs les plus romantiques, sans y rien apercevoir que des tas de masures et de décombres vaguement ébauchés dans l'obscurité. Nous traversâmes, sans nous y arrêter, Tolosa, où nous remarquâmes des maisons ornées de fresques et de gigantesques blasons sculptés en pierre : c'était jour de marché, et la place était couverte d'ânes, de mulets pittoresquement harnachés, et de paysans à mines singulières et farouches.

A force de monter et de descendre, de passer des torrents sur des ponts de pierre sèche, nous arrivâmes enfin à Vergara, lieu de la dînée, avec une satisfaction intime, car nous n'avions plus souvenir de la *jicara de chocolate* avalée, moitié en dormant, à l'auberge d'Astigarraga.

BURGOS.

IV

VERGARA. — VITTORIA ; LE BAILE NACIONAL ET LES HERCULES FRANÇAIS. — LE PASSAGE DE PANCORBO. — LES ANES ET LES LÉVRIERS. — BURGOS. — UNE FONDA ESPAGNOLE. — LES GALÉRIENS EN MANTEAUX. — LA CATHÉDRALE. — LE COFFRE DU CID.

A Vergara, qui est l'endroit où fut conclu le traité entre Espartero et Maroto, j'aperçus pour la première fois un prêtre espagnol. Son aspect me parut assez grotesque, quoique je n'aie, Dieu merci, aucune idée voltairienne à l'endroit du clergé ; mais la caricature du Basile de Beaumarchais me revint involontairement en mémoire. Figurez-vous une soutane noire, le manteau de même couleur, et, pour couronner le tout, un immense, un prodigieux, un phénoménal, un hyperbolique et titanique chapeau, dont aucune épithète, pour boursouflée et gigantesque qu'elle soit, ne peut donner même une légère idée approximative. Ce chapeau a pour le moins trois pieds de long ; les bords sont roulés en dessus, et font devant et derrière la tête une espèce de toit horizontal. Il est difficile d'inventer une forme plus baroque et plus fantastique : cela n'empêchait pas, en somme, le digne prêtre d'avoir la mine fort respectable et de se promener avec l'air d'un homme qui a la conscience parfaitement tranquille sur la forme de sa coiffure ; au lieu de rabat, il portait un petit collet (*alzacuello*) bleu et blanc, comme les prêtres de Belgique.

Après Mondragon, qui est la dernière bourgade, comme on dit en Espagne, le dernier *pueblo* de la province de Guipuscoa, nous entrâmes dans la province d'Alava, et nous ne tardâmes pas à nous trouver au bas de la montagne de Salinas. Les montagnes russes ne sont rien à côté de cela, et tout d'abord l'idée qu'une voiture va passer par là-dessus vous paraît aussi ridicule que de marcher au plafond la tête en bas, comme les mouches. Ce prodige s'opéra grâce à six bœufs que l'on attela en tête des dix mules. Je n'ai jamais, de ma vie, entendu un vacarme pareil; le mayoral, le zagal, les escopeteros, le postillon et les bouviers faisaient assaut de cris, d'invectives, de coups de fouet, de coups d'aiguillon ; ils poussaient les jantes des roues, soutenaient la caisse par derrière, tiraient les mules par le licou, les bœufs par les cornes avec une ardeur et une furie incroyables. Cette voiture, au bout de cette interminable file d'animaux et d'hommes, faisait l'effet le plus étonnant du monde. Il y avait bien cinquante pas entre la première et la dernière bête de l'attelage. N'oublions pas, en passant, le clocher de Salinas, qui a une forme sarrasine assez ragoûtante.

Du haut de cette montagne, on voit se dérouler, si l'on regarde derrière soi, en perspectives infinies, les différents étages de la chaîne des Pyrénées; on dirait d'immenses draperies de velours épinglé jetées là au hasard et chiffonnées en plis bizarres par le caprice d'un Titan. A Royave, qui est un peu plus loin, je remarquai un magique effet de lumière. Une crête neigeuse (*sierra nevada*), que les montagnes trop rapprochées nous avaient voilée jusque-là, apparut tout à coup, se détachant sur un ciel d'un bleu lapis si foncé qu'il était presque noir. Bientôt, à tous les bords du plateau que nous traversions, d'autres montagnes levèrent curieusement leurs têtes chargées de neiges et baignées de nuages. Cette neige n'était pas compacte, mais divisée en minces filons, comme les côtes d'argent d'une gaze lamée, ce qui augmentait sa blancheur par le contraste avec les teintes d'azur et de lilas des escarpements. Le froid était assez vif et augmentait d'intensité à mesure que nous avancions. Le vent ne s'était guère réchauffé à caresser les joues pâles de ces belles vierges frileuses, et nous arrivait aussi glacial que s'il fût venu en droite ligne du pôle arctique ou antarctique. Nous nous enveloppâmes le plus hermétiquement possible dans nos manteaux, car il est extrêmement honteux d'avoir le nez gelé dans un pays torride ; grillé, passe encore.

Le soleil se couchait quand nous entrâmes dans Vittoria : après avoir traversé toutes sortes de rues d'une architecture médiocre et d'un goût maussade, la voiture s'arrêta au *parador viejo,* où l'on visita minutieusement nos malles. Notre daguerréotype surtout inquiétait beaucoup les braves douaniers ; ils ne s'en approchaient qu'avec une infinité de précautions et comme des gens qui ont peur de sauter en l'air : je crois qu'ils le prenaient pour une machine électrique ; nous nous gardâmes bien de les faire revenir de cette idée salutaire.

Nos effets visités, nos passe-ports timbrés, nous avions le droit de nous éparpiller sur le pavé de la ville. Nous en profitâmes sur-le-champ, et, traversant une assez belle place entourée d'arcades, nous allâmes tout droit à l'église ; l'ombre emplissait déjà la nef et s'entassait mystérieuse et menaçante dans les coins obscurs où l'on démêlait vaguement des formes fantasmatiques. Quelques petites lampes tremblotaient sinistrement jaunes et enfumées comme des étoiles dans du brouillard. Je ne sais quelle fraîcheur sépulcrale me saisissait l'épiderme, et ce ne fut pas sans un léger sentiment de peur que j'entendis murmurer par une voix lamentable, tout près de moi, la formule sacramentelle : *Caballero, una limosina por amor de Dios.* C'était un pauvre diable de soldat blessé qui nous demandait la charité. Ici les soldats mendient, action qui a son excuse dans leur misère profonde, car ils sont payés fort irrégulièrement. Dans l'église de Vittoria je fis connaissance avec ces effrayantes sculptures en bois colorié dont les Espagnols font un si étrange abus.

Après un souper (*cena*) qui nous fit regretter celui d'Astigarraga, l'idée nous vint d'aller au spectacle : nous avions été affriandés, en passant, par une pompeuse affiche annonçant une représentation extraordinaire d'hercules français, qui devait se terminer par un certain *baile nacional* (danse du pays) qui nous paraissait gros de cachuchas, de boléros, de fandangos et autres danses endiablées.

Les théâtres, en Espagne, n'ont généralement pas de façade, et ne se distinguent des autres maisons que par les deux ou trois quinquets fumeux accrochés à la porte. Nous prîmes deux stalles d'orchestre, qu'on nomme places de lunette (*asientos de luneta*), et nous nous enfournâmes bravement dans un couloir dont le sol n'était ni planchéié ni carrelé, mais en simple terre naturelle. On ne se gêne guère plus avec les murailles des couloirs qu'avec les murs des monuments publics qui portent l'inscription : *Défense, sous peine d'amende, de déposer,* etc., etc. Mais, en nous bouchant bien hermétiquement le nez, nous arrivâmes à nos places seulement asphyxiés à demi. Ajoutez à cela qu'on fume perpétuellement pendant les entr'actes, et vous n'aurez pas une idée bien balsamique d'un théâtre espagnol.

L'intérieur de la salle est cependant plus confortable que les abords ne le promettent; les loges sont assez bien diposées, et, quoique la décoration soit très-simple, elle est fraîche et propre. Les *asientos de luneta* sont des fauteuils rangés par files et numérotés; il n'y a pas de contrôleur à la porte pour prendre vos billets, mais un petit garçon vient vous les demander avant la fin du spectacle; on ne vous prend à la première porte qu'une contre-marque d'entrée générale.

Nous espérions trouver là le type espagnol féminin, dont nous n'avions encore eu que peu d'exemples; mais les femmes qui garnissent les loges et les galeries n'avaient d'espagnol que la mantille et l'éventail : c'était déjà beaucoup, mais ce n'était pas assez cependant. Le public se composait généralement de militaires, ainsi que dans toutes les villes où il y a garnison. On se tient debout au parterre, comme dans les théâtres tout à fait primitifs. Pour ressembler au théâtre de l'hôtel de Bourgogne, il ne manquait vraiment à celui-ci qu'une rangée de chandelles et un moucheur; mais les verres des quinquets étaient faits avec des lamelles disposées en côtes de melons et réunies en haut par un cercle de fer-blanc, ce qui n'est pas d'une industrie bien avancée. L'orchestre, composé d'une seule file de musiciens, presque tous jouant d'instruments de cuivre, soufflait vaillamment dans les cornets à piston une ritournelle toujours la même, et rappelant la fanfare de Franconi.

Nos compatriotes herculéens soulevèrent des masses de poids, tordirent beaucoup de barres de fer, au grand contentement de l'assemblée, et le plus léger des deux exécuta une ascension sur la corde roide et autres exercices, hélas! trop connus à Paris, mais neufs probablement pour la population de Vittoria. Nous séchions d'impatience dans nos stalles, et je récurais le verre de ma lorgnette avec une activité furieuse, pour ne rien perdre du *baile nacional*. Enfin l'on détendit les chevalets, et les *Turcs* de service emportèrent les poids et tout le matériel des hercules. Représentez-vous bien, ami lecteur, l'attente passionnée de deux jeunes Français enthousiastes et romantiques qui vont voir pour la première fois une danse espagnole... en Espagne!

Enfin la toile se leva sur une décoration qui avait des velléités, non suivies d'effet, d'être enchanteresse et féerique; les cornets à piston soufflèrent avec plus de fureur que jamais la fanfare déjà décrite, et le *baile nacional* s'avança sous la figure d'un danseur et d'une danseuse armés tous deux de castagnettes.

Je n'ai rien vu de plus triste et de plus lamentable que ces deux grands débris qui *ne se consolaient pas entre eux*.

Le théâtre à quatre sous n'a jamais porté sur ses planches vermoulues un couple plus usé, plus éreinté, plus édenté, plus chassieux, plus chauve et plus en ruine. La pauvre femme, qui s'était plâtrée avec du mauvais blanc, avait une teinte bleu de ciel qui rappelait à l'imagination les images anacréontiques d'un cadavre de cholérique ou d'un noyé peu frais; les deux taches rouges qu'elle avait plaquées sur le haut de ses pommettes osseuses, pour rallumer un peu ses yeux de poisson cuit, faisaient avec ce bleu le plus singulier contraste; elle secouait avec ses mains veineuses et décharnées des castagnettes fêlées qui claquaient comme les dents d'un homme qui a la fièvre ou les charnières d'un squelette en mouvement. De temps en temps, par un effort désespéré, elle tendait les ficelles relâchées de ses jarrets, et parvenait à soulever sa pauvre vieille jambe taillée en balustre, de manière à produire une petite cabriole nerveuse, comme une grenouille morte soumise à la pile de Volta, et à faire scintiller et fourmiller une seconde les paillettes de cuivre du lambeau douteux qui lui servait de basquine. Quant à l'homme, il se trémoussait sinistrement dans son coin; il s'élevait et retombait flasquement comme une chauve-souris qui rampe sur ses moignons ; il avait une physionomie de fossoyeur s'enterrant lui-même : son front ridé comme une botte à la hussarde; son nez de perroquet, ses joues de chèvre lui donnaient une apparence des plus fantastiques, et si, au lieu de castagnettes, il avait eu en main un rebec gothique, il aurait pu poser pour le coryphée de la danse des morts sur la fresque de Bâle.

Tout le temps que la danse dura, ils ne levèrent pas une fois les yeux l'un sur l'autre; on eût dit qu'ils avaient peur de leur laideur réciproque, et qu'ils craignaient de fondre en larmes en se voyant si vieux, si décrépits et si funèbres. L'homme, surtout, fuyait sa compagne comme une araignée, et semblait frissonner d'horreur dans sa vieille peau parcheminée, toutes les fois qu'une figure de la danse le forçait de s'en rapprocher. Ce boléro macabre dura cinq ou six minutes, après quoi la toile tombant mit fin au supplice de ces deux malheureux... et au nôtre.

Voilà comme le boléro apparut à deux pauvres voyageurs épris de couleur locale. Les danses espagnoles n'existent qu'à Paris, comme les coquillages, qu'on ne trouve que chez les marchands de curiosités, et jamais sur le bord de la mer. O Fanny Elssler! qui êtes maintenant en Amérique chez les sauvages, même avant d'aller en Espagne, nous nous doutions bien que c'était vous qui aviez inventé la cachucha!

Nous nous allâmes coucher assez désappointés. Au milieu de la nuit, on nous vint éveiller pour nous remettre en route; il faisait toujours un froid glacial, une température de Sibérie, ce qui s'explique par la hauteur du plateau que nous traversions et les neiges dont nous étions entourés. A Miranda, l'on visita encore une fois nos malles, et nous entrâmes dans la Vieille-Castille (*Castilla la Vieja*), dans le royaume de Castille et Léon, symbolisé par un lion tenant un écu semé de châteaux. Ces lions, répétés à satiété, sont ordinairement en granit grisâtre et ont une prestance héraldique assez imposante.

Entre Ameyugo et Cubo, petites bourgades insignifiantes, où l'on relaye, le paysage est extrêmement pittoresque; les montagnes se rapprochent, se resserrent, et d'immenses rochers perpendiculaires se dressent au bout de la route, escarpés comme des falaises; sur la gauche, un torrent traversé par un pont à ogive tronquée, bouillonne au fond d'un ravin, fait tourner un moulin, et couvre d'écume les pierres qui l'arrêtent. Pour que rien ne manque à l'effet, une église gothique, tombant en ruine, le toit défoncé, les murs brodés de plantes parasites, s'élève au milieu des roches; dans le fond, la Sierra se dessine vague et bleuâtre. Cette vue sans doute est belle, mais le passage de *Pancorbo* l'emporte pour la singularité et le grandiose. Les rochers ne laissent plus que la place du chemin tout juste, et l'on arrive à un endroit où deux grandes masses granitiques, penchées l'une vers l'autre, simulent l'arche d'un pont gigantesque que l'on aurait coupé par le milieu, pour fermer le passage à une armée de Titans; une seconde arche plus petite, pratiquée dans l'épaisseur de la roche, ajoute encore à l'illusion. Jamais décorateurs de théâtre n'ont imaginé une toile plus pittoresque et mieux entendue.; quand on est accoutumé aux plates perspectives des plaines, les effets surprenants que l'on rencontre à chaque pas dans les montagnes vous semblent impossibles et fabuleux.

La posada où l'on s'arrêta pour dîner avait pour vestibule une écurie. Cette disposition architecturale se répète invariablement dans toutes les posadas espagnoles, et, pour aller à sa chambre, il faut passer derrière la croupe des mules. Le vin, plus noir encore que de coutume, avait en plus un certain fumet de peau de bouc assez local. Les filles de l'auberge portaient leurs cheveux pendants jusqu'au milieu du dos; excepté cela, leur vêtement était celui des femmes françaises de la classe inférieure. Les costumes nationaux ne sont guère, en général, conservés que dans l'Andalousie; il y a maintenant en Castille bien peu d'anciens costumes. Pour les hommes, ils portaient tous le chapeau pointu, bordé de velours avec des houppes de soie, ou bien une casquette en peau de loup de forme assez féroce, et l'inévitable manteau de couleur tabac ou ramoneur. Leurs figures, du reste, ne présentaient rien de caractéristique.

De Pancorbo à Burgos, nous rencontrâmes trois ou quatre petits villages à moitié en ruine, secs comme de la pierre ponce et couleur de pain grillé, tels que Briviesca, Castil de Péones et Quintanapalla. Je doute qu'au fond de l'Asie Mineure Decamps ait jamais trouvé des murailles plus rôties, plus roussies, plus fauves, plus grenues, plus croustillantes et plus égratignées que celles-là. Le long de ces murailles flânaient de certains ânes qui valent bien les ânes turcs, et qu'il devrait aller étudier. L'âne turc est fataliste, et l'on voit à sa mine humble et rêveuse qu'il est résigné à tous les coups de bâton que le destin lui réserve et qu'il subira sans se plaindre. L'âne castillan a la mine plus philosophique et plus délibérée; il comprend qu'on ne peut se passer de lui; il est de la maison, il a lu *Don Quichotte*, et se flatte de descendre en droite ligne du célèbre grison de Sancho Pança. Côte à côte avec les ânes vaguaient aussi des chiens pur sang et d'une race superbe, parfaitement onglés, râblés et coiffés, entre autres, de grands lévriers dans le goût de Paul Véronèse et de Velasquez, d'une taille et d'une beauté admirables, sans compter quelques douzaines de *muchachos* ou gamins dont les yeux pétillaient dans les guenilles comme des diamants noirs.

La Castille vieille est, sans doute, ainsi nommée à cause du grand nombre de vieilles qu'on y rencontre, et quelles vieilles! Les sorcières de Macbeth traversant la bruyère de Dunsinane pour aller préparer leur infernale cuisine, sont de charmantes jeunes filles en comparaison : les abominables mégères des caprices de Goya, que j'avais pris jusqu'à présent pour des cauchemars et des chimères monstrueuses, ne sont que des portraits d'une exactitude effrayante; la plupart de ces vieilles ont de la barbe comme du fromage moisi, et des moustaches comme des grenadiers; et puis, c'est leur accoutrement qu'il faut voir! on prendrait un morceau d'étoffe, et l'on travaillerait pendant dix ans à le salir, à le râper, à le trouer, à le rapiécer, à lui faire perdre sa couleur primitive, que l'on n'arriverait pas à cette sublimité du haillon! Ces agréments sont rehaussés par une mine hagarde et farouche, bien différente de la tenue humble et piteuse des pauvres gens de France.

Un peu avant d'arriver à Burgos, l'on nous fit remarquer, dans le lointain, un grand édifice sur une colline : c'était la *Cartuja de Miraflores* (la Chartreuse), dont nous aurons occasion de parler plus amplement. Bientôt après, les flèches de la cathédrale développèrent sur le ciel leurs dentelures de plus en plus distinctes ; une demi-heure après, nous entrions dans l'ancienne capitale de la Vieille-Castille.

La place de Burgos, au milieu de laquelle s'élève une assez médiocre statue en bronze de Charles III, est grande et ne manque pas de caractère. Des maisons rouges, supportées par des piliers de granit bleuâtre, la ferment de tous côtés. Sous les arcades et sur la place, se tiennent toutes sortes de petits marchands et se promènent une infinité d'ânes, de mulets et de paysans pittoresques. Les guenilles castillanes se produisent là dans toute leur splendeur. Le moindre mendiant est drapé noblement dans son manteau comme un empereur romain dans sa pourpre. Je ne saurais mieux comparer ces manteaux, pour la couleur et la substance, qu'à de grands morceaux d'amadou déchiquetés par le bord. Le manteau de don César de Bazan, dans la pièce de *Ruys Blas*, n'approche pas de ces triomphantes et glorieuses guenilles. Tout cela est si râpé, si sec, si inflammable, qu'on les trouve imprudents de fumer et de battre le briquet. Les petits enfants de six ou huit ans ont aussi leurs manteaux, qu'ils portent avec la plus ineffable gravité. Je ne puis me rappeler sans rire un pauvre petit diable qui n'avait plus qu'un collet qui lui couvrait à peine l'épaule, et qui se drapait dans les plis absents d'un air si comiquement piteux, qu'il eût déridé le spleen en personne. Les condamnés au *presidio* (travaux forcés) balayent la ville et enlèvent les immondices sans quitter les haillons qui les emmaillottent. Ces galériens en manteaux sont bien les plus étonnantes canailles que l'on puisse voir. A chaque coup de balai, ils vont s'asseoir ou se coucher sur le seuil des portes. Rien ne leur serait plus facile que de s'échapper, et, comme j'en fis l'objection, on me répondit qu'ils ne le faisaient pas par un effet de la bonté naturelle de leur caractère.

La fonda où nous descendîmes était une vraie fonda espagnole où personne n'entendait un mot de français ; il nous fallut bien déployer notre castillan, et nous écorcher le gosier à râler l'abominable *jota*, son arabe et guttural qui n'existe pas dans notre langue, et je dois dire que, grâce à l'extrême intelligence qui distingue ce peuple, on nous comprenait assez bien. L'on nous apportait bien quelquefois de la chandelle quand nous demandions de l'eau, ou du chocolat quand nous voulions de l'encre ; mais, à part ces petites méprises, fort pardonnables, tout allait pour le mieux. L'auberge était desservie par un peuple de maritornes échevelées qui portaient les plus beaux noms du monde : Casilda, Matilde, Balbina ; les noms sont toujours charmants en Espagne : Lola, Bibiana, Pepa, Hilaria, Carmen, Cipriana, servent d'étiquette aux créatures les moins poétiques qu'on puisse voir ; l'une de ces filles avait les cheveux d'un roux très-véhément, couleur qui est très-fréquente en Espagne, où il y a beaucoup de blondes et surtout beaucoup de rousses, contre l'idée généralement reçue.

On ne met pas ici de buis bénit dans les chambres, mais de grands rameaux en forme de palmes, tressés, nattés et tire-bouchonnés avec beaucoup d'élégance et de soin. Les lits n'ont pas de traversin, mais deux oreillers plats que l'on superpose; ils sont généralement fort durs, quoique la laine en soit bonne; mais on n'est pas dans l'habitude de carder les matelas, on en retourne seulement la laine au bout de deux bâtons.

En face de nos fenêtres, nous avions une enseigne assez bizarre, celle d'un maître en chirurgie qui s'était fait représenter avec son élève sciant le bras à un pauvre diable assis sur une chaise, et nous apercevions la boutique d'un barbier qui, je vous le jure, ne ressemblait nullement à Figaro. Nous voyions reluire à travers ses vitres un grand plat à barbe en cuivre jaune assez brillant, que don Quichotte, s'il était de ce monde, aurait bien pu prendre pour l'armet de Mambrin. Les barbiers espagnols, s'ils ont perdu leur costume, ont conservé leur adresse, et rasent avec beaucoup de dextérité.

Pour avoir été si longtemps la première ville de la Castille, Burgos ne conserve pas une physionomie gothique bien prononcée; à l'exception d'une rue où se trouvent quelques fenêtres et quelques portiques du temps de la Renaissance, avec des blasons supportés par des figures, les maisons ne remontent guère au delà du commencement du dix-septième siècle, et n'ont rien que de très-vulgaire; elles sont surannées et ne sont pas antiques. Mais Burgos a sa cathédrale, qui est une des plus belles du monde; malheureusement, comme toutes les cathédrales gothiques, elle est enchâssée dans une foule de constructions ignobles, qui ne permettent pas d'en apprécier l'ensemble et d'en saisir la masse.

Le principal portail donne sur une place au milieu de laquelle s'élève une jolie fontaine surmontée d'un délicieux christ en marbre blanc, point de mire de tous les polissons de la ville, qui n'ont pas de plus doux passe-temps que de jeter des pierres contre les sculptures. Ce portail, qui est magnifique, brodé, fouillé et fleuri comme une dentelle, a été malheureusement gratté et raboté jusqu'à la première frise par je ne sais quels prélats italiens, grands amateurs d'architecture simple, de murailles sobres et d'ornements de bon goût, qui voulaient arranger la cathédrale à la romaine, ayant grand'pitié de ces pauvres architectes barbares qui pratiquaient peu l'ordre corinthien, et n'avaient pas l'air de se douter des agréments de l'attique et du fronton triangulaire. Beaucoup de gens sont encore de cet avis en Espagne, où le goût *messidor* fleurit dans toute sa pureté, et préfèrent aux églises gothiques les plus épanouies et les plus richement ciselées toutes sortes d'abominables édifices percés de beaucoup de fenêtres et *ornés* de colonnes pestumniennes, absolument comme en France, avant que l'école romantique eût remis le moyen âge en honneur et fait comprendre le sens et la beauté des cathédrales. Deux flèches aiguës tailladées en scie, découpées à jour comme à l'emporte-pièce, festonnées et brodées, ciselées jusque dans les moindres détails, comme un chaton de bague, s'élancent vers Dieu avec toute l'ardeur de la foi et tout l'emportement d'une conviction inébranlable. Ce ne sont pas nos campaniles incrédules qui oseraient se risquer dans le ciel, n'ayant pour se soutenir que des dentelles de pierre et des nervures minces comme des fils d'araignée. Une autre tour, sculptée aussi avec une richesse inouïe, mais moins haute, marque la place où se joignent les bras de la croix, et complète la magnificence de la silhouette. Une foule innombrable de statues de saints, d'archanges, de rois, de moines, animent toute cette architecture, et cette population de pierres est si nombreuse, si pressée, si fourmillante, qu'elle dépasse à coup sûr le chiffre de la population en chair et en os qui occupe la ville.

Grâce à la charmante obligeance du chef politique, don Henrique de Vedia, nous pûmes visiter la cathédrale jusque dans ses moindres détails. Un volume in-8° de description, un atlas de deux mille planches, vingt salles remplies de plâtres moulés, ne donneraient pas encore une idée complète de cette prodigieuse efflorescence de l'art gothique, plus touffue et plus compliquée qu'une forêt vierge du Brésil. L'on nous pardonnera, à nous qui n'avons pu écrire qu'une simple lettre griffonnée à la hâte et de mémoire sur le coin d'une table de posada, quelques omissions et quelques négligences.

Au premier pas que l'on fait dans l'église, on est arrêté au collet par un chef-d'œuvre incomparable : c'est la porte en bois sculpté qui donne sur le cloître. Elle représente, entre autres bas-reliefs, l'entrée de Notre-Seigneur à Jérusalem ; les jambages et les portants sont chargés de figurines délicieuses, de la tournure la plus élégante et d'une telle finesse, que l'on ne peut comprendre qu'une matière inerte et sans transparence comme le bois se soit prêtée à une fantaisie si capricieuse et si spirituelle. C'est assurément la plus belle porte du monde après celle du baptistère de Florence, par Ghiberti, que Michel-Ange, qui s'y connaissait, trouvait digne d'être la porte du paradis. Il faudrait mouler cette admirable page et la couler en bronze, pour lui assurer l'éternité dont peuvent disposer les hommes.

Le chœur, où sont les stalles, qu'on appelle *silleria*, est fermé par des grilles en fer repoussé d'un travail inconcevable; le pavé est couvert, comme c'est l'usage en Espagne, d'immenses nattes de sparteries, et chaque stalle a en outre son tapis d'herbe sèche ou de jonc. En levant la tête, on aperçoit une espèce de dôme formé par l'intérieur de la tour dont nous avons déjà parlé ; c'est un gouffre de sculptures, d'arabesques, de statues, de colonnettes, de nervures, de lancettes, de pendentifs à vous donner le vertige. On regarderait deux ans qu'on n'aurait pas tout vu. C'est touffu comme un chou, fenestré comme une truelle à poisson ; c'est gigantesque comme une pyramide et délicat comme une boucle d'oreille de femme, et l'on ne peut comprendre qu'un semblable filigrane puisse se soutenir en l'air depuis des siècles ! Quels hommes étaient-ce donc que ceux qui exécutaient ces merveilleuses constructions que les prodigalités des palais féeriques ne pourraient dépasser? La race en est-elle donc perdue? Et nous, qui nous vantons d'être civilisés, ne serions-nous, en effet, que des barbares décrépits? Un profond sentiment de tristesse me serre le cœur lorsque je visite un de ces prodigieux édifices des temps passés; il me prend un découragement immense, et je n'aspire plus qu'à me retirer dans un coin, à me mettre une pierre sous la tête, pour attendre, dans l'immobilité de la contemplation, la mort, cette immobilité absolue. A quoi bon travailler? à quoi bon se remuer? L'effort humain le plus violent n'arrivera jamais au delà. Eh bien! l'on ignore les noms de ces divins artistes, et, pour en trouver quelques traces, il faut fouiller les archives poudreuses des couvents. Quand je pense que j'ai usé la meilleure portion de ma vie à rimer dix ou douze mille vers, à écrire six ou sept pauvres volumes in-8°

et trois ou quatre cents mauvais articles de journaux, et que je me trouve fatigué, j'ai honte de moi-même et de mon époque, où il faut tant d'efforts pour produire si peu de chose. Qu'est-ce qu'une mince feuille de papier à côté d'une montagne de granit?

Si vous voulez faire un tour avec nous dans cet immense madrépore, conduit par ces prodigieux polypes humains du quatorzième et du quinzième siècle, nous allons commencer par la petite sacristie, qui est une salle assez vaste malgré son titre, et renferme un *Ecce Homo*, un *Christ en croix*, de Murillo, une *Nativité*, de Jordaens, encadrée par des boiseries précieusement sculptées ; au milieu est placé un grand brasero qui sert à allumer les encensoirs et peut-être aussi les cigarettes, car beaucoup de prêtres espagnols fument, ce qui ne nous paraît pas plus inconvenant que de priser du tabac en poudre, jouissance que le clergé français se permet sans aucun scrupule. Le brasero est une grande bassine de cuivre jaune posée sur un trépied et remplie de braise ou de petits noyaux allumés et recouverts de cendre fine, qui font un feu doux. Le brasero remplace en Espagne les cheminées, qui sont fort rares.

Dans la grande sacristie, voisine de la petite, on remarque un *Christ en croix*, du Domenico Theotocopuli, dit *el Greco*, peintre extravagant et singulier, dont on prendrait les tableaux pour des esquisses du Titien, si une certaine affectation des formes aiguës et strapassées ne les faisait bientôt reconnaître. Pour donner à sa peinture l'apparence d'être faite avec une grande fierté de touche, il jette çà et là des coups de brosse d'une pétulance et d'une brutalité incroyables, des lueurs minces et acérées qui traversent les ombres comme des lames de sabre : tout cela n'empêche pas le Greco d'être un grand peintre; les bons ouvrages de sa seconde manière ressemblent beaucoup aux tableaux romantiques d'Eugène Delacroix.

Vous avez sans doute vu au musée espagnol de Paris le portrait de la fille du Greco, magnifique tête que ne désavouerait aucun maître, et vous pouvez juger quel admirable peintre ce devait être que Domenico Theotocopuli, lorsqu'il était dans son bon sens. Il paraît que la préoccupation d'éviter de ressembler au Titien, dont on prétend qu'il avait été élève, lui troubla la cervelle et le jeta dans les extravagances et les caprices qui ne laissèrent briller que par lueurs intermittentes les magnifiques facultés qu'il avait reçues de la nature ; le Greco était en outre architecte et sculpteur, sublime trinité, lumineux triangle, qui se rencontre souvent dans le ciel de l'art suprême.

Cette sacristie est entourée de boiseries formant armoires, avec des colonnes fleuries et festonnées, du goût le plus riche ; au-dessus des boiseries règne une rangée de miroirs de Venise, dont je ne m'explique guère l'usage, à moins qu'ils ne soient comme pur ornement; car ils sont trop haut pour qu'on puisse s'y regarder. Plus haut que les miroirs, les plus anciens touchant à la voûte, sont disposés par ordre chronologique les portraits de tous les évêques de Burgos, depuis le premier jusqu'à celui qui occupe aujourd'hui le siège épiscopal. Ces portraits, quoique peints à l'huile, ont un aspect de pastel et de détrempe qui vient de ce qu'on ne vernit pas les tableaux en Espagne, manque de précaution qui a laissé dévorer par l'humidité bien des chefs-d'œuvre regrettables. Ces portraits, quoique d'une grande tournure pour la plupart, ne sont cependant pas des peintures de premier ordre, et d'ailleurs ils sont accrochés trop haut pour que l'on puisse juger du mérite de l'exécution. Le milieu de la salle est occupé par un énorme buffet et d'immenses corbeilles de sparteries, où sont rangés les ornements d'église et les ustensiles du culte. Sous deux cages de verre l'on conserve comme curiosité deux arbres de corail, bien moins compliqués dans leurs ramures que la moindre arabesque de la cathédrale. La porte est historiée des armes de Burgos en relief, avec un semis de petites croix de gueules.

La salle de Jean Cuchiller, que l'on traverse après celle-ci, n'a rien de remarquable comme architecture, et nous pressions le pas pour en sortir, lorsqu'on nous pria de lever la tête et de regarder un objet des plus curieux. Cet objet était un grand coffre retenu au mur par des crampons de fer. Il est difficile d'imaginer une malle plus rapiécée, plus vermoulue et plus effondrée. C'est à coup sûr la doyenne des malles du monde ; une inscription en lettres noires ainsi conçue : *Cofre del Cid*, donna tout de suite, comme vous pouvez le croire, une énorme importance à ces quatre ais de bois pourri. Ce coffre, s'il faut en croire la chronique, est précisément celui que le fameux Ruy Diaz de Bivar, plus connu sous le nom de Cid Campéador, manquant d'argent, tout héros qu'il était, comme un simple littérateur, fit porter plein de sable et de cailloux, en nantissement, chez un honnête usurier juif qui prêtait sur gages, avec défense d'ouvrir la mystérieuse malle avant que lui, Cid Campéador, eût remboursé la somme empruntée ; ce qui prouve que les usuriers de ce temps-là étaient de plus facile composition que ceux de nos jours. L'on trouverait maintenant peu de juifs et même peu de chrétiens assez naïfs et débonnaires pour accepter un pareil gage. M. Casimir Delavigne s'est servi de cette légende dans la pièce de *la Fille du Cid*, mais il a substitué au coffre énorme une boîte imperceptible, qui ne peut rien contenir en effet que *l'or de la parole du Cid;* et il n'est aucun juif, même un juif des temps héroïques, qui prêtât quelque chose sur une pareille bonbonnière. Le coffre historique est grand, large, lourd, profond, garni de toutes sortes de serrures et de cadenas : plein de sable, il devait falloir au moins six chevaux pour le remuer, et le digne israélite pouvait le supposer rempli de nippes, de joyaux ou d'argenterie, et se résigner plus facilement aux caprices du Cid, caprice prévu par le Code pénal, ainsi que beaucoup d'autres fantaisies héroïques. La mise en scène du théâtre de la Renaissance est donc inexacte, n'en déplaise à M. Anténor Joly.

V

LE CLOITRE ; PEINTURES ET SCULPTURES. — MAISON DU CID ; MAISON DU CORDON ; PORTE SAINTE-MARIE. — LE THÉATRE ET LES ACTEURS. — LA CARTUJA DE MIRAFLORES. — LE GÉNÉRAL THIBAUT ET LES OS DU CID.

En sortant de la salle de Jean Cuchiller, on entre dans une autre pièce d'un style de décoration très-pittoresque : des boiseries de chêne, des tentures rouges et un plafond en manière de cuir de Cordoue du meilleur effet; on voit dans cette pièce une *Nativité*, de Murillo, une *Conception* et un *Jésus* en robe, fort bien peints.

Le cloître est rempli de tombeaux, la plupart fermés de grilles très-serrées et très-fortes : ces tombeaux, tous d'illustres personnages, sont pratiqués dans l'épaisseur du mur, historiés de blasons et brodés de sculptures. Sur l'un d'eux je remarquai un groupe de Marie et Jésus tenant un livre à la main, d'une grande beauté, et une chimère moitié animal, moitié arabesque, de l'invention la plus étrange et la plus surprenante. Sur toutes ces tombes sont couchées des statues de grandeur naturelle, soit de chevaliers armés, soit d'évêques en costumes, qu'on prendrait volontiers, à travers les mailles des grilles, pour les morts qu'elles représentent, tant les attitudes sont vraies et les détails minutieux.

Sur le jambage d'une porte, je remarquai en passant une charmante petite statuette de la Vierge, d'une exécution délicieuse et d'une hardiesse d'idée extraordinaire. Au lieu de cet air contrit et modeste que l'on donne habituellement à la sainte Vierge, le sculpteur l'a représentée avec un regard où la volupté se mêle à l'extase et dans l'enivrement d'une femme qui conçoit un Dieu. Elle est là debout, la tête renversée en arrière, aspirant de toute son âme et de tout son corps le rayon de flamme soufflé par la colombe symbolique, avec un mélange d'ardeur et de pureté d'une originalité rare; il était difficile d'être neuf dans un sujet répété si souvent, mais rien n'est usé pour le génie.

La description de ce cloître demanderait à elle seule une lettre tout entière; mais, vu le peu d'espace et de temps dont nous pouvons disposer, vous nous pardonnerez de n'en dire que quelques mots et de rentrer dans l'église, où nous prendrons au hasard, à droite et à gauche, les premiers chefs-d'œuvre venus. sans choix ni préférence; car tout est beau, tout est admir - ble, et ce dont nous ne parlons pas vaut au moins ce dont nous parlons.

Nous nous arrêterons d'abord devant cette *Passion de Jésus-Christ*, en pierre, de Philippe de Bourgogne, qui n'est malheureusement pas un artiste français, comme son nom ou plutôt son sobriquet pourrait le faire croire. C'est un des plus grands bas-reliefs qu'il y ait au monde : selon l'usage gothique, il est divisé en plusieurs compartiments, le Jardin des Oliviers, le Portement de croix, le Crucifiement entre les deux voleurs, immense composition qui, pour la finesse des têtes et le précieux des détails, vaut tout ce qu'Albert Durer, Hemeling ou Holbein ont fait de plus délicat et de plus suave avec leur pinceau de miniaturiste. Cette épopée de pierre est terminée par une magnifique Descente au tombeau : les groupes d'apôtres endormis qui occupent les caissons inférieurs du Jardin des Oliviers sont presque aussi beaux et aussi purs de style que les prophètes et les saints de fra Bartholomé : les têtes des saintes femmes au pied de la croix ont une expression pathétique et douloureuse dont les artistes gothiques possédaient seuls le secret. Ici cette expression se joint à une rare beauté de forme ; les soldats se font remarquer par des ajustements singuliers et farouches, comme on en prêtait dans le moyen âge aux personnages antiques, orientaux ou juifs, dont on ne connaissait pas le costume ; ils sont d'ailleurs campés avec une audace et crânerie qui font le plus heureux contraste avec l'idéalité et la mélancolie des autres figures. Tout cela est encadré par des architectures travaillées comme de l'orfévrerie, d'un goût et d'une légèreté incroyables. Cette sculpture a été achevée en 1536.

Puisque nous en sommes à la sculpture, parlons tout de suite des stalles du chœur, admirable menuiserie qui n'a peut-être pas sa rivale au monde. Les stalles sont autant de merveilles ; elles représentent des sujets de l'Ancien Testament en bas-reliefs, et sont séparées l'une de l'autre par des chimères et des animaux fantastiques en forme de bras de fauteuil. Les parties planes sont formées d'incrustations relevées de hachures noires comme les nielles sur métaux ; l'arabesque et le caprice n'ont jamais été plus loin. C'est une verve inépuisable, une abondance inouïe, une invention perpétuelle dans l'idée et dans la forme ; c'est un monde nouveau, une création à part aussi complète, aussi riche que celle de Dieu, où les plantes vivent, où les hommes fleurissent, où le rameau se termine par une main et la jambe par un feuillage, où la chimère à l'œil sournois ouvre ses ailes onglées, où le dauphin monstrueux souffle l'eau par ses *fosses*. Un enlacement inextricable de fleurons, de rinceaux, d'acanthes, de lotus, de fleurs aux calices ornés d'aigrettes et de vrilles, de feuillages dentelés et contournés, d'oiseaux fabuleux, de poissons impossibles, de sirènes et de dragons extravagants, dont aucune langue ne peut donner l'idée. La fantaisie la plus libre règne dans toutes ces incrustations, à qui leur ton jaune sur le fond sombre du bois donne un air de peinture de vase étrusque bien justifié par la franchise et l'accent primitif du trait. Ces dessins, où perce le génie païen de la Renaissance, n'ont aucun rapport avec la destination des stalles, et quelquefois même le choix du sujet laisse voir un entier oubli de la sainteté du lieu. Ce sont des enfants qui jouent avec des masques, des femmes qui dansent, des gladiateurs qui luttent, des paysans en vendange, des jeunes filles tourmentant ou caressant un monstre fantastique, des animaux pinçant de la harpe, et même de petits garçons imitant dans la vasque d'une fontaine le fameux *Manneken-Piss* de Bruxelles. Avec un peu plus de *sveltesse* dans les proportions, ces figures vaudraient les plus purs étrusques : unité dans l'aspect et variété infinie dans le détail, voilà le difficile problème que les artistes du moyen âge ont presque toujours résolu avec bonheur. A cinq ou six pas, cette menuiserie, si folle d'exécution, est grave, solennelle, architecturale, brune de ton, et tout à fait digne de servir d'encadrement aux pâles et austères visages des chanoines.

La chapelle du Connétable, *capilla del Condestable*, est à ell seule une église complète ; le tombeau de don Pédro Fernandez

Velasco, connétable de Castille, et celui de sa femme en occupent le milieu et n'en sont pas le moindre ornement; ces tombes sont de marbre blanc et d'un travail magnifique. L'homme est couché dans son armure de guerre enrichie d'arabesques du meilleur style, dont les sacristains lèvent avec du papier mouillé des empreintes qu'ils vendent aux voyageurs; la femme a son petit chien à côté d'elle, ses gants et les ramages de sa robe de brocart sont rendus avec une finesse inouïe. Les têtes des deux époux reposent sur des coussins de marbre, ornés de leur couronne et de leurs armoiries; des blasons gigantesques décorent les murailles de cette chapelle, et sur l'entablement sont placées des figures portant des hampes de pierre pour soutenir des bannières et des étendards. Le *retablo* (on appelle ainsi les façades architecturales qui accompagnent les autels) est sculpté, doré, peint, entremêlé d'arabesques et de colonnes, et représente la circoncision de Jésus-Christ, figures de grandeur naturelle. A droite, du côté où est le portrait de dona Mencia de Mendoza, comtesse de Haro, se trouve un petit autel gothique enluminé, doré, ciselé, enjolivé d'une infinité de figurines que l'on croirait d'Antonin Moine, tant elles sont légères et spirituellement tournées; sur cet autel il y a un christ en jais. Le grand autel est orné de lames d'argent et de soleils de cristal, dont les reflets miroitants forment des jeux de lumière d'un éclat singulier. A la voûte s'épanouit une rose de sculpture d'une délicatesse incroyable.

Dans la sacristie qui est auprès de la chapelle, on voit enchâssée au milieu de la boiserie une Madeleine que l'on attribue à Léonard de Vinci : la douceur des demi-teintes brunes et fondues avec le clair par des dégradations insensibles, la légèreté de touche des cheveux et la rondeur parfaite des bras rendent cette supposition tout à fait vraisemblable. On conserve aussi dans cette chapelle le diptyque en ivoire que le connétable emportait à l'armée et devant lequel il faisait sa prière. La *capilla del Condestable* appartient au duc de Frias. Jetez en passant un regard sur cette statue de saint Bruno, en bois colorié, qui est de Pereida, sculpteur portugais, et sur cette épitaphe, qui est celle de Villegas, traducteur du Dante.

Un grand escalier du plus beau dessin, avec de magnifiques chimères sculptées, nous tint quelques minutes en admiration. J'ignore où il conduit et sur quelle salle s'ouvre la petite porte qui le termine; mais il est digne du palais le plus éblouissant. Le grand autel de la chapelle du duc d'Abrantès est une des plus singulières imaginations que l'on puisse voir : il représente l'arbre généalogique de Jésus-Christ. Voici comment cette bizarre idée est rendue : le patriarche Abraham est couché au bas de la composition, et dans sa féconde poitrine plongent les racines chevelues d'un arbre immense dont chaque rameau porte un aïeul de Jésus, et se subdivise en autant de branches qu'il y a de descendants. Le faîte est occupé par la sainte Vierge, sur un trône de nuages ; le soleil, la lune et les étoiles, argentés et dorés, scintillent à travers les efflorescences des rameaux. Ce qu'il a fallu de patience pour découper toutes ces feuilles, fouiller ces plis, évider ces branches, détacher du fond tous ces personnages, on n'ose y songer qu'avec effroi. Ce *retablo*, ainsi travaillé, est grand comme une façade de maison, et s'élève pour le moins à trente pieds de haut, en y comprenant les trois étages, dont le second renferme le Couronnement de la Vierge, et le dernier un Crucifiement avec saint Jean et la Vierge. L'artiste est Rodrigo del Haya, sculpteur qui vivait dans le milieu du seizième siècle.

La chapelle de sainte Thècle est tout ce qu'on peut imaginer de plus étrange. L'architecte et le sculpteur semblent s'être donné pour but le plus d'ornements possible dans le moins d'espace possible ; ils y ont parfaitement réussi, et je défierais l'ornemaniste le plus industrieux de trouver dans toute la chapelle la place d'une seule rosace ou d'un seul fleuron. C'est le mauvais goût le plus riche, le plus adorable et le plus charmant : ce ne sont que colonnes torses entourées de ceps de vigne, volutes enroulées à l'infini, collerettes de chérubins cravatés d'ailes, gros bouillons de nuages, flammes de cassolettes en coup de vent, rayons ouverts en éventail, chicorées épanouies et touffues, tout cela doré et peint de couleurs naturelles, avec des pinceaux de miniature. Les ramages des draperies sont exécutés fil par fil, point par point, et d'une effrayante minutie. La sainte, environnée par les flammes du bûcher, dont l'ardeur est excitée par des Sarrasins en costumes extravagants, lève vers le ciel ses beaux yeux d'émail, et tient dans sa petite main couleur de chair un grand rameau bénit, frisé à l'espagnole. Les voûtes sont travaillées dans le même goût. D'autres autels, d'une moindre dimension, mais d'une égale richesse, occupent le reste de la chapelle : ce n'est plus la finesse gothique, ni le goût charmant de la Renaissance ; la richesse est substituée à la pureté des lignes ; mais c'est encore très-beau, comme toute chose excessive et complète dans son genre.

Les orgues, d'une grandeur formidable, ont des batteries de tuyaux disposées sur un plan transversal comme des canons pointés, d'un effet menaçant et belliqueux. Les chapelles particulières ont chacune leur orgue, mais plus petit. Dans le *retablo* d'une de ces chapelles nous vîmes une peinture d'une telle beauté, que je ne sais à quel maître l'attribuer, si ce n'est à Michel-Ange; les caractères irrécusables de l'école florentine à sa plus belle époque brillent victorieusement dans ce magnifique tableau, qui serait la perle du plus splendide musée. Cependant Michel-Ange ne peignit presque jamais à l'huile, et ses tableaux sont d'une rareté fabuleuse; je croirais volontiers que c'est une composition peinte par Sébastien del Piombo d'après un carton et sur un trait de ce sublime artiste. On sait que, jaloux du succès de Raphaël, Michel-Ange employa quelquefois Sébastien del Piombo pour réunir la couleur au dessin et dépasser son jeune rival. Quoi qu'il en soit, c'est un tableau admirable; la sainte Vierge, assise et noblement drapée, voile avec une écharpe transparente la divine nudité du petit Jésus, debout à côté d'elle. Deux anges en contemplation nagent silencieusement dans l'outremer du ciel; au fond l'on aperçoit un paysage sévère, des roches, des terrains et quelques pans de murs. La tête de la Vierge est d'une majesté, d'un calme et d'une puissance dont on ne peut donner l'idée avec des mots. Le cou est attaché aux épaules par des lignes si pures, si chastes et si nobles, la figure respire une si douce quiétude maternelle, les mains sont tournées si divinement, les pieds ont une telle élégance et un si grand style, qu'on ne peut détacher les yeux de cette peinture. Ajoutez à ce merveilleux dessin une couleur simple, solide, soutenue de ton, sans faux brillants, sans petites recherches de clair-obscur, avec un certain aspect de fresque qui s'harmonise parfaitement au ton de l'architecture, et vous aurez un chef-d'œuvre dont vous ne pourrez trouver l'équivalent que dans l'école florentine ou l'école romaine.

Il y a aussi, dans la cathédrale de Burgos, une *sainte Famille* sans nom d'auteur, que je soupçonne fort d'être d'André del Sarto, et des tableaux gothiques sur bois de Cornelis van Eyck, dont les pareils se touvent dans la galerie de Dresde ; les tableaux de l'école allemande ne sont pas rares en Espagne, et quelques-uns sont d'une grande beauté. Nous mentionnerons, en passant, quelques tableaux de fra Diego de Leyva, qui se fit moine à la *Cartuja* de Miraflores, à l'âge de cinquante-trois ans, entre autres celui qui représente le martyre de sainte Casilda, à qui le bourreau a coupé les deux seins : le sang jaillit à gros bouillons de deux plaques rouges laissées sur la poitrine par la chair amputée ; les deux demi-globes gisent à côté de la sainte, qui regarde, avec une expression d'extase fiévreuse et convulsive, un grand ange à figure rêveuse et mélancolique qui lui apporte une palme. Ces effrayants tableaux de martyres sont très-nombreux en Espagne, où l'amour du réalisme et de la vérité dans l'art est poussé aux dernières limites. Le peintre ne vous fera pas grâce d'une seule goutte de sang ; il faut qu'on voie les nerfs coupés qui se retirent, les chairs vives qui tressaillent, et dont la sombre pourpre contraste avec la blancheur exsangue et bleuâtre de la peau, les vertèbres tranchées par le cimeterre du bourreau, les marques violentes imprimées par les verges et les fouets des tourmenteurs, les plaies béantes qui vomissent l'eau et le sang par leur bouche livide : tout est rendu avec une épouvantable vérité. Ribera a peint, dans ce genre, des choses à faire reculer d'horreur *el verdugo* lui-même, et il faut réellement l'affreuse beauté et l'énergie diabolique qui caractérisent ce grand maître pour supporter cette féroce peinture d'écorcherie et d'abattoir, qui semble avoir été faite pour des cannibales par un valet de bourreau. Il y a vraiment de quoi dégoûter d'être martyr, et l'ange avec sa palme paraît une faible compensation pour de si atroces tourments. Encore Ribera refuse-t-il bien souvent cette consolation à ses torturés, qu'il laisse se tordre comme des tronçons de serpent dans une ombre fauve et menaçante que nul rayon divin n'illumine.

Le besoin du vrai, si repoussant qu'il soit, est un trait caractéristique de l'art espagnol : l'idéal et la convention ne sont pas dans le génie de ce peuple, dénué complétement d'esthétique. La sculpture n'est pas suffisante pour lui : il lui faut des statues coloriées, des madones fardées et revêtues d'habits véritables. Jamais, à son gré, l'illusion matérielle n'est portée assez loin, et cet amour effréné du réalisme lui fait souvent franchir le pas qui sépare la statuaire du cabinet de figures de cire de Curtius.

Le célèbre christ si révéré de Burgos, que l'on ne peut faire voir qu'après avoir allumé les cierges, est un exemple frappant de ce goût bizarre : ce n'est plus de la pierre ni du bois enluminé, c'est une peau humaine (on le dit du moins), rembourrée avec beaucoup d'art et de soin. Les cheveux sont de véritables cheveux, les yeux ont des cils, la couronne d'épines est en vraie ronce, aucun détail n'est oublié. Rien n'est plus lugubre et plus inquiétant à voir que ce long fantôme crucifié, avec son faux air de vie et son immobilité morte ; la peau, d'un ton rance et bistré, est rayée de longs filets de sang si bien imités que l'on croirait qu'ils ruissellent effectivement. Il ne faut pas un grand effort d'imagination pour ajouter foi à la légende qui raconte que ce crucifix miraculeux saigne tous les vendredis. Au lieu d'une draperie enroulée et volante, le christ de

Burgos porte un jupon blanc brodé d'or qui lui descend de la ceinture aux genoux; cet ajustement produit un effet singulier, surtout pour nous qui ne sommes pas habitués à voir Notre-Seigneur ainsi costumé. Au bas de la croix sont enchâssés trois œufs d'autruche, ornement symbolique dont le sens m'échappe, à moins que ce ne soit une allusion à la Trinité, principe et germe de tout.

Nous sortîmes de la cathédrale éblouis, écrasés, soûls de chefs-d'œuvre et n'en pouvant plus d'admiration, et nous eûmes tout au plus la force de jeter un coup d'œil distrait sur l'arc de Fernand Gonzalès, essai d'architecture classique tenté, au commencement de la Renaissance, par Philippe de Bourgogne. On nous fit voir aussi la maison du Cid; quand je dis la maison du Cid, je m'exprime mal, mais la place où elle a pu être : c'est un carré de terrain entouré de bornes; il ne reste pas le moindre vestige qui puisse autoriser cette croyance, mais rien aussi ne prouve le contraire, et, dans ce cas, il n'y a aucun inconvénient à s'en rapporter à la tradition. La maison du Cordon, ainsi nommée des lacs qui s'enroulent autour des portes, encadrent les fenêtres et se jouent à travers les architectures, mérite d'être examinée; elle sert d'habitation au chef politique de la province, et nous y rencontrâmes quelques alcades des environs, dont la physionomie eût paru suspecte au coin d'un bois, et qui auraient bien fait de se demander leurs papiers à eux-mêmes avant de se laisser circuler librement.

La porte Sainte-Marie, élevée en l'honneur de Charles-Quint, est un remarquable morceau d'architecture. Les statues placées dans les niches, quoique courtes et trapues, ont un caractère de force et de puissance qui rachète bien leur défaut de sveltesse; il est dommage que cette superbe porte triomphale soit obstruée et déshonorée par je ne sais quelles murailles de plâtre élevées là sous prétexte de fortification, et qu'il serait urgent de jeter par terre. Près de cette porte se trouve la promenade qui longe l'Arlençon, rivière très-respectable, de deux pieds de profondeur pour le moins, ce qui est beaucoup pour l'Espagne. Cette promenade est ornée de quatre statues représentant quatre rois ou comtes de Castille d'une assez belle tournure, savoir : don Fernand Gonzalès, don Alonzo, don Enrique II et don Fernando Ier. Voilà à peu près tout ce qui mérite d'être vu à Burgos. Le théâtre est encore plus sauvage que celui de Vittoria. On y jouait ce soir-là une pièce en vers : *El Zapatero y el Rey* (le Savetier et le Roi) de Zorilla, jeune écrivain très-distingué, fort en vogue à Madrid, et qui a déjà publié sept volumes de vers dont on vante le style et l'harmonie. Toutes les places étaient retenues d'avance ; il fallut nous priver de ce plaisir et attendre au lendemain la représentation des *Trois Sultanes*, entremêlée de chant et de danses turques d'une bouffonnerie transcendante. Les acteurs ne savaient pas un mot de leur rôle, et le souffleur criait leur rôle à tue-tête, de façon à couvrir leur voix. A propos du souffleur, il est protégé par une carapace de fer-blanc arrondie en voûte de four contre les *patatas*, *mazanas* et *cascaras de naranja*, pommes de terre, pommes et pelures d'orange dont le public espagnol, public impatient s'il en fut, ne manque pas de bombarder les acteurs qui lui déplaisent. Chacun emporte sa provision de projectiles dans ses poches ; si les acteurs ont bien joué, les légumes retournent à la marmite et vont grossir le *puchero*.

Un instant nous crûmes avoir trouvé le vrai type espagnol féminin dans une des trois sultanes : grands sourcils noirs arqués, nez mince, ovale allongé, lèvres rouges; mais un voisin officieux nous apprit que c'était une jeune Française.

Avant de partir de Burgos, nous allâmes faire une visite à la Cartuja de Miraflores, située à une demi-lieue de la ville. On a permis à quelques pauvres vieux moines infirmes de rester dans cette chartreuse pour y attendre leur mort. L'Espagne a beaucoup perdu de son caractère romantique à la suppression des moines, et je ne vois pas ce qu'elle y a gagné sous d'autres rapports. D'admirables édifices, dont la perte sera irréparable, et qui avaient été conservés jusqu'alors dans l'intégrité la plus minutieuse, vont se dégrader, s'écrouler, et ajouter leurs ruines aux ruines déjà si fréquentes dans ce malheureux pays; des richesses inouïes en statues, en tableaux, en objets d'art de toute sorte, se perdront sans profiter à personne. On pouvait imiter, ce me semble, notre révolution par un autre côté que par son stupide vandalisme. Égorgez-vous entre vous pour les idées que vous croyez avoir, engraissez de vos corps les maigres champs ravagés par la guerre, c'est bien; mais la pierre, le marbre et le bronze touchés par le génie sont sacrés, épargnez-les. Dans deux mille ans on aura oublié vos discordes civiles, et l'avenir ne saura que vous avez été un grand peuple que par quelques merveilleux fragments retrouvés dans les fouilles.

La Cartuja est située sur le haut d'une colline; l'extérieur en est austère et simple; murailles de pierres grises, toit de tuiles; tout pour la pensée, rien pour les yeux. A l'intérieur, ce sont de longs cloîtres frais et silencieux, blanchis à la chaux vive, des portes de cellules, des fenêtres à mailles de plomb dans lesquelles sont enchâssés quelques sujets pieux en verres de couleur, et particulièrement une Ascension de Jésus-Christ d'une composition singulière : le corps du Sauveur a déjà disparu ; on ne voit plus que ses pieds, dont les empreintes sont restées en creux sur un rocher entouré de saints personnages en admiration.

Une petite cour, au milieu de laquelle s'élève une fontaine d'où filtre goutte à goutte une eau diamantée, renferme le jardin du prieur. Quelques brindilles de vigne égaient un peu la tristesse des murailles ; quelques bouquets de fleurs, quelques gerbes de plantes poussent çà et là, un peu au hasard et dans un désordre pittoresque. Le prieur, vieillard à figure noble et mélancolique, accoutré de vêtements ressemblant le plus possible à un froc (il n'est pas permis aux moines de garder leur costume), nous reçut avec beaucoup de politesse et nous fit asseoir autour du brasero, car il ne faisait pas très-chaud, et nous offrit des cigarettes et des *azucarillos* avec de l'eau fraîche. Un livre était ouvert sur la table ; je me permis d'y jeter les yeux : c'était la *Bibliotheca cartuxiana*, recueil de tous les passages de différents auteurs faisant l'éloge de l'ordre et de la vie des chartreux. Les marges étaient annotées de sa main avec cette bonne vieille écriture de prêtre, droite, ferme, un peu grosse, qui dit tant de choses à la pensée, et qu'un mondain hâté et convulsif ne saurait avoir. Ainsi ce pauvre vieux moine, laissé là par pitié dans ce couvent abandonné dont les voûtes vont bientôt s'écrouler sur sa fosse inconnue, rêvait encore la gloire de son ordre, et d'une main tremblante inscrivait sur les feuilles blanches du livre quelque passage oublié ou nouvellement recueilli.

Le cimetière est ombragé par deux ou trois grands cyprès, comme il y en a dans les cimetières turcs : cet enclos funèbre contient quatre cent dix-neuf chartreux morts depuis la construction du couvent ; une herbe épaisse et touffue couvre ce terrain, où l'on ne voit ni tombe, ni croix, ni inscription ; ils gisent là confusément, humbles dans la mort comme ils l'ont été dans la vie. Ce cimetière anonyme a quelque chose de calme et de silencieux qui repose l'âme ; une fontaine, placée au centre, pleure, avec ses larmes limpides comme de l'argent, tous ces pauvres morts oubliés ; je bus une gorgée de cette eau filtrée par les cendres de tant de saints personnages ; elle était pure et glaciale comme la mort.

Mais, si la demeure des hommes est pauvre, celle de Dieu est riche. Dans le milieu de la nef sont placés les tombeaux de don Juan II et de la reine Isabelle, sa femme. On s'étonne que la patience humaine soit venue à bout d'une pareille œuvre : seize lions, deux à chaque angle, soutenant huit écussons aux armes royales, leur servent de base. Ajoutez un nombre proportionné de vertus, de figures allégoriques, d'apôtres et d'évangélistes, faites serpenter à travers tout cela des rameaux, des feuillages, des oiseaux, des animaux, des lacs d'arabesques, et vous n'aurez qu'une bien faible idée de ce prodigieux travail. Les statues couronnées du roi et de la reine sont couchées sur le couvercle. Le roi tient son sceptre à la main, et porte une robe longue, guillochée et ramagée avec une délicatesse inconcevable.

Le tombeau de l'infant Alonzo est du côté de l'évangile. L'infant y est représenté à genoux devant un prie-Dieu. Une vigne découpée à jour, où de petits enfants se suspendent et cueillent des raisins, festonne avec un intarissable caprice l'arc gothique qui encadre la composition à demi engagée dans le mur. Ces merveilleux monuments sont en albâtre et de la main de Gil de Siloé, qui fit aussi les sculptures du maître-autel ; à droite et à gauche de cet autel, qui est d'une rare beauté, sont ouvertes deux portes par où l'on aperçoit deux chartreux immobiles dans le suaire blanc de leur froc : ces deux figures, qui sont probablement de Diego de Leyva, font illusion au premier coup d'œil. Des stalles de Berruguete complètent cet ensemble, qu'on s'étonne de rencontrer dans une campagne déserte.

Du haut de la colline, l'on nous fit apercevoir dans le lointain San-Pedro de Cardena, où se trouve la tombe du Cid et de dona Chimène, sa femme. A propos de cette tombe, on raconte une anecdote bizarre que nous allons rapporter, sans en garantir l'authenticité.

Pendant l'invasion des Français, le général Thibaut eut l'idée de faire apporter les os du Cid, de San-Pedro de Cardena à Burgos, dans l'intention de les placer dans un sarcophage sur la promenade publique, afin d'inspirer à la population des sentiments héroïques et chevaleresques par la présence de ces restes magnanimes. On ajoute que, dans un accès d'enthousiasme guerrier, l'honorable général mit coucher près de lui les ossements du héros, pour se hausser le courage à ce glorieux contact, précaution dont il n'avait aucunement besoin. Ce projet ne s'exécuta pas, et le Cid retourna près de dona Chimène, à San-Pedro de Cardena, où il est resté définitivement ; mais une de ses dents, qui s'était détachée, et que l'on avait serrée dans un tiroir, a disparu sans que l'on ait pu savoir ce qu'elle était devenue. Il n'a manqué à la gloire du Cid que d'être canonisé ; il l'aurait été si, avant de mourir, il n'avait pas eu l'idée arabo-hérétique et malsonnante de vouloir qu'on enterrât avec lui son fameux cheval Babieca : ce qui fit douter de son orthodoxie. A propos du Cid, faisons observer à M. Casimir Delavigne que l'épée du héros s'appelle Tisona et non pas Tizonade, qui fait une rime trop riche à limonade. Tout ceci soit dit sans porter la moindre atteinte à la gloire du Cid, qui, outre son mérite de héros, a eu celui d'inspirer si bien les poëtes inconnus du Romancero, Guilhen et Castro, Diamante et Pierre Corneille.

VI

EL CORREO REAL ; LES GALÈRES. — VALLADOLID. — SAN-PABLO. — UNE REPRÉSENTATION D'*HERNANI*. — SAINTE-MARIE DES NEIGES. — MADRID.

El correo real dans lequel nous quittâmes Burgos mérite une description particulière. Figurez-vous une voiture antédiluvienne, dont le modèle aboli ne peut se retrouver que dans l'Espagne fossile ; des roues énormes, évasées, à rayons très-minces, et placées très en arrière de la caisse, peinte en rouge au temps d'Isabelle la Catholique ; un coffre extravagant, percé de toutes sortes de fenêtres de formes contournées et garni à l'intérieur de petits coussins d'un satin qui avait pu être rose à une époque reculée, le tout relevé de piqûres et d'agréments en chenille, que rien n'empêchait d'avoir été de plusieurs couleurs. Ce respectable carrosse était naïvement suspendu par des cordes, et ficelé aux endroits menaçants avec des cordelettes de sparterie. On ajoute à cette machine une file de mules d'une raisonnable longueur, avec un assortiment de postillons et de *mayoral* en veste d'agneau d'Astrakan, et en pantalon de peau de mouton d'une apparence on ne peut plus moscovite, et nous voilà partis au milieu d'un tourbillon de cris, d'injures et de coups de fouet. Nous allions un train d'enfer, nous dévorions le terrain, et les vagues silhouettes des objets s'envolaient à droite et à gauche avec une rapidité fantasmagorique. Je n'ai jamais vu de mules plus emportées, plus rétives et plus farouches ; à chaque relais, il fallait une armée de *muchachos* pour en accrocher une à la voiture. Ces diaboliques bêtes sortaient de l'écurie debout sur leurs pieds de derrière, et ce n'était qu'au moyen d'une grappe de postillons suspendus à leur licou qu'on parvenait à les réduire à l'état de quadrupède. Je crois que ce qui leur inspirait cette ardeur endiablée, était l'idée de la nourriture qui les attendait à la prochaine *venta*, car elles étaient d'une maigreur effrayante. En partant d'un petit village, elles se mirent à ruer, à sauter si bien, que leurs jambes se prirent dans les traits : alors ce fut un salmis de ruades, de coups de bâton inimaginables ; toute la file tomba, et un malheureux postillon qui se trouvait en tête, monté sur un cheval qui probablement n'avait jamais été attelé, fut retiré de dessous ce monceau presque aplati et rendant le sang par le nez. Sa maîtresse, qui assistait au départ, poussait des cris à fendre l'âme, et tels que je n'aurais pas cru qu'il en pût sortir d'une poitrine humaine. Enfin on parvint à débrouiller les cordes, à remettre les mules sur leurs pieds ; un autre postillon prit la place du blessé, et l'on se mit en route avec une vélocité sans pareille. Le pays que nous traversions avait un aspect d'une sauvagerie étrange : c'étaient de grandes plaines arides, sans un seul arbre qui en rompît l'uniformité, terminées par des montagnes et des collines d'un jaune d'ocre que l'éloignement pouvait à peine azurer. De temps à autre nous traversions des villages terreux, bâtis en pisé, la plupart en ruine. Comme c'était le dimanche, le long de ces murailles jaunâtres, éclairées d'un pâle rayon, se tenaient debout, immobiles comme des momies, des rangs de Castillans hautains drapés dans leurs guenilles d'amadou, en train de *tomar el sol*, récréation qui ferait mourir d'ennui au bout d'une heure l'Allemand le plus flegmatique. Cependant cette jouissance tout espagnole était ce jour-là fort excusable, car il faisait un froid atroce ; un vent furieux balayait la plaine avec un bruit de tonnerre et de chariots pleins d'armures roulant sur des voûtes d'airain. Je ne crois pas que dans les kraals des Hottentots et dans les campements des Kalmouks on puisse rencontrer rien de plus sauvage, de plus barbare et de plus primitif. Profitant d'une halte, j'entrai dans une de ces huttes : c'était un taudis sans fenêtre, avec un foyer de pierres brutes placé au centre, et un trou dans le toit pour laisser sortir la fumée ; les murs étaient bistrés d'un bitume digne de Rembrandt.

On dîna à Torrequemada, *pueblo* situé sur une petite rivière encombrée par d'anciennes fortifications en ruine. Torrequemada est remarquable par l'absence complète de vitres : il n'y a de carreaux qu'au *parador* qui, malgré ce luxe inouï, n'en a pas moins une cuisine avec un trou dans le plafond. Après avoir avalé quelques *garbanzos* qui sonnaient dans nos ventres comme des grains de plomb dans des tambours de basque, nous rentrâmes dans notre boîte, et la course au clocher recommença. Cette voiture après ces mules était comme une casserole attachée à la queue d'un tigre : le bruit qu'elle faisait les excitait encore davantage. Un feu de paille allumé au milieu de la route faillit leur faire prendre le mors aux dents. Elles étaient si ombrageuses, qu'il fallait les tenir par la bride et leur mettre la main sur les yeux lorsqu'une autre voiture venait en sens inverse. Règle générale, lorsque deux voitures traînées par des mules se rencontrent, l'une des deux doit verser.

Enfin, ce qui devait arriver arriva. J'étais en train de retourner dans ma tête je ne sais quel lambeau d'hémistiche, comme c'est mon habitude en voyage, lorsque je vis venir de mon côté, décrivant une rapide parabole, mon camarade qui était assis en face de moi ; cette action bizarre fut suivie d'un choc très-rude et d'un craquement général : « Es-tu mort ? me demanda mon ami en achevant sa courbe. — Au contraire, répondis-je ; et toi ? — Très-peu, » me répondit-il. Et nous sortîmes au plus vite par le toit défoncé de la pauvre voiture qui était brisée en mille pièces. Nous vîmes avec une satisfaction infinie, à quinze pas dans un champ, la boîte de notre daguerréotype aussi pure, aussi intacte, que si elle eût été encore dans la boutique de Susse, occupée à faire des vues de la colonnade de la Bourse. Quant aux mules, elles s'étaient envolées et avaient emporté à tous les diables le train de devant et les deux petites roues. Notre perte se monta à un bouton qui sauta dans la violence du choc et ne put être retrouvé. Il est vraiment impossible de verser plus admirablement.

Une des choses les plus bouffonnes que j'aie vues, c'est le mayoral se lamentant sur les débris de sa carriole ; il en rajustait les morceaux comme un enfant qui vient de casser un verre, et, voyant que le mal était irréparable, il éclatait en affreux juremenls, trépignait, se donnait des coups de poing, se roulait par terre, imitant les excès des douleurs antiques, ou bien il s'attendrissait et se livrait aux plus touchantes élégies. Ce qui l'affligeait surtout, c'était le sort des coussins roses gisant çà et là, déchirés et souillés de poussière ; ces coussins étaient ce que son imagination de mayoral pouvait concevoir de plus magnifique, et son cœur saignait de voir tant de splendeur évanouie.

Notre position n'était pas autrement gaie, quoique nous fussions attaqués d'un accès de fou rire assez intempestif. Nos mules s'étaient évanouies en fumée, et nous n'avions plus qu'une voiture démantelée et sans roues. Heureusement la *venta* n'était pas loin. On alla chercher deux *galères*, qui nous recueillirent, nous et notre bagage. La galère justifie parfaitement son nom : c'est une charrette à deux ou quatre roues, qui n'a ni fond ni plancher ; un lacis de cordes de roseau forme, dans la partie inférieure, une espèce de filet où l'on place les malles et les paquets. Là-dessus on étend un matelas, un pur matelas espagnol, qui ne vous empêche en aucune façon de sentir les angles du bagage entassé au hasard. Les patients se groupent comme ils peuvent sur ce chevalet d'une nouvelle espèce, auprès duquel les grils de saint Laurent et de Guatimozin sont des lits de roses, car il était du moins possible de s'y retourner. Que diraient les philanthropes qui font voyager les *forçats* en chaise de poste, en voyant les *galères* auxquelles sont condamnés les gens les plus innocents du monde, lorsqu'ils vont visiter l'Espagne ?

Dans cet agréable véhicule privé de toute espèce de ressorts, nous faisions quatre lieues d'Espagne à l'heure, c'est-à-dire cinq lieues de France, une lieue de plus que les malles-postes les mieux servies sur la plus belle route. Pour aller plus vite, il aurait fallu des chevaux anglais, de course ou de chasse, et la route que nous suivions était coupée de montées très-rudes et de pentes rapides, toujours descendues au triple galop ; il faut toute l'assurance et toute l'adresse des postillons et des conducteurs espagnols pour ne pas s'aller briser en cinquante mille morceaux au fond des précipices : au lieu de verser une fois, nous aurions dû toujours verser.

Nous étions secoués comme ces souris que l'on ballotte pour les étourdir et les tuer contre les parois de la souricière, et il fallait toute la sévère beauté du paysage pour ne pas nous laisser aller à la mélancolie et à la courbature ; mais ces belles collines aux lignes austères, à la couleur sobre et calme, donnaient tant de caractère à l'horizon sans cesse renouvelé, que les cahots de la galère étaient compensés et au delà. Un village, un ancien couvent bâti en forteresse, variaient ces sites d'une simplicité orientale, qui rappelaient les lointains du *Joseph vendu par ses frères*, de Decamps.

Dueñas, situé sur une colline, a l'air d'un cimetière turc ; les caves, creusées dans le roc vif, reçoivent l'air par de petites tourelles évasées en turban, qui ont un faux air de minaret très-singulier. Une église de tournure moresque complète l'illusion. A gauche, dans la plaine, le canal de Castille fait apparition de temps à autre ; ce canal n'est pas encore terminé.

A Venta de Trigueros, l'on attela à notre galère un cheval *rose* d'une singulière beauté (l'on avait renoncé aux mules), qui justifiait pleinement le cheval tant critiqué du *Triomphe de Trajan*, d'Eugène Delacroix. Le génie a toujours raison ; ce qu'il invente existe, et la nature l'imite presque dans ses plus excentriques fantaisies. Après avoir franchi une route flanquée de remblais et de contre-forts en arc-boutant d'un caractère assez monumental, nous entrâmes enfin dans Valladolid légèrement moulus, mais avec notre nez intact et nos bras tenant encore à notre buste sans épingles noires, comme les bras d'une poupée neuve. Je ne parle pas des jambes, où l'engourdissement avait piqué toutes les aiguilles de l'Angleterre, et où grouillaient les pattes de cent mille fourmis invisibles.

UNE VENTA.

Nous descendîmes à un superbe *parador,* d'une propreté parfaite, où l'on nous donna deux belles chambres avec un balcon ouvrant sur une place, des tapis de nattes coloriées, et des murailles peintes à la détrempe en jaune et en vert-pomme. Jusqu'à présent rien n'a justifié pour nous les reproches de malpropreté et de dénûment que font tous les voyageurs aux auberges espagnoles ; nous n'avons pas encore trouvé de scorpions dans notre lit, et les insectes promis ne paraissent pas.

Valladolid est une grande ville presque entièrement dépeuplée ; elle peut contenir deux cent mille âmes, et n'a guère que vingt mille habitants. C'est une ville propre, calme, élégante, et se ressentant déjà des approches de l'Orient. La façade de San-Pablo est couverte du haut en bas de sculptures merveilleuses du commencement de la Renaissance. Devant le portail sont rangés en manières de bornes des piliers de granit surmontés de lions héraldiques, tenant dans toutes les positions possibles l'écusson des armes de Castille. Vis-à-vis se trouve un palais du temps de Charles-Quint, avec une cour en arcades d'une extrême élégance et des médaillons sculptés d'une rare beauté. La régie débite dans cette perle d'architecture son ignoble sel et son affreux tabac. Par un hasard heureux, la façade de San-Pablo est située sur une place, et l'on peut en prendre la vue au daguerréotype, ce qui est très-difficile pour les édifices du moyen âge, presque toujours enchâssés dans des tas de maisons et d'échoppes abominables ; mais la pluie, qui ne cessa de tomber pendant le temps que nous restâmes à Valladolid, ne nous permit pas d'en prendre une épreuve. Vingt minutes de soleil à travers les ondées de pluie de Burgos nous avaient permis de reproduire les deux flèches de la cathédrale avec un grand morceau du portail d'une manière très-nette et très-distincte ; mais, à Valladolid, nous n'eûmes pas même les vingt minutes, ce que nous regrettâmes d'autant plus que la ville abonde en charmantes architectures. Le bâtiment où se trouve la bibliothèque, dont on veut faire un musée, est du goût le plus pur et le plus délicieux ; bien que quelques-uns de ces restaurateurs ingénieux qui préfèrent les planches aux bas-reliefs, aient honteusement gratté ses admirables arabesques, il en reste encore assez pour en faire un chef-d'œuvre d'élégance. Nous signalerons aux dessinateurs un balcon intérieur qui échancre l'angle d'un palais sur cette même place de San-Pablo, et forme un *mirador* d'un goût tout à fait original. La colonnette qui réunit les deux arcs est d'une coupe très-heureuse. C'est dans cette maison, à ce qu'on nous a dit, qu'est né le terrible Philippe II. Mentionnons aussi un colossal fragment de cathédrale inachevée en granit, par Herrera, dans le genre de Saint-Pierre de Rome ; mais cette construction fut abandonnée pour l'Escurial, lugubre fantaisie du triste fils de Charles-Quint.

On nous fit voir dans une église fermée une collection de tableaux provenant de la suppression des couvents, et réunis là par ordre supérieur ; cette collection prouve que les gens qui ont pillé les églises et les couvents sont d'excellents artistes et d'admirables connaisseurs, car ils n'ont laissé que d'horribles croûtes dont la meilleure ne se vendrait pas quinze francs chez un marchand de bric-à-brac. Au Musée, il y a quelques tableaux passables, mais rien de supérieur ; en revanche, force sculptures sur bois et force christs d'ivoire, plutôt remarquables par la grandeur de leurs proportions et leur antiquité, que par la beauté réelle du

TOMBEAUX DE FERDINAND ET D'ISABELLE.

travail. Au reste, les gens qui vont en Espagne pour acheter des curiosités sont fort désappointés ; pas une arme précieuse, pas une édition rare, pas un manuscrit, rien.

La *Plaza de la Constitucion* de Valladolid est fort belle et fort vaste : elle est entourée de maisons soutenues par de grandes colonnes de granit bleuâtre d'une seule pièce et d'un bel effet. Le palais de la *Constitucion*, peint en vert-pomme, est orné d'une inscription en l'honneur de l'*innocente Isabelle*, comme on appelle ici la petite reine, et d'un cadran éclairé la nuit comme celui de l'Hôtel de ville de Paris, innovation qui paraît beaucoup réjouir les habitants. Sous les piliers sont établies des multitudes de tailleurs, de chapeliers et de cordonniers, les trois états les plus florissants en Espagne ; c'est là que sont les principaux cafés, et tout le mouvement de la population semble se concentrer sur ce point. Dans le reste de la ville, à peine rencontrez-vous un rare passant, une *criada* qui va chercher de l'eau, ou un paysan qui chasse son âne devant lui. Cet effet de solitude est encore augmenté par la grande surface qu'occupe cette ville, où les places sont plus nombreuses que les rues. Le *Campo grande*, à côté de la grande porte, est entouré de quinze couvents, et il pourrait y en tenir encore davantage.

On donait ce soir-là au théâtre une pièce de M. Breton de Los Herreros, poëte dramatique très-estimé en Espagne. Cette pièce portait ce titre assez bizarre : *El Pelo de la Desa*, qui signifie littéralement *le Poil du Pâturage*, expression proverbiale assez difficile à faire comprendre, mais qui répond à notre dicton : « La caque sent toujours le hareng. » Il s'agit d'un paysan aragonais qui doit épouser une fille bien née, et qui a le bon sens de reconnaître qu'il ne pourra jamais devenir un homme du monde. Le comique de cette pièce consiste dans l'imitation parfaite du dialecte, de l'accent aragonais, mérite peu sensible pour des étrangers. Le *baile nacional*, sans être aussi *macabre* que celui de Vittoria, était encore très-médiocre. Le lendemain, on jouait *Hernani ou l'Honneur castillan*, de Victor Hugo, traduit par don Eugenio de Ochoa; nous n'eûmes garde de manquer pareille fête. La pièce est rendue, vers pour vers, avec une exactitude scrupuleuse, à l'exception de quelques passages et de quelques scènes que l'on a dû retrancher pour satisfaire aux exigences du public. La scène des portraits est réduite à rien, parce que les Espagnols la considèrent comme injurieuse pour eux, et s'y trouvent indirectement tournés en ridicule. Il y a aussi beaucoup de suppressions dans le cinquième acte. En général, les Espagnols se fâchent lorsqu'on parle d'eux d'une manière poétique; ils se prétendent calomniés par Hugo, par Mérimée et par tous ceux en général qui ont écrit sur l'Espagne: oui... calomniés, mais en beau. Ils renient de toutes leurs forces l'Espagne du Romancero et des Orientales, et une de leurs principales prétentions, c'est de n'être ni poétiques, ni pittoresques, prétentions, hélas! trop bien justifiées. Le drame a été bien joué: le Ruy Gomez de Valladolid valait assurément celui de la rue de Richelieu, et ce n'est pas peu dire. Quant à l'Hernani, *rebelle empoisonné*, il aurait été très-satisfaisant sans le caprice maussade qu'il avait eu de s'habiller en troubadour de pendule. La dona Sol était presque aussi *jeune* que mademoiselle Mars, et n'avait pas son talent.

Le théâtre de Valladolid est d'une coupe assez heureuse, et, quoiqu'il ne soit décoré à l'intérieur que d'une simple couche de blanc avec des ornements en grisaille, l'effet en est joli ; le décorateur a eu l'idée bizarre de peindre sur les parois de l'avant-scène des fenêtres ornées de leurs rideaux de mousseline à petits pois fort bien imités. Ces fenêtres en premières loges ont un aspect singulier : les balcons et les devantures des loges sont à jour, avec des balustres évidés qui permettent de voir si les femmes ont le pied petit et sont bien chaussées, et même si leur cheville est fine et leur bas bien tiré ; — ce qui n'a pas grand inconvénient pour les femmes espagnoles, presque toujours irréprochables sous ce rapport. J'ai vu par un charmant feuilleton de mon remplaçant littéraire (car la *Presse* pénètre jusque dans ces régions barbares), que les balcons de galerie du nouvel Opéra-Comique étaient construits dans ce système.

Au sortir de Valladolid, le paysage change de caractère, les landes reparaissent ; seulement elles ont de plus que celles de Bordeaux des bouquets de chênes verts rabougris, et leurs pins sont plus évasés et se rapprochent de la forme du parasol. Du reste, même aridité, même solitude, même aspect de désolation ; çà et là quelques tas de décombres décorés du nom de villages brûlés et dévastés par les factieux, où errent quelques rares habitants déguenillés et de mine chétive. Comme pittoresque, il n'y a que quelques jupons de femme : ces jupons sont d'un jaune queue de serin très-vif, égayé de broderies de plusieurs nuances, représentant des oiseaux et des fleurs.

Olmedo, où l'on s'arrête pour dîner, est complétement en ruine ; des rues entières sont désertes, d'autres obstruées par les maisons écroulées ; l'herbe pousse dans les places. Comme dans ces villes maudites dont parle l'Écriture, il n'y aura bientôt plus à Olmedo d'autres habitants que la vipère à tête plate, le hibou myope, et le dragon du désert frottera les écailles de son ventre sur la pierre des autels. Une ceinture d'anciennes fortifications démantelées entoure la ville, et le lierre charitable habille de son manteau vert la nudité des tours éventrées et lézardées. De grands et beaux arbres bordent ces remparts. La nature tâche de réparer de son mieux les ravages du temps et de la guerre. La dépopulation de l'Espagne est effrayante : du temps des Mores, elle comptait trente-deux millions d'habitants; maintenant elle en possède tout au plus dix ou onze. A moins d'un changement heureux qui n'est guère probable, ou d'une fécondité surnaturelle dans les mariages, des villes autrefois florissantes seront tout à fait abandonnées, et leurs ruines de briques et de pisé se fondront insensiblement dans la terre qui dévore tout, les cités et les hommes.

Dans la salle où nous dînions, une grosse femme taillée en Cybèle se promenait de long en large, portant sous son bras un panier oblong recouvert d'une étoffe, d'où sortaient de petits gémissements plaintifs et flûtés, ressemblant assez à ceux d'un enfant en bas âge. Cela m'intriguait beaucoup, parce que la corbeille était si petite qu'elle ne pouvait assurément contenir qu'un enfant microscopique et phénoménal, un Lilliputien bon à montrer dans les foires. L'énigme ne tarda pas à s'expliquer; la nourrice (c'en était une) tira du panier un jeune chien café au lait, s'assit dans un coin, et donna fort gravement à téter à ce nourrisson d'un nouveau genre. C'était une *pasiega* qui se rendait à Madrid pour être nourrice sur place, et qui craignait de voir son lait se tarir.

Le paysage, lorsqu'on part d'Olmedo, n'offre pas grande variété : seulement je remarquai, avant d'arriver à la couchée, un admirable effet de soleil ; les rayons lumineux éclairaient en flanc une chaîne de montagnes très-éloignées dont tous les détails ressortaient avec une netteté extraordinaire ; les côtés baignés d'ombre étaient presque invisibles, le ciel avait des nuances de mine de saturne. — Un peintre qui rendrait cet effet exactement serait accusé d'exagération et d'inexactitude. — Cette fois la posada était beaucoup plus espagnole que celles que nous avions vues jusqu'alors : elle consistait en une immense écurie, entourée de chambres blanchies lait de chaux, et contenant chacune quatre ou cinq lits. C'était misérable et nu, mais non malpropre ; la saleté caractéristique et proverbiale ne se faisait pas encore voir ; il y avait même, luxe inouï ! dans la salle à manger, une suite de gravures représentant les aventures de Télémaque, non pas les charmantes vignettes dont Célestin Nanteuil et son ami Baron illustrent l'histoire du maussade fils d'Ulysse, mais ces affreux barbouillages coloriés dont la rue Saint-Jacques inonde l'univers. On repartit à deux heures du matin, et, quand les premières lueurs du jour me permirent de distinguer les objets, je vis un spectacle que je n'oublierai de ma vie. Nous venions de relayer à un village appelé, je crois, Sainte-Marie des Neiges, et nous gravissions les croupes naissantes de la chaîne que nous devions traverser ; on aurait dit les ruines d'une ville cyclopéenne : d'immenses quartiers de grès affectant des formes architecturales se dressaient de toutes parts et découpaient sur le ciel des silhouettes de Babels fantastiques. Ici, une pierre plate tombée en travers sur deux autres roches simulait, à s'y méprendre, des *peulven* ou des *dolmen* druidiques ; plus loin, une suite de pitons en forme de fûts de colonnes représentaient des portiques et des propylées ; d'autres fois, ce n'était plus qu'un chaos, un océan de grès figé au moment de sa plus grande fureur ; le ton gris bleu de ces roches augmentait encore la singularité de la perspective : à chaque instant, des interstices de la pierre jaillissaient en bruine vaporeuse ou filtraient en larmes de cristal des sources d'eau de roche, et, ce qui me ravit particulièrement, la neige fondue s'amassait dans les creux et formait de petits lacs bordés d'un gazon couleur d'émeraude ou enchâssés dans un cercle d'argent fait par la neige, qui avait résisté à l'action du soleil. Des piliers élevés de loin en loin, qui servent à faire reconnaître la route lorsque la neige étend ses nappes perfides sur le bon chemin et sur les précipices, lui donnent quelque chose de monumental ; les torrents écument et bruissent de toutes parts ; la route les enjambe avec ces ponts de pierre sèche si fréquents en Espagne : on en rencontre à chaque pas.

Les montagnes s'élevaient de plus en plus ; quand nous en avions franchi une, il s'en présentait une autre plus élevée que nous n'avions pas vue d'abord ; les mules devinrent insuffisantes, et il fallut recourir aux bœufs, ce qui nous permit de descendre de voiture et de gravir à pied le reste de la sierra. J'étais réellement enivré de cet air vif et pur ; je me sentais si léger, si joyeux et si plein d'enthousiasme, que je poussais des cris et faisais des cabrioles comme un jeune chevreau ; j'éprouvais l'envie de me jeter la tête la première dans tous ces charmants précipices si azurés, si vaporeux, si veloutés ; j'aurais voulu me faire rouler par les cascades, tremper mes pieds dans toutes les sources, prendre une feuille à chaque pin, me vautrer dans la neige étincelante, me mêler à toute cette nature, et me fondre comme un atome dans cette immensité.

Sous les rayons du soleil, les hautes cimes scintillaient et fourmillaient comme des basquines de danseuses sous leur pluie de paillettes d'argent; d'autres avaient la tête engagée dans les nuages et se fondaient dans le ciel par des transitions insensibles, car rien ne ressemble à une montagne comme un nuage. C'étaient des escarpements, des ondulations, des tons et des formes dont aucun art ne peut donner l'idée, ni la plume ni le pinceau; les montagnes réalisent tout ce que l'on en rêve : ce qui n'est pas un mince éloge. Seulement on se les figure plus grandes; leur énormité n'est sensible que par comparaison : en regardant bien, l'on s'aperçoit que ce que l'on prenait de loin pour un brin d'herbe est un pin de soixante pieds de haut.

Au tournant d'un pont fort propice pour une embuscade de brigands, nous vîmes une petite colonne avec une croix : c'était le monument d'un pauvre diable qui avait fini ses jours dans cette gorge étroite, pour cause de *mano airada* (main irritée). De temps en temps nous rencontrions des *Maragatos* en voyage avec leur costume du seizième siècle, justaucorps de cuir serré par une boucle, larges grègues, chapeau à grands bords, des *Valencianos* avec leurs caleçons de toile blanche qui ressemblent au jupon des klephtes, leur mouchoir noué autour de la tête, leurs guêtres blanches bordées de bleu et sans pied en façon de *knémis* antique, leur longue pièce d'étoffe (*capa de muestra*) rayée transversalement de bandes de couleurs vives et posée en draperie sur l'épaule d'une manière très-élégante. Ce qu'on apercevait de leur peau était fauve comme du bronze de Florence. Nous vîmes aussi des convois de mules harnachées dans le goût le plus charmant avec des grelots, des franges et des couvertures bariolées, et leurs *arrieros* armés de carabines. Nous étions enchantés; le pittoresque demandé se produisait en abondance.

A mesure que nous montions, les bandes de neige devenaient plus épaisses et plus larges ; mais un rayon de soleil faisait ruisseler la montagne, comme une amante qui rit dans les pleurs ; de tous côtés filtraient de petits ruisseaux éparpillés comme des chevelures de naïades en désordre, et plus clairs que le diamant. A force de grimper, nous atteignîmes la crête supérieure, et nous nous assîmes sur la plinthe du socle d'un grand lion de granit qui marque au versant de la montagne les limites de la Vieille-Castille ; au delà, c'est la Castille-Nouvelle.

La fantaisie de cueillir une délicieuse fleur rose dont j'ignore l'appellation botanique et qui croît dans les fentes du grès, nous fit monter sur une roche qu'on nous dit être l'endroit où s'asseyait Philippe II pour regarder à quel point en étaient les travaux de l'Escurial. Ou la tradition est apocryphe, ou Philippe avait des yeux diablement bons.

La voiture, qui rampait péniblement le long des pentes escarpées, nous rejoignit enfin. L'on dételle les bœufs et l'on descendit le versant au galop : on s'arrêta pour dîner à Guadarrama, petit village accroupi au pied de la montagne, qui n'a pour tout monument qu'une fontaine de granit érigée par Philippe II. A Guadarrama, par un renversement bizarre de l'ordre naturel des plats, on nous servit pour dessert une soupe au lait de chèvre.

Madrid est, comme Rome, entouré d'une campagne déserte, d'une aridité, d'une sécheresse et d'une désolation dont rien ne peut donner l'idée : pas un arbre, pas une goutte d'eau, pas une plante verte, pas une apparence d'humidité, rien que du sable jaune et des roches gris de fer. En s'éloignant de la montagne, ce ne sont plus même des roches, mais de grosses pierres ; de loin en loin une *venta* poussiéreuse, un clocher couleur de liége qui montre son nez au bord de l'horizon, de grands bœufs à l'air mélancolique traînant de ces chariots dont nous avons déjà donné la description ; un paysan à cheval ou à mule, avec sa carabine à l'arçon, le sombrero sur les yeux et la mine farouche ; ou bien encore de longues files d'ânes blanchâtres portant de la paille hachée, ficelée avec des résilles de cordelettes ; et c'est tout : l'âne qui marche en tête, l'âne *coronel,* a toujours un petit plumet ou un pompon qui marque sa supériorité dans la hiérarchie de la gent à longues oreilles.

Au bout de quelques heures, que l'impatience d'arriver rendait plus longues encore, nous aperçûmes enfin Madrid assez distinctement. Quelques minutes après, nous entrions dans la capitale de l'Espagne par la *puerta de Hierro :* la voiture suivit d'abord une avenue plantée d'arbres écimés et trapus, et côtoyée de tourelles de briques qui servent à élever l'eau. A propos d'eau, quoique cette transition ne soit pas heureuse, j'oubliais de vous dire que nous avions traversé le Manzanarès sur un pont digne d'une rivière plus sérieuse ; puis nous longeâmes le palais de la reine, qui est un de ces édifices que l'on est convenu d'appeler de bon goût. Les immenses terrasses qui l'exhaussent lui donnent une apparence assez grandiose.

Après avoir subi la visite de la douane, nous allâmes nous installer tout près de la *calle* d'Alcala et du Prado, *calle del Caballero de Gracia,* dans *la fonda de la Amistad,* où logeait précisément madame Espartero, duchesse de la Victoire, et nous n'eûmes rien de plus pressé que d'envoyer Manuel, notre domestique de place, *aficionado* et tauromaquiste consommé, nous prendre des billets pour la prochaine course aux taureaux.

COMBAT DE TAUREAUX.

VII

COURSES DE TAUREAUX. — SEVILLA LE PICADOR. — LA ESTOCADA
A VUELAPIÉS.

Il fallait encore attendre deux jours. Jamais jours ne me semblèrent plus longs, et je relus plus de dix fois, pour tromper mon impatience, l'affiche apposée au coin des principales rues; l'affiche promettait monts et merveilles : huit taureaux des plus fameux pâturages; Sevilla et Antonio Rodriguez, *picadores* ; Juan Pastor, qu'on appelle aussi *el Barbero*, et Guilleu, *espadas;* le tout avec défense au public de jeter dans l'arène des écorces d'orange et autres projectiles capables de nuire aux combattants.

On n'emploie guère en Espagne le mot *matador* pour désigner celui qui tue le taureau, on l'appelle *espada* (épée), ce qui est plus noble et a plus de caractère ; l'on ne dit pas non plus *toreador*, mais bien *torero*. Je donne, en passant, cet utile renseignement à ceux qui font de la couleur locale dans les romances et dans les opéras-comiques. La course se nomme *media corrida*, demi-course, parce qu'autrefois il y en avait deux tous les lundis, l'une le matin, l'autre à cinq heures du soir, ce qui faisait la course entière : la course du soir est seule conservée.

L'on a dit et répété de toutes parts que le goût des courses de taureaux se perdait en Espagne, et que la civilisation les ferait bientôt disparaître; si la civilisation fait cela, ce sera tant pis pour elle, car une course de taureaux est un des plus beaux spectacles que l'homme puisse imaginer; mais ce jour-là n'est pas encore arrivé, et les écrivains sensibles qui disent le contraire n'ont qu'à se transporter un lundi, entre quatre et cinq heures, à la porte d'Alcala, pour se convaincre que le goût de ce *féroce* divertissement n'est pas encore près de se perdre.

Le lundi, jour de taureaux, *dia de toros,* est un jour férié ; personne ne travaille, toute la ville est en rumeur; ceux qui n'ont pas encore pris leurs billets marchent à grands pas vers la *calle de Carretas,* où est situé le bureau de location, dans l'espoir de trouver quelque place vacante; car, disposition qu'on ne saurait trop louer, cet énorme amphithéâtre est entièrement numéroté et divisé en stalles, usage que l'on devrait bien imiter dans les théâtres de France. La *calle de Alcala,* qui est l'artère où viennent se dégorger les rues populeuses de la ville, est pleine de piétons, de cavaliers et de voitures ; c'est pour cette solennité que sortent de leurs remises poudreuses les *calesines* et les carrioles les plus baroques et les plus extravagantes, et que se produisent au jour les attelages les plus fantastiques, les mules les plus phénoménales. Les calésines rappellent les *corricoli* de Naples : de grandes roues rouges, une caisse sans ressorts, ornée de peintures plus ou moins allégoriques, et doublée de vieux damas ou de serge passée avec des franges et des effilés de soie, et par là-dessus un certain air *rococo* de l'effet le plus amusant ; le conducteur est assis sur le brancard, d'où il peut haranguer et bâtonner sa mule tout à son aise, et laisse ainsi une place de plus à ses pratiques. La mule est enjolivée d'autant de plumets, de pompons, de houppes, de franges et de grelots qu'il est possible d'en accrocher aux harnais d'un quadrupède quelconque. Un *calesin* contient ordinairement une *manola* et son amie, avec son *manolo,* sans préjudice d'une grappe de *muchachos* pendue à l'arrière-train. Tout cela va comme le vent dans un tourbillon de cris et de poussière. Il y a aussi des carrosses à quatre ou cinq mules dont on ne trouve plus les équivalents que dans les tableaux de Van der Meulen représentant les conquêtes et les chasses de Louis XIV. Tous les véhicules sont mis à contribution, car le grand genre parmi les *manolas,* qui sont les grisettes de Madrid, est d'aller en calésine à la *plaza de Toros ;* elles mettent leurs matelas en gage pour avoir de l'argent ce jour-là, et, sans être précisément vertueuses le reste de la semaine, elles le sont à coup sûr beaucoup moins le dimanche et le lundi. On voit aussi des gens de la campagne qui arrivent à cheval, la carabine à l'arçon de la selle ; d'autres sur des ânes, seuls ou avec leurs femmes ; tout cela sans compter les calèches des gens du grand monde, et une foule d'honnêtes citadins et de señoras en mantille qui se hâtent et pressent le pas ; car voici le détachement de garde nationale à cheval qui s'avance, trompettes en tête, pour faire évacuer l'arène, et, pour rien au monde, on ne voudrait manquer l'évacuation de l'arène et la fuite précipitée de l'alguazil, quand il a jeté au garçon de combat la clef du *toril* où sont enfermés les gladiateurs à cornes. Le *toril* fait face au *matadero,* où l'on écorche les bêtes abattues. Les taureaux sont amenés de la veille et nuitamment dans un pré voisin de Madrid, que l'on nomme *el arroyo,* but de promenade pour les *aficionados,* promenade qui n'est pas sans quelque danger, car les taureaux sont en liberté, et leurs conducteurs ont fort à faire de les garder. Ensuite on les fait entrer dans l'*encierro* (l'étable du cirque), au moyen de vieux bœufs habitués à cette fonction et que l'on mêle au troupeau farouche.

La *plaza de Toros* est située à main gauche en dehors de la porte d'Alcala qui, par parenthèse, est une assez belle porte, en manière d'arc de triomphe, avec des trophées et d'autres ornements héroïques; c'est un cirque énorme qui n'a rien de remarquable à l'extérieur, et dont les murailles sont blanchies à la chaux; comme tout le monde a son billet pris d'avance, l'entrée s'effectue sans le moindre désordre. Chacun grimpe à sa place et s'assoit suivant son numéro.

Voici la disposition intérieure. Autour de l'arène, d'une grandeur vraiment romaine, règne une barrière circulaire en planches de six pieds de haut peinte en rouge sang de bœuf et garnie de chaque côté, à deux pieds de terre environ, d'un rebord en charpente, où les *chulos* et *banderilleros* posent le pied pour sauter de l'autre côté lorsqu'ils sont trop vivement pressés par le taureau. Cette barrière s'appelle *las tablas*. Elle est percée de quatre portes pour le service de la place, l'entrée des taureaux, l'enlèvement des cadavres, etc. Après cette barrière, il y en a une autre un peu plus élevée qui forme avec la première une espèce de couloir où se tiennent les *chulos* fatigués, le picador *sobresaliente* (remplaçant) qui doit toujours être là tout habillé et tout caparaçonné au cas où son chef d'emploi serait blessé ou tué; le *cachetero* et quelques *aficionados* qui, à force de persévérance, parviennent, malgré les règlements, à se glisser dans ce bienheureux couloir dont les entrées sont aussi recherchées en Espagne que celles des coulisses de l'Opéra peuvent l'être à Paris.

Comme il arrive souvent que le taureau exaspéré franchit la première barrière, la seconde est garnie en outre d'un réseau de cordes destinées à prévenir un autre élan : plusieurs charpentiers, avec des haches et des marteaux, se tiennent prêts à réparer les dommages qui peuvent en résulter pour les clôtures, en sorte que les accidents sont pour ainsi dire impossibles. Cependant l'on a vu des taureaux de *muchas piernas* (de beaucoup de jambes), comme on les appelle techniquement, franchir la seconde enceinte, comme en fait foi une gravure de la *Tauromaquia* de Goya, le célèbre auteur des *Caprices*, gravure qui représente la mort de l'alcade de Torrezon, misérablement embroché par un taureau sauteur.

A partir de cette seconde enceinte commencent les gradins destinés aux spectateurs : ceux qui sont près des cordes s'appellent places de *barrera*, ceux du milieu *tendido*, et les autres qui sont adossés au premier rang de la *grada cubierta*, prennent le nom de *tabloncillos*. Ces gradins, qui rappellent ceux des amphithéâtres de Rome, sont en granit bleuâtre, et n'ont d'autre toiture que le ciel. Immédiatement après viennent les places couvertes, *gradas cubiertas*, qui se divisent ainsi : *delantera*, places de devant ; *centro*, places du milieu; et *tabloncillo*, places adossées. Par-dessus, s'élèvent les loges appelées *palcos* et *palcos por asientos*, au nombre de cent dix. Ces loges sont très-grandes et peuvent contenir une vingtaine de personnes. Le *palco por asientos* offre cette différence avec le *palco* simple, qu'on y peut prendre une seule place, comme une stalle de balcon à l'Opéra. Les loges de la *Reina Gobernadora y de la inocente Isabel* sont décorées avec des draperies de soie et fermées par des rideaux. A côté se trouve la loge de l'*ayuntamiento* (municipalité), qui préside la place et doit résoudre les difficultés qui se présentent.

Le cirque, ainsi distribué, contient douze mille spectateurs, tous asssis à l'aise et voyant parfaitement, chose indispensable dans un spectacle purement oculaire. Cette immense enceinte est toujours pleine, et ceux qui ne peuvent se procurer des places de *sombra* (places à l'ombre) aiment encore mieux cuire tout vifs sur les gradins au soleil que de manquer une course. Il est de rigueur, pour les gens qui se piquent d'élégance, d'avoir leur loge aux Taureaux, comme à Paris, une loge aux Italiens.

Quand je débouchai du corridor pour m'asseoir à ma place, j'éprouvai une espèce d'éblouissement vertigineux. Des torrents de lumière inondaient le cirque, car le soleil est un lustre supérieur qui a l'avantage de ne pas répandre d'huile, et le gaz lui-même ne l'effacera pas de longtemps. Une immense rumeur flottait comme un brouillard de bruit au-dessus de l'arène. Du côté du soleil palpitaient et scintillaient des milliers d'éventails et de petits parasols ronds emmanchés dans des baguettes de roseau ; on eût dit des essaims d'oiseaux de couleurs changeantes essayant de prendre leur vol : il n'y avait pas un seul vide. Je vous assure que c'est déjà un admirable *spectacle* que douze mille *spectateurs* dans un théâtre si vaste que Dieu seul peut en peindre le plafond avec le bleu splendide qu'il puise à l'urne de l'éternité.

La garde nationale à cheval, qui est fort bien montée et fort bien habillée, faisait le tour de l'arène, précédée de deux alguazils en costume, panache et chapeau à la Henri IV, justaucorps et manteau noirs, bottes à l'écuyère, et chassait devant elle quelques *aficionados* obstinés et quelques chiens retardataires. L'arène demeurée vide, les deux alguazils allèrent chercher les *toreros,* se composant des *picadores,* des *chulos,* des *banderilleros* et de l'*espada,* principal acteur du drame, qui firent leur entrée au son d'une fanfare. Les *picadores* montaient des chevaux dont les yeux étaient bandés, parce que la vue du taureau pourrait les effrayer et les jeter dans des écarts dangereux. Leur costume est très-pittoresque : il se compose d'une veste courte, qui ne se boutonne pas, de velours orange, incarnat, vert ou bleu, chargée de broderies d'or ou d'argent, de paillettes, de passequilles, de franges, de boutons en filigrane et d'agréments de toutes sortes, surtout aux épaulettes, où l'étoffe disparaît complétement sous un fouillis lumineux et phosphorescent d'arabesques entrelacées; d'un gilet dans le même style, d'une chemise à jabot, d'une cravate bariolée et nouée négligemment, d'une ceinture de soie, et de pantalons de peau de buffle fauve rembourrés et garnis de tôle intérieurement, comme les bottes des postillons, pour défendre les jambes contre les coups de corne du taureau : un chapeau gris (*sombrero*) à bords énormes, à forme basse, enjolivé d'une énorme touffe de faveurs ; une grosse bourse, ou cadogan, en rubans noirs, qui se nomme, je crois, *moño,* et qui réunit les cheveux derrière la tête, complètent l'ajustement. Le *picador* a pour arme une lance ferrée d'une pointe d'un ou deux pouces de longueur ; ce fer ne peut pas blesser le taureau dangereusement, mais suffit pour l'irriter et le contenir. Un pouce de peau adapté à la main du *picador* empêche la lance de glisser ; la selle est très-haute par devant et par derrière, et ressemble aux harnais bardés d'acier où s'enchâssaient, pour les tournois, les chevaliers du moyen âge ; les étriers sont en bois et forment sabots, comme les étriers turcs ; un long éperon de fer, aigu comme un poignard, arme le talon du cavalier; pour diriger les chevaux, souvent à moitié morts, un éperon ordinaire ne suffirait pas.

Les *chulos* ont un air fort leste et fort galant avec leurs culottes courtes de satin, vertes, bleues ou roses, brodées d'argent sur toutes les coutures, leurs bas de soie couleur de chair ou blancs, leur veste historiée de dessins et de ramages, leur ceinture serrée et leur petite *montera* penchée coquettement vers l'oreille; ils portent sur le bras un manteau d'étoffe (*capa*) qu'ils déroulent et font papillonner devant le taureau pour l'irriter, l'éblouir, ou lui donner le change. Ce sont des jeunes gens bien découplés, minces et sveltes, au contraire des *picadores,* qui se font en général remarquer par une haute taille et des formes athlétiques; les uns ont besoin de force, les autres d'agilité.

Les *banderilleros* portent le même costume et ont pour spécialité de planter dans les épaules du taureau des espèces de flèches munies d'un fer barbelé et enjolivées de découpures de papier; ces flèches se nomment *banderillas,* et sont destinées à raviver la fureur du taureau et à lui donner le degré d'exaspération nécessaire pour qu'il se présente bien à l'épée du *matador*. On doit poser deux *banderillas* à la fois, et pour cela il faut passer les deux bras entre les cornes du taureau, opération délicate pendant laquelle des distractions seraient dangereuses.

L'*espada* ne diffère des *banderilleros* que par un costume plus riche, plus orné, quelquefois de soie pourpre, couleur particulièrement désagréable au taureau. Ses armes sont une longue épée avec une poignée en croix et un morceau d'étoffe écarlate ajouté sur un bâton transversal; le nom technique de cette espèce de bouclier flottant est *muleta*.

Vous connaissez maintenant le théâtre et les acteurs ; nous allons vous les montrer à l'œuvre.

Les *picadores* escortés des *chulos* vont saluer la loge de l'*ayuntamiento* d'où on leur jette les clefs du *toril ;* les clefs sont ramassées et remises à l'alguazil, qui va les porter au garçon de combat, et se sauve au grand galop au milieu des huées et des cris de la foule, car les alguazils et tous les représentants de la justice ne sont guère plus populaires en Espagne que chez nous les gendarmes et les sergents de ville. Cependant les deux *picadores* vont se placer à la gauche des portes du *toril* qui fait face à la loge de la reine, parce que la sortie du taureau est une des choses les plus curieuses de la course ; ils sont postés à peu de distance l'un de l'autre, adossés à *las tablas,* bien assurés sur leurs arçons, la lance au poing et préparés à recevoir vaillamment la bête farouche ; les *chulos* et les *banderilleros* se tiennent à distance ou s'éparpillent dans l'arène.

Toutes ces préparations, qui paraissent plus longues dans la description que dans la réalité, allument la curiosité au plus haut point. Tous les yeux sont fixés avec anxiété sur la fatale porte, et dans ces douze mille regards il n'y en a pas un seul qui soit tourné d'un autre côté. La plus belle femme de la terre n'obtiendrait pas l'aumône d'une œillade dans ce moment-là.

J'avoue que, pour ma part, j'avais le cœur serré comme par une main invisible ; les tempes me sifflaient, et des sueurs chaudes et froides me passaient dans le dos. C'est une des plus fortes émotions que j'aie jamais éprouvées.

Une grêle fanfare résonna, les deux battants rouges se renversèrent avec fracas, et le taureau se précipita dans l'arène au milieu d'un hourra immense.

C'était un superbe animal, presque noir, luisant, avec un fanon énorme, un mufle carré, des cornes en croissant aiguës et polies, des jambes sèches, une queue toujours en mouvement, portant entre les deux épaules une touffe de rubans aux couleurs de sa *Ganaderia,* piquée dans le cuir par une aiguillette. Il s'arrêta une seconde, renifla l'air deux ou trois fois, ébloui du grand jour, étonné du tumulte; puis, avisant le premier *picador,* il fondit dessus au galop avec un élan furieux.

Le *picador* ainsi attaqué était Sevilla. Je ne puis résister au plaisir de décrire ici ce fameux Sevilla, qui est réellement l'idéal du genre. Figurez-vous un homme de trente ans environ, de grande mine et de grande tournure, robuste comme un Hercule, basané comme un mulâtre, avec des yeux superbes et une physionomie comme un des Césars du Titien ; l'expression de sérénité joviale et dédaigneuse qui règne dans ses traits et son maintien a vraiment quelque chose d'héroïque. Il avait, ce jour-là, une veste orange brodée et galonnée d'argent, qui m'est restée dessinée dans la mémoire avec une ineffaçable minutie : il abaissa la pointe de sa lance, se mit en arrêt, et soutint le choc du taureau si victorieusement, que la bête farouche chancela, passa outre, emportant une blessure qui ne tarda pas à rayer sa peau noire de filets rouges ; elle s'arrêta incertaine quelques instants, puis fondit avec un redoublement de rage sur le second *picador* posté à quelque distance.

Antonio Rodriguez lui donna un bon coup de lance qui ouvrit une seconde blessure tout à côté de la première, car l'on ne doit piquer qu'à l'épaule ; mais le taureau revint sur lui tête baissée et plongea sa corne tout entière dans le ventre du cheval. Les *chulos* accoururent, secouant leur cape, et l'animal stupide, attiré et distrait par ce nouvel appât, se mit à les poursuivre à toutes jambes ; mais les *chulos*, mettant le pied sur le rebord dont nous avons parlé, sautèrent légèrement par-dessus la barrière, laissant l'animal fort étonné de ne plus rien voir.

Le coup de corne avait fendu le ventre du cheval, de sorte que ses entrailles se répandaient et coulaient presque jusqu'à terre ; je crus que le *picador* allait se retirer pour en prendre un autre : pas le moins du monde ; il lui toucha l'oreille pour voir si le coup était mortel. Le cheval n'était que décousu ; cette blessure, quoique affreuse à voir, peut se guérir ; on remet les boyaux dans le ventre, on y fait deux ou trois points, et la pauvre bête peut servir pour une autre course. Il lui donna un coup d'éperon, et fut, avec un temps de galop de chasse, se replacer plus loin.

Le taureau commençait à comprendre qu'il n'y avait guère que des coups de lance à gagner du côté des *picadores*, et sentait le besoin de retourner au pâturage. Au lieu d'*entrer* sans hésitation, après un élan de quelques pas, il retournait à sa *querencia* avec une imperturbable opiniâtreté ; la *querencia*, en termes de l'art, est un coin quelconque de la place que le taureau se choisit pour gîte, et auquel il revient toujours après avoir donné la *cogida* ; la *cogida* se dit de l'attaque du taureau, et la *suerte* de l'attaque du *torero*, qui se nomme aussi *diestro*.

Une nuée de *chulos* vint agiter devant ses yeux leurs *capas* de couleurs éclatantes ; l'un d'eux poussa l'insolence jusqu'à coiffer de son manteau enroulé la tête du taureau, qui ressemblait ainsi à l'enseigne du *Bœuf à la mode*, que tout le monde a pu voir à Paris. Le taureau furieux se débarrassa, comme il put, de cet ornement intempestif, et fit voler en l'air l'innocente étoffe qu'il piétina avec

7

rage lorsqu'elle retomba à terre. Profitant de cette recrudescence de colère, un *chulo* se mit à l'agacer en l'attirant du côté des *picadores*; se trouvant face à face de ses ennemis, le taureau hésita, puis, prenant son parti, se précipita sur Sevilla avec tant de force, que le cheval roula les quatre fers en l'air, car le bras de Sevilla est un arc-boutant de bronze que rien ne peut faire plier. Sevilla tomba sous le cheval, ce qui est la meilleure façon, parce que l'homme est à couvert des coups de corne, et que le corps de sa monture lui sert de bouclier. Les *chulos* intervinrent, et le cheval en fut quitte pour une estafilade à la cuisse. On releva Sevilla, qui se remit en selle avec une tranquillité parfaite. Le cheval d'Antonio Rodriguez, l'autre *picador*, fut moins heureux : il reçut dans le poitrail un coup si violent, que la corne s'enfonça jusqu'à la garde et disparut entièrement dans la blessure. Pendant que le taureau cherchait à dégager sa tête embarrassée dans le corps du cheval, Antonio s'accrochait des mains aux rebords de *las tablas* qu'il franchissait avec l'aide des *chulos,* car les *picadores,* désarçonnés, alourdis par la garniture de fer de leurs bottes, ne peuvent guère plus remuer que les anciens chevaliers emboîtés dans leurs armures.

Le pauvre animal, abandonné à lui-même, se mit à traverser l'arène en chancelant, comme s'il était ivre, s'embarrassant les pieds dans ses entrailles ; des flots de sang noir jaillissaient impétueusement de sa plaie, et zébraient le sable de zigzags intermittents qui trahissaient l'inégalité de sa démarche ; enfin il vint s'abattre près des *tablas*. Il releva deux ou trois fois la tête, roulant un œil bleu déjà vitré, retirant en arrière ses lèvres blanches d'écume, qui laissaient voir ses dents décharnées ; sa queue battit faiblement la terre ; ses pieds de derrière s'agitèrent convulsivement et lancèrent une ruade suprême, comme s'il eût voulu briser de son dur sabot le crâne épais de la mort. Son agonie était à peine terminée que les *muchachos* de service, voyant le taureau occupé d'un autre côté, accoururent pour lui ôter la selle et la bride. Il resta déshabillé, couché sur le flanc, et dessinant sur le sable sa brune silhouette. Il était si mince, si aplati, qu'on l'eût pris pour une découpure de papier noir. J'avais déjà remarqué à Montfaucon quelles formes étrangement fantastiques la mort fait prendre aux chevaux : c'est assurément l'animal dont le cadavre est le plus triste à voir. Sa tête, si noblement et si purement charpentée, modelée et frappée de méplats par le doigt terrible du néant, semble avoir été habitée par une pensée humaine; la crinière qui s'échevèle, la queue qui s'éparpille, ont quelque chose de pittoresque et de poétique. Un cheval mort est un cadavre ; tout autre animal dont la vie s'est envolée n'est qu'une charogne.

J'insiste sur la mort de ce cheval, parce que c'est la sensation la plus pénible que j'aie éprouvée au combat de taureaux. Ce ne fut pas, du reste, la seule victime : quatorze chevaux restèrent sur l'arène ce jour-là ; un seul taureau en tua cinq.

Le *picador* revint avec un cheval frais, et il y eut encore plusieurs attaques plus ou moins heureuses. Mais le taureau commençait à se fatiguer et sa fureur à s'abattre; les *banderilleros* arrivèrent avec leurs flèches garnies de papier, et bientôt le cou du taureau fut orné d'une collerette de découpures que les efforts qu'il faisait pour s'en délivrer attachaient encore plus invinciblement. Un petit *banderillero,* nommé Majaron, piquait les dards avec beaucoup de bonheur et d'audace, et quelquefois même il battait un entrechat avant de se retirer; aussi était-il fort applaudi. Quand le taureau eut après lui sept à huit *banderillas,* dont le fer lui déchirait le cuir et dont le papier lui bruissait aux oreilles, il se mit à courir çà et là, à beugler affreusement. Son mufle noir blanchissait d'écume, et, dans l'enivrement de sa rage, il donna de si rudes coups de corne contre une des portes, qu'il la fit sauter des gonds. Les charpentiers, qui suivaient de l'œil ses mouvements, remirent aussitôt le battant en place; un *chulo* l'attira d'un autre côté, et fut poursuivi si vivement qu'il eut à peine le temps de franchir la barrière. Le taureau, exaspéré, enragé, fit un effort prodigieux, et passa par-dessus *las tablas.* Tous ceux qui se trouvaient dans le couloir sautèrent avec une merveilleuse promptitude dans la place, et le taureau rentra par une autre porte, reconduit à coups de canne et à coups de chapeau par les spectateurs du premier rang.

Les *picadores* se retirèrent laissant le champ libre à l'*espada* Juan Pastor, qui s'en fut saluer la loge de l'*ayuntamiento* et demander la permission de tuer le taureau; la permission accordée, il jeta en l'air sa *montera,* comme pour montrer qu'il allait jouer son va-tout, et marcha au taureau d'un pas délibéré, cachant son épée sous les plis rouges de sa *muleta.*

L'*espada* fit voltiger à plusieurs reprises l'étoffe écarlate sur laquelle le taureau se précipitait aveuglément; un mouvement de corps lui suffisait pour éviter l'élan de la bête farouche, qui revenait bientôt à la charge, donnant de furieux coups de tête dans l'étoffe légère qu'il déplaçait sans la pouvoir percer. Le moment favorable étant venu, l'*espada* se plaça tout à fait en face du taureau, agitant sa *muleta* de la main gauche et tenant son épée horizontale, la pointe à la hauteur des cornes de l'animal; il est difficile de rendre avec des mots la curiosité pleine d'angoisses, l'attention frénétique qu'excite cette situation qui vaut tous les drames de Shakspeare : dans quelques secondes, l'un des deux acteurs sera tué. Sera-ce l'homme ou le taureau? Ils sont là tous les deux face à face, seuls; l'homme n'a aucune arme défensive; il est habillé comme pour un bal : escarpins et bas de soie; une épingle de femme percerait sa veste de satin; un lambeau d'étoffe, une frêle épée, voilà tout. Dans ce duel le taureau a tout l'avantage matériel : il a deux cornes terribles, aiguës comme des poignards, une force d'impulsion immense, la colère de la brute qui n'a pas la conscience du danger ; mais l'homme a son épée et son cœur, douze mille regards fixés sur lui; de belles jeunes femmes vont l'applaudir tout à l'heure du bout de leurs blanches mains!

La *muleta* s'écarta, laissant à découvert le buste du *matador*; les cornes du taureau n'étaient qu'à un pouce de sa poitrine; je le crus perdu! Un éclair d'argent passa avec la rapidité de la pensée au milieu des deux croissants; le taureau tomba à genoux en poussant un beuglement douloureux, ayant la poignée de l'épée entre les deux épaules, comme ce cerf de saint Hubert qui portait un crucifix dans les ramures de son bois, ainsi qu'il est représenté dans la merveilleuse gravure d'Albert Durer.

Un tonnerre d'applaudissements éclata dans tout l'amphithéâtre; les *palcos* de la noblesse, les *gradas cubiertas* de la bourgeoisie, le *tendido* des *manolos* et des *manolas*, criaient et vociféraient avec toute l'ardeur et la pétulance méridionales : *Bueno! bueno! viva el Barbero! viva!!!*

Le coup que venait de faire l'*espada* est, en effet, très-estimé et se nomme la *estocada a vuelapiés :* le taureau meurt sans perdre une goutte de sang, ce qui est le suprême de l'élégance, et en tombant sur ses genoux semble reconnaître la supériorité de son adversaire. Les *aficionados* (dilettanti) disent que l'inventeur de ce coup est Joaquin Rodriguez, célèbre *torero* du siècle passé.

Lorsque le taureau n'est pas mort sur le coup, on voit sauter par-dessus la barrière un petit être mystérieux, vêtu de noir, et qui n'a pris aucune part à la course : c'est le *cachetero*. Il s'avance d'un pied furtif, épie ses dernières convulsions, voit s'il est encore capable de se relever, ce qui arrive quelquefois, et lui enfonce traîtreusement par derrière un poignard cylindrique terminé en lancette, qui coupe la moelle épinière et enlève la vie avec la rapidité de la foudre : le bon endroit est derrière la tête, à quelques pouces de la raie des cornes.

La musique militaire sonna la mort du taureau ; une des portes s'ouvrit, et quatre mules harnachées magnifiquement avec des plumets, des grelots et des houppes de laines, et de petits drapeaux jaunes et rouges, aux couleurs d'Espagne, entrèrent au galop dans l'arène. Cet attelage est destiné à enlever les cadavres qu'on attache au bout d'une corde munie d'un crampon. On emporta d'abord les chevaux, puis le taureau. Ces quatre mules éblouissantes et sonores qui traînaient sur le sable, avec une vélocité enragée, tous ces corps qui couraient eux-mêmes si bien tout à l'heure, avaient un aspect bizarre et sauvage, qui dissimulait un peu le lugubre de leurs fonctions ; un garçon de service vint avec une corbeille pleine de terre et saupoudra les mares de sang où le pied des toreros aurait pu glisser. Les *picadores* reprirent leurs places à côté de la porte, l'orchestre joua une fanfare, et un autre taureau s'élança dans l'arène ; car ce spectacle n'a pas d'entr'acte, rien ne le suspend, pas même la mort d'un *torero*. Comme nous l'avons dit, les *doublures* sont là tout habillées et armées en cas d'accidents. Notre intention n'est pas [de raconter successivement la mort de huit taureaux qui furent sacrifiés ce jour-là ; mais nous parlerons de quelques variantes et incidents remarquables.

Les taureaux ne sont pas toujours d'une grande férocité ; quelques-uns même sont fort doux et ne demanderaient pas mieux que de se coucher tranquillement à l'ombre. L'on voit à leur mine honnête et débonnaire qu'ils aiment mieux le pâturage que le cirque : ils tournent le dos aux *picadores* et laissent avec beaucoup de flegme les *chulos* leur secouer devant le nez leurs capes de toutes couleurs ; les *banderillas* ne suffisent pas même à les tirer de leur apathie ; il faut donc avoir recours aux moyens violents, aux *banderillas de fuego* : ce sont des espèces de baguettes d'artifice qui s'allument quelques minutes après avoir été plantées dans les épaules du taureau *cobarde* (lâche), et éclatent avec force étincelles et détonations. Le taureau, par cette ingénieuse invention, est donc à la fois piqué, brûlé et abasourdi : fût-il le plus *aplomado* (plombé) des taureaux, il faut bien qu'il se décide à entrer en fureur. Il se livre à une foule de cabrioles extravagantes dont on ne croirait pas capable une si lourde bête ; il rugit, il écume et se tord en tous sens pour se délivrer du feu d'artifice mal placé qui lui grille les oreilles et lui roussit le cuir.

Les *banderillas de fuego* ne s'accordent, du reste, qu'à la dernière extrémité ; c'est une espèce de déshonneur pour la course lorsque l'on est obligé d'y recourir ; mais, lorsque l'alcade tarde trop à agiter son mouchoir en signe de permission, on fait un tel vacarme qu'il est bien obligé de céder. Ce sont des cris et des vociférations inimaginables, des hurlements, des trépignements. Les uns crient : *Banderillas de fuego!* les autres : *Perros! perros!* (les chiens!) L'on accable le taureau d'injures; on l'appelle brigand, assassin, voleur; on lui offre une place à l'ombre, on lui fait mille plaisanteries, souvent très-spirituelles. Bientôt les chœurs de cannes se joignent aux vociférations devenues insuffisantes. Les planchers des *palcos* craquent et se fendent, et la peinture des plafonds tombe en pellicules blanchâtres comme une neige entremêlée de poussière. L'exaspération est au comble : *Fuego al alcalde! perros al alcalde!* (le feu et les chiens à l'alcade!) hurle la foule enragée en montrant le poing à la loge de l'*ayuntamiento*. Enfin la bienheureuse permission est accordée, et le calme se rétablit. Dans ces espèces d'*engueulements,* pardon du terme, je n'en connais pas de meilleur, il se dit quelquefois des mots très-bouffons. Nous en rapporterons un très-concis et très-vif : un *picador,* magnifiquement vêtu avec un habit tout neuf, se prélassait sur son cheval sans rien faire, et dans un endroit de la place où il n'y avait pas de danger. *Pintura! pintura!* lui cria la foule qui s'aperçut de son manége.

Souvent le taureau est si lâche que les *banderillas de fuego* ne suffisent pas encore. Il retourne à sa *querencia* et ne veut pas entrer. Les cris : *Perros! perros!* recommencent. Alors, sur le signe de l'alcade, messieurs les chiens sont introduits. Ce sont d'admirables bêtes, d'une pureté de race et d'une beauté extraordinaires; ils vont droit au taureau, qui en jette bien une demi-douzaine en l'air, mais qui ne peut empêcher qu'un ou deux des plus forts et des plus courageux ne finissent par lui saisir l'oreille. Une fois qu'ils ont *pris,* ils sont comme des sangsues; on les retournerait plutôt que de les faire lâcher. Le taureau secoue la tête, les cogne contre les barrières : rien n'y fait. Quand cela a duré quelque temps, l'*espada* ou le *cachetero* enfonce une épée dans le flanc de la victime, qui chancelle, ploie les genoux et tombe à terre, où on l'achève. On emploie aussi quelquefois une espèce d'instrument appelé *media luna* (demi-lune), qui lui coupe les jarrets de derrière et le rend incapable de toute résistance ; alors ce n'est plus un combat, mais une boucherie dégoûtante. Il arrive souvent que le matador manque son coup : l'épée rencontre un os et rejaillit, ou bien elle pénètre dans le gosier et fait vomir au taureau le sang à gros bouillons, ce qui est une faute grave selon les lois de la *tauromaquia*. Si, au second coup, la bête n'est pas achevée, l'*espada* est couvert de huées, de sifflets et d'injures, car le public espagnol est impartial ; il applaudit le taureau et l'homme selon leurs mérites réciproques. Si le taureau éventre un cheval et renverse un homme : *Bravo toro !* si c'est l'homme qui blesse le taureau : *Bravo torero !* mais il ne souffre la lâcheté ni dans l'homme ni dans la bête. Un pauvre diable, qui n'osait pas aller poser les *banderillas* à un taureau extrêmement féroce, excita un tel tumulte qu'il fallut que l'alcade promît de le faire mettre en prison pour que l'ordre se rétablît.

Dans cette même course, Sevilla, qui est un écuyer admirable, fut très-applaudi pour le trait suivant : un taureau d'une force extraordinaire prit son cheval sous le ventre, et, relevant la tête, lui fit quitter terre complétement. Sevilla, dans cette position périlleuse, ne vacilla même pas sur sa selle, ne perdit pas les étriers, et tint si bien son cheval qu'il retomba sur les quatre pieds.

La course avait été bonne : huit taureaux, quatorze chevaux tués, un *chulo* blessé légèrement ; on ne pouvait souhaiter rien de mieux,

Chaque course doit rapporter vingt ou vingt-cinq mille francs ; c'est une concession faite par la reine au grand hôpital, où les *toreros* blessés trouvent tous les secours imaginables : un prêtre et un médecin se tiennent dans une chambre à la *plaza de Toros,* prêts à administrer, l'un les remèdes de l'âme, l'autre les remèdes du corps ; l'on disait autrefois, et je crois bien que l'on dit encore une messe à leur intention pendant la course. Vous voyez bien que rien n'est négligé, et que les impresarios sont gens de prévoyance. Le dernier taureau tué, tout le monde saute dans l'arène pour le voir de plus près, et les spectateurs se retirent en dissertant sur le mérite des différents *suertes* ou *cogidas* qui les ont le plus frappés. Et les femmes, me direz-vous, comment sont-elles ? car c'est là une des premières questions que l'on adresse à un voyageur. Je vous avoue que je n'en sais rien. Il me semble vaguement qu'il y en avait de fort jolies auprès de moi, mais je ne l'affirmerai pas.

Allons au Prado pour éclaircir ce point important.

LA PUERTA DEL SOL A MADRID.

VIII

LE PRADO. — LA MANTILLE ET L'ÉVENTAIL. — TYPE ESPAGNOL. — MARCHANDS D'EAU ; CAFÉS DE MADRID. — JOURNAUX. — LES POLITIQUES DE LA PUERTA DEL SOL. — HOTEL DES POSTES. — LES MAISONS DE MADRID. — TERTULIAS; SOCIÉTÉ ESPAGNOLE. — LE THÉATRE DEL PRINCIPE. — PALAIS DE LA REINE, DES CORTÈS ET MONUMENT DU DOS DE MAYO. — L'ARMERIA, LE BUEN RETIRO.

Quand on parle de Madrid, les deux premières idées que ce mot éveille dans l'imagination sont le Prado et la Puerta del Sol : puisque nous sommes tout portés, allons au Prado, c'est l'heure où la promenade commence. Le Prado, composé de plusieurs allées et contre-allées, avec une chaussée au milieu pour les voitures, est ombragé par des arbres écimés et trapus, dont le pied baigne dans un petit bassin entouré de briques où des rigoles amènent l'eau aux heures de l'arrosement; sans cette précaution, ils seraient bientôt dévorés par la poussière et grillés par le soleil. La promenade commence au couvent d'Atocha, passe devant la porte de ce nom, la porte d'Alcala, et se termine à la porte des Récollets. Mais le beau monde se tient dans un espace circonscrit par la fontaine de Cybèle et celle de Neptune, depuis la porte d'Alcala jusqu'à la Carrera de San Jeronimo. C'est là que se trouve un grand espace appelé *salon*, tout bordé de chaises, comme la grande allée des Tuileries; du côté du salon, il y a une contre-allée qui porte le nom de *Paris;* c'est le boulevard de Gand du lieu, le rendez-vous de la fashion de Madrid ; et, comme l'imagination des fashionables ne brille pas précisément par le pittoresque, ils ont choisi l'endroit le plus poussiéreux, le moins ombragé, le moins commode de toute la promenade. La foule est si grande dans cet étroit espace, resserré entre le *salon* et la chaussée des voitures, qu'on a souvent peine à porter la main à sa poche pour prendre son mouchoir; il faut emboîter le pas et suivre la file comme à une queue de théâtre (au temps où les théâtres avaient des queues). La seule raison qui puisse avoir fait adopter cette place, c'est qu'on y peut voir et saluer les gens qui passent en calèche sur la chaussée (il est toujours honorable pour un piéton de saluer une voiture). Les équipages ne sont pas très-brillants; la plupart sont traînés par des mules dont le poil noirâtre, le gros ventre et les oreilles pointues sont de l'effet le plus disgracieux ; on dirait les voitures de deuil qui suivent les corbillards : le carrosse de la reine elle-même n'a rien que de très-simple et de très-bourgeois. Un Anglais un peu millionnaire le dédaignerait assurément ; sans doute, il y a quelques exceptions, mais elles sont rares. Ce qui est charmant, ce sont les beaux chevaux de selle andalous, sur lesquels se pavanent les merveilleux de Madrid. Il est impossible de voir quelque chose de plus élégant, de plus noble et de plus gracieux qu'un étalon andalou avec sa belle crinière tressée, sa longue queue bien fournie qui descend jusqu'à terre, son harnais orné de houppes rouges, sa tête busquée, son œil étincelant et son cou renflé en gorge de pigeon. J'en ai vu un monté par une femme qui était rose (le cheval et non la femme) comme une rose du

Bengale glacée d'argent, et d'une beauté merveilleuse. Quelle différence entre ces nobles bêtes qui ont conservé leur belle forme primitive et ces machines locomotives en muscles et en os, qu'on appelle des coureurs anglais, et qui n'ont plus du cheval que quatre jambes et une épine dorsale pour poser un jockey!

Le coup d'œil du Prado est réellement un des plus animés qui se puissent voir, et c'est une des plus belles promenades du monde, non pour le site, qui est des plus ordinaires, malgré tous les efforts que Charles III a pu faire pour en corriger la défectuosité, mais à cause de l'affluence étonnante qui s'y porte tous les soirs, de sept heures et demie à dix heures.

On voit très-peu de chapeaux de femme au Prado; à l'exception de quelques galettes jaune-soufre, qui ont dû orner autrefois des ânes instruits, il n'y a que des mantilles. La mantille espagnole est donc une vérité; j'avais pensé qu'elle n'existait plus que dans les romances de M. Crevel de Charlemagne : elle est en dentelles noires ou blanches, plus habituellement noires, et se pose à l'arrière de la tête sur le haut du peigne; quelques fleurs placées sur les tempes complètent cette coiffure qui est la plus charmante qui se puisse imaginer. Avec une mantille, il faut qu'une femme soit laide comme les trois vertus théologales pour ne pas paraître jolie; malheureusement c'est la seule partie du costume espagnol que l'on ait conservée : le reste est *à la française*. Les derniers plis de la mantille flottent sur un châle, un odieux châle, et le châle lui-même est accompagné d'une robe d'étoffe quelconque, qui ne rappelle en rien la basquine. Je ne puis m'empêcher d'être étonné d'un pareil aveuglement, et je ne comprends pas que les femmes, ordinairement clairvoyantes en ce qui concerne leur beauté, ne s'aperçoivent pas que leur suprême effort d'élégance arrive tout au plus à les faire ressembler à une *merveilleuse* de province, résultat médiocre. L'ancien costume est si parfaitement approprié au caractère de beauté, aux proportions et aux habitudes des Espagnoles, qu'il est vraiment le seul possible. L'éventail corrige un peu cette prétention au *parisianisme*. Une femme sans éventail est une chose que je n'ai pas encore vue en ce bienheureux pays; j'en ai vu qui avaient des souliers de satin sans bas, mais elles avaient un éventail; l'éventail les suit partout, même à l'église où vous rencontrez des groupes de femmes de tout âge, agenouillées ou accroupies sur leurs talons, qui prient et s'éventent avec ferveur, entremêlant le tout de signes de croix espagnols qui sont beaucoup plus compliqués que les nôtres, et qu'elles exécutent avec une précision et une rapidité dignes de soldats prussiens. Manœuvrer l'éventail est un art totalement inconnu en France. Les Espagnoles y excellent; l'éventail s'ouvre, se ferme, se retourne dans leurs doigts si vivement, si légèrement, qu'un prestidigitateur ne ferait pas mieux. Quelques élégantes en forment des collections du plus grand prix; nous en avons vu une qui en comptait plus de cent de différents styles; il y en avait de tout pays et de toute époque : ivoire, écaille, bois de santal, paillettes, gouaches du temps de Louis XIV et de Louis XV, papier de riz du Japon et de la Chine, rien n'y manquait; plusieurs étaient étoilés de rubis, de diamants et autres pierres précieuses : c'est un luxe de bon goût et une charmante manie pour une jolie femme. Les éventails qui se ferment et s'épanouissent produisent un petit sifflement qui, répété plus de mille fois par minute, jette sa note à travers la confuse rumeur qui flotte sur la promenade, et a quelque chose d'étrange pour une oreille française. Lorsqu'une femme rencontre quelqu'un de connaissance, elle lui fait un petit signe d'éventail, et lui jette en passant le mot *agur* qui se prononce *agour*. Maintenant venons aux beautés espagnoles.

Ce que nous entendons en France par type espagnol n'existe pas en Espagne, ou du moins je ne l'ai pas encore rencontré. On se figure habituellement, lorsqu'on parle señora et mantille, un ovale allongé et pâle, de grands yeux noirs surmontés de sourcils de velours, un nez mince un peu arqué, une bouche rouge de grenade, et, sur tout cela, un ton chaud et doré justifiant le vers de la romance : *Elle est jaune comme une orange.* Ceci est le type arabe ou moresque, et non le type espagnol. Les Madrilègnes sont charmantes dans toute l'acception du mot : sur quatre il y en a trois de jolies; mais elles ne répondent en rien à l'idée qu'on s'en fait. Elles sont petites, mignonnes, bien tournées, le pied mince, la taille cambrée, la poitrine d'un contour assez riche ; mais elles ont la peau très-blanche, les traits délicats et chiffonnés, la bouche en cœur, et représentant parfaitement bien certains portraits de la Régence. Beaucoup ont les cheveux châtain clair, et vous ne ferez pas deux tours sur le Prado sans rencontrer sept ou huit blondes de toutes les nuances, depuis le blond cendré jusqu'au roux véhément, au roux barbe de Charles-Quint. C'est une erreur de croire qu'il n'y a pas de blondes en Espagne. Les yeux bleus y abondent, mais ne sont pas aussi estimés que les noirs.

Dans les premiers temps nous avions quelque peine à nous accoutumer à voir des femmes décolletées comme pour un bal, les bras nus, des souliers de satin aux pieds et des fleurs à la tête, l'éventail à la main, se promener toutes seules dans un endroit public, car ici l'on ne donne pas le bras aux femmes, à moins d'être leur mari ou leur proche parent : on se contente de marcher à côté d'elles, du moins tant qu'il fait jour, car, la nuit tombée, on est moins rigoureux sur cette étiquette, surtout avec les étrangers qui n'en ont pas l'habitude.

On nous avait beaucoup vanté les *manolas* de Madrid : la manola est un type disparu comme la grisette de Paris, comme les Transtévérins de Rome ; elle existe bien encore, mais dépouillée de son caractère primitif ; elle n'a plus son costume si hardi et si pittoresque ; l'ignoble indienne a remplacé les jupes de couleurs éclatantes brodées de ramages exorbitants ; l'affreux soulier de peau a chassé le chausson de satin, et, chose horrible à penser, la robe s'est allongée de deux bons doigts. Autrefois elles variaient l'aspect du Prado par leurs vives allures et leur costume singulier : aujourd'hui on a peine à les distinguer des petites bourgeoises et des femmes de marchands. J'ai cherché la manola *pur sang* dans tous les coins de Madrid, à la course de taureaux, au jardin de *las Delicias*, au *Nuevo Recreo*, à la fête de saint Antoine, et je n'en ai jamais rencontré de complète. Une fois, en parcourant le quartier du *Rastro*, le Temple de Madrid, après avoir enjambé une grande quantité de gueux qui dormaient étendus par terre au milieu d'effroyables guenilles, je me trouvai dans une petite ruelle déserte, et là je vis, pour la première et la dernière fois, la manola demandée. C'était une grande fille bien découplée, de vingt-quatre ans environ, la plus haute vieillesse où puissent arriver les *manolas* et les grisettes. Elle avait le teint basané, le regard ferme et triste, la bouche un peu épaisse, et je ne sais quoi d'africain dans la construction du masque. Une énorme tresse de cheveux bleus à force d'être noirs, nattée comme le jonc d'une corbeille, lui faisait le tour de la tête et venait se rattacher à un grand peigne à galerie ; des paquets de grains de corail pendaient à ses oreilles ; son cou fauve était orné d'un collier de même matière ; une mantille de velours noir encadrait sa tête et ses épaules ; sa robe, aussi courte que celle des Suissesses du canton de Berne, était de drap brodé, et laissait voir des jambes fines et nerveuses enfermées dans un bas de soie noire bien tiré ; le soulier était de satin, selon l'ancienne mode ; un éventail rouge tremblait comme un papillon de cinabre dans ses doigts chargés de bagues d'argent. La dernière des manolas tourna le coin de la ruelle, et disparut à mes yeux émerveillés d'avoir vu une fois se promener dans le monde réel et vivant un costume de Duponchel, un déguisement d'Opéra ! Je vis aussi au Prado quelques *pasiegas* de Santander avec leur costume national ; ces *pasiegas* sont réputées les meilleures nourrices de l'Espagne, et l'affection qu'elles portent aux enfants est proverbiale, comme en France la probité des Auvergnats ; elles ont une jupe de drap rouge plissée à gros plis, bordée d'un large galon, un corset de velours noir également galonné d'or, et pour coiffure un madras bariolé de couleurs éclatantes, le tout avec accompagnement de bijoux d'argent et autres coquetteries sauvages. Ces femmes sont fort belles ; elles ont un caractère de force et de grandeur très-frappant. L'habitude de bercer les enfants sur les bras leur donne une attitude renversée et cambrée qui va bien avec le développement de leur poitrine. Avoir une pasiega en costume est une espèce de luxe comme de faire monter un klephte derrière sa voiture.

Je ne vous ai rien dit de l'habit des hommes : regardez les gravures de modes parues il y a six mois, au carreau de quelque tailleur ou de quelque cabinet de lecture, et vous en aurez une parfaite idée. Paris est la pensée qui occupe tout le monde, et je me souviens d'avoir vu sur l'échoppe d'un décrotteur : « Ici on cire les bottes à l'instar (*al estilo*) de Paris. » Gavarni et ses délicieux dessins, voilà le but modeste que se proposent d'atteindre les modernes hidalgos : ils ne savent pas qu'il n'y a que la plus fine fleur des pois de Paris qui y puisse arriver. Cependant, pour leur rendre la justice qui leur est due, nous dirons qu'ils sont beaucoup mieux habillés que les femmes : ils sont aussi vernis, aussi gantés de blanc que possible. Leurs habits sont corrects et leurs pantalons louables ; mais la cravate n'est pas de la même pureté, et le gilet, cette seule partie du costume moderne où la fantaisie puisse se déployer, n'est pas toujours d'un goût irréprochable.

Il existe à Madrid un commerce dont on n'a aucune idée à Paris : ce sont les marchands d'eau en détail. Leur boutique consiste en un *cantaro* (cruche) de terre blanche, un petit panier de jonc ou de fer-blanc qui contient deux ou trois verres, quelques *azucarillos* (bâtons de sucre caramélé et poreux), et quelquefois une couple d'oranges ou de limons ; d'autres ont de petits tonneaux entourés de feuillages qu'ils portent sur leur dos ; quelques-uns même, le long du Prado par exemple, tiennent des comptoirs enluminés et surmontés de Renommées de cuivre jaune avec des drapeaux, qui ne le cèdent en rien aux magnificences des marchands de coco de Paris. Ces marchands d'eau sont ordinairement de jeunes *muchachos* galiciens en veste couleur de tabac, avec des culottes courtes, des guêtres noires et un chapeau pointu ; il y a aussi quelques Valencianos avec leurs grègues de toile blanche, leur pièce d'étoffe posée sur l'épaule, leurs jambes bronzées et leurs *alpargatas* bordées de bleu. Quelques femmes et petites filles, en costume insignifiant, font aussi le commerce de l'eau. On les appelle, selon leur sexe, *aguadores* ou *aguadoras*; de tous les coins de la ville on entend leurs cris aigus, modulés sur tous les tons et variés de cent mille manières : *Agua, agua, quien quiere agua? agua helada, fresquita como la nieve!* Cela dure depuis cinq heures du matin jusqu'à dix heures du soir. Ces cris ont inspiré à Breton de Los Herreros, poëte estimé de Madrid, une chanson intitulée *l'Aguadora*, qui a beaucoup de succès dans toute l'Espagne. Cette altération de Madrid est vraiment une chose extraordinaire : toute l'eau des fontaines, toute la neige des montagnes de Guadarrama ne peuvent y suffire. L'on a beaucoup plaisanté sur ce pauvre Manzanarès et l'urne tarie de sa naïade; je voudrais bien voir la figure que ferait tout autre fleuve dans une ville dévorée d'une pareille soif. Le Manzanarès est bu dès sa source; les aguadores guettent avec anxiété la moindre goutte d'eau, la plus légère humidité qui se reproduit entre ses rives desséchées, et l'emportent dans leurs *cantaros* et leurs fontaines; les blanchisseuses lavent le linge avec du sable, et au beau milieu du fleuve un mahométan n'aurait pas de quoi faire ses ablutions. Vous vous souvenez sans doute de ce délicieux feuilleton de Méry sur l'altération de Marseille, exagérez-le six fois et vous n'aurez qu'une légère idée de la soif de Madrid. Le verre d'eau se vend un *cuarto* (deux liards à peu près). Ce dont Madrid a le plus besoin après l'eau, c'est de feu pour allumer sa cigarette; aussi, le cri : *Fuego, fuego,* se fait-il entendre de toutes parts et se croise incessamment avec le cri : *Agua, agua.* C'est une lutte acharnée entre les deux éléments, et c'est à qui fera le plus de tapage : ce feu, plus inextinguible que celui de Vesta, est porté par de jeunes drôles dans de petites coupes pleines de charbons et de cendres fines avec un manche pour ne pas se brûler les doigts.

Voici qu'il est neuf heures et demie; le Prado commence à se dépeupler, et la foule se dirige vers les cafés et les botillerias qui bordent la grande rue d'Alcala et les rues avoisinantes.

Les cafés de Madrid nous semblent, à nous autres habitués au luxe éblouissant et féerique des cafés de Paris, de véritables guinguettes de vingt-cinquième ordre : la manière dont ils sont décorés rappelle avec bonheur les baraques où l'on montre des femmes barbues et des sirènes vivantes ; mais ce manque de luxe est bien racheté par l'excellence et la variété des rafraîchissements qu'on y sert. Il faut l'avouer, Paris, si supérieur en tout, est en arrière sous ce rapport : l'art du limonadier est encore dans l'enfance. Les cafés les plus célèbres sont le café de la *Bolsa*, au coin de la rue de Carretas ; le café *Nuevo*, où se réunissent les *exaltados*; le café de... (j'ai oublié le nom), rendez-vous habituel des gens qui appartiennent à l'opinion modérée, et qu'on appelle *cangrejos*, c'est-à-dire écrevisses; celui du *Levante*, tout proche de la *Puerta del Sol*, ce qui ne veut pas dire que les autres ne soient pas bons; mais ceux-là sont les plus fréquentés. N'oublions pas le café *del Principe*, à côté du théâtre de ce nom, rendez-vous habituel des artistes et des littérateurs.

Si vous voulez, nous allons entrer au café de la Bolsa, orné de petites glaces taillées en creux par-dessous, de manière à former des dessins, comme on en voit dans certains verres d'Allemagne : voici la carte des *bebidas heladas,* des *sorbetes* et des *quesitos.* La *bebida helada* (boisson gelée) est contenue dans des verres que l'on distingue en *grande* ou *chico* (grand ou petit), et offre une très-grande variété ; il y a la *bebida de naranja* (orange), celle de *limon* (citron), de *fresa* (fraise), de *guindas* (cerises), qui sont aussi supérieures à ces affreux carafons de groseille sure et d'acide citrique que l'on n'a pas honte de vous servir à Paris dans les cafés les plus splendides, que du véritable vin de Xérès l'est à du vin de Brie authentique : c'est une espèce de glace liquide, de purée neigeuse du goût le plus exquis. La *bebida de almendra blanca* (amandes blanches) est une boisson délicieuse, inconnue en France où l'on avale, sous prétexte d'orgeat, je ne sais quelles abominables mixtures médicinales ; on donne aussi du lait glacé, mi-parti de fraise ou de cerise, qui, pendant que votre corps bout dans la zone torride, fait jouir votre gosier de toutes les neiges et de tous les frimas du Groënland. Dans la journée, où les glaces ne sont pas encore préparées, vous avez l'*agraz*, espèce de boisson faite avec du raisin vert et contenue dans des bouteilles à col démesuré ; le goût légèrement acidulé de l'*agraz* est des plus agréables ; vous pouvez encore boire une bouteille de *cerveza de Santa Barbara con limon ;* mais ceci exige quelques préparations : l'on apporte d'abord une cuvette et une grande cuiller, comme celle dont on remue le punch, puis un garçon s'avance portant la bouteille ficelée de fil de fer, qu'il débouche avec des précautions infinies ; le bouchon part, et l'on verse la bière dans la cuvette, où l'on a préalablement vidé un carafon de limonade, puis on remue le tout avec la cuiller, l'on remplit son verre et l'on avale. Si ce mélange ne vous plaît pas, vous n'avez qu'à entrer dans les *orchaterias de chufas*, tenues habituellement par des Valenciens. La chufa est une petite baie, une espèce d'amande qui croît dans les environs de Valence, qu'on fait griller, qu'on pile, et dont on compose une boisson exquise, surtout lorsqu'elle est mêlée de neige : cette préparation est extrêmement rafraîchissante.

Pour en finir avec les cafés, disons que les *sorbetes* diffèrent de ceux de France en ce qu'ils ont plus de consistance ; que les *quesitos* sont de petites glaces dures, moulées en forme de fromage : il y en a de toutes sortes, d'abricots, d'ananas, d'oranges, comme à Paris ; mais on en fait aussi avec du beurre (*manteca*) et avec des œufs encore non formés, qu'on retire du corps des poules éventrées, ce qui est particulier à l'Espagne, car je n'ai jamais entendu parler qu'à Madrid de ce singulier raffinement. On sert aussi des *spumas* de chocolat, de café et autres ; ce sont des espèces de crèmes fouettées et glacées, d'une légèreté extrême, qu'on saupoudre quelquefois de cannelle râpée très-fine, le tout accompagné de *barquillos,* oublies roulées en longs cornets avec lesquels on prend sa *bebida,* comme avec un siphon, en aspirant lentement par l'un des bouts ; petit raffinement qui permet de savourer plus longtemps la fraîcheur du breuvage. Le café ne se prend pas dans des tasses, mais bien dans des verres ; au reste, il est d'un usage assez rare. Tous ces détails vous paraîtront peut-être fastidieux ; mais, si vous étiez comme nous exposés à une chaleur de 30 à 35 degrés, vous les trouveriez du plus grand intérêt. L'on voit beaucoup plus de femmes dans les cafés de Madrid que dans ceux de Paris, bien qu'on y fume la cigarette et même le cigare de la Havane. Les journaux qu'on y trouve le plus fréquemment sont l'*Eco del Comercio,* le *National* et le *Diario,* qui indique les fêtes du jour, l'heure des messes et sermons, les degrés de chaleur, les chiens perdus, les jeunes paysannes qui veulent être nourrices sur place, les *criadas* qui cherchent une condition, etc., etc. — Mais voici qu'onze heures sonnent, il est temps de se retirer ; à peine quelques rares promeneurs attardés longent la rue d'Alcala. Il n'y a plus dans les rues que les *serenos* avec leur lanterne au bout d'une pique, leur manteau couleur de muraille, et leur cri mesuré ; vous n'entendez plus qu'un chœur de grillons qui chantent, dans leurs petites cages enjolivées de verroteries, leur complainte dissyllabique. A Madrid, l'on a le goût des grillons ; chaque maison a le sien suspendu à la fenêtre dans une cage, miniature en bois ou en fil de fer ; l'on a aussi la bizarre passion des cailles que l'on garde dans des paniers d'osier à claire-voie, et qui varient agréablement par leur sempiternel *piou-piou-piou* le *cri-cri* des grillons. Comme dit Bilboquet, ceux qui aiment cette note-là doivent être contents.

La *Puerta del Sol* n'est pas une porte, comme on pourrait se l'imaginer, mais bien une façade d'église peinte en rose et enjolivée d'un cadran éclairé la nuit, et d'un grand soleil à rayons d'or, d'où lui vient le nom de *Puerta del Sol*. Devant cette église, il y a une espèce de place ou carrefour traversé par la rue d'Alcala dans sa longueur, et croisé par les rues de Carretas et de la Montera. La poste, grand bâtiment régulier, occupe l'angle de la rue de Carretas et a sa façade sur la place. La *Puerta del Sol* est le rendez-vous des oisifs de la ville, et il paraît qu'il y en a beaucoup, car dès huit heures du matin la foule est compacte. Tous ces graves personnages sont là, debout, enveloppés dans leurs manteaux, bien qu'il fasse une chaleur atroce, sous le prétexte frivole que ce qui défend du froid défend aussi du chaud. De temps en temps, on voit sortir des plis droits, immobiles de la cape, un pouce et un index jaunes comme de l'or, qui roulent un papelito et quelques pincées de cigare haché, et bientôt de la bouche du grave personnage s'élève un nuage de fumée qui prouve qu'il est doué de respiration, ce dont on aurait pu douter à voir sa parfaite immobilité. A propos de *papel español para cigaritas,* notons en passant que je n'en ai pas encore vu un seul cahier; les naturels du pays se servent de papier à lettre ordinaire coupé en petits morceaux; ces cahiers teintés de réglisse, bariolés de dessins grotesques et historiés de *letrillas* ou de *romances* bouffonnes, sont expédiés en France aux amateurs de couleur locale. La politique est le sujet général de la conversation; le théâtre de la guerre occupe beaucoup les imaginations, et il se fait à la *Puerta del Sol* plus de stratégie que sur tous les champs de bataille et dans toutes les campagnes du monde. Balmaseda, Cabrera, Palillos et autres chefs de bande plus ou moins importants reviennent à toute minute sur le tapis; on en conte des choses à faire frémir, des cruautés passées de mode et regardées depuis longtemps comme de mauvais goût par les Caraïbes et les Cherokees. Balmaseda, dans sa dernière pointe, s'avança jusqu'à une vingtaine de lieues de Madrid, et, ayant surpris un village près d'Aranda, il s'amusa à casser les dents à l'*ayuntamiento* et à l'alcade, et termina le divertissement en faisant clouer des fers de cheval aux pieds et aux mains d'un curé constitutionnel. Comme je témoignais mon étonnement de la tranquillité parfaite avec laquelle on apprenait cette nouvelle, on me répondit que c'était dans la Castille-Vieille, et qu'alors il n'y avait pas lieu à s'en occuper. Cette réponse résume toute la situation de l'Espagne, et donne la clef de bien des choses qui nous paraissent incompréhensibles, vues de France. En effet, pour un habitant de la Castille-Nouvelle, ce qui se passe dans la Castille-Vieille est aussi indifférent que ce qui se fait dans la lune. L'Espagne n'existe pas encore au point de vue unitaire : ce sont toujours les Espagnes, Castille et Léon, Aragon et Navarre, Grenade et Murcie, etc. : des peuples qui parlent des dialectes différents et ne peuvent se souffrir. En étranger naïf, je me récriai sur un pareil raffinement de cruauté; mais on me fit observer que le curé était un curé constitutionnel, ce qui atténuait beaucoup la chose. Les victoires d'Espartero, victoires qui nous semblent médiocres, à nous autres accoutumés aux colossales batailles de l'Empire, servent fréquemment de texte aux politiques de la *Puerta del Sol,* A la suite de ces triomphes où l'on a tué deux hommes, fait trois prisonniers et saisi un mulet chargé d'un sabre et d'une douzaine de cartouches, l'on illumine et l'on fait à l'armée des distributions d'oranges ou de cigares qui produisent un enthousiasme facile à décrire. Autrefois, et encore aujourd'hui, les grands seigneurs allaient dans les boutiques qui avoisinent la *Puerta de Sol,* se faisaient donner une chaise, et restaient là une grande partie de la journée, causant avec les pratiques, au grand déplaisir du marchand, affligé d'une telle marque de familiarité.

Entrons, s'il vous plaît, à la poste, pour voir s'il n'y a pas de lettres de France; cette occupation de lettres est vraiment maladive; soyez sûrs qu'en arrivant dans une ville, le premier monument que va visiter un voyageur, c'est l'hôtel des postes. A Madrid, les lettres adressées poste restante sont marquées chacune d'un numéro; le numéro et le nom de la personne sont écrits sur une liste qu'on affiche contre les piliers; il y a le pilier de janvier, de février, ainsi de suite; l'on cherche son nom, l'on prend note du numéro, et l'on va demander sa lettre au dépôt, où on vous la délivre sans autre formalité. Au bout d'un an, si les lettres ne sont pas retirées, on les brûle. Sous les arcades de la cour des postes, ombragées par de grands stores de sparterie, sont établis toutes sortes de cabinets de lecture comme sous les arcades de l'Odéon à Paris, où l'on va lire les journaux espagnols et étrangers. Les ports de lettres ne sont pas très-chers, et malgré les innombrables dangers auxquels sont exposés les courriers sur les routes, presque toujours infestées de factieux et de bandits, le service se fait aussi régulièrement que possible. C'est aussi contre ces piliers que sont affichées les offres de service des pauvres étudiants, qui demandent à cirer les bottes d'un cavalier pour achever leur rhétorique ou leur philosophie.

Maintenant courons la ville au hasard, le hasard est le meilleur guide, d'autant plus que Madrid n'est pas riche en magnificences architecturales, et qu'une rue est aussi curieuse qu'une autre. La première chose que vous apercevez en levant le nez à l'angle d'une maison ou d'une rue, c'est une petite plaque de faïence où il y a écrit : *Manzana. vicitac. gener.* Ces plaques servaient autrefois à numéroter les maisons réunies en îles ou pâtés. Aujourd'hui tout est chiffré comme à Paris. Vous seriez surpris aussi de la quantité d'assurances contre l'incendie qui chamarrent les façades des maisons, surtout dans un pays où il n'y a pas de cheminées et où l'on ne fait jamais de feu. Tout est assuré, jusqu'aux monuments publics, jusqu'aux églises ; la guerre civile est, dit-on, la cause de ce grand empressement à s'assurer : personne n'étant sûr de ne pas être plus ou moins grillé tout vif par un Balmaseda quelconque, chacun tâche de sauver au moins sa maison.

Les maisons de Madrid sont bâties en lattes et briques et en pisé, sauf les jambages, les chaînes et les étriers, qui sont quelquefois de granit gris ou bleu, le tout soigneusement recrépi et peint de couleurs assez fantasques, vert-céladon, cendre bleue, ventre de biche, queue de serin, rose-pompadour, et autres teintes plus ou moins anacréontiques ; les fenêtres sont encadrées d'ornements et d'architectures simulés avec force volutes, enroulements, petits Amours et pots à fleurs, et garnies de stores à la vénitienne rayés de larges bandes bleues et blanches, ou de tapis de sparterie qu'on arrose pour charger d'humidité et de fraîcheur le vent qui les traverse. Les maisons tout à fait modernes se contentent d'être crépies à la chaux ou badigeonnées avec la peinture au lait, comme celles de Paris. Les saillies des balcons et des *miradores* rompent un peu la monotonie des lignes droites qui projettent des ombres tranchées, et qui diversifient l'aspect naturellement plat de constructions dont tous les reliefs sont peints et traités en décorations de théâtre : éclairez tout cela avec un soleil étincelant, plantez de distance en distance, dans ces rues inondées de lumière, quelques señoras longvoilées qui tiennent contre leur joue leur éventail déployé en manière de parasol ; quelques mendiants hâlés, ridés, drapés de lambeaux de toile et de haillons à l'état d'amadou, quelques Valenciens deminus à tournure de Bédouin ; faites surgir entre les toits les petites coupoles bossues, les clochetons renflés et terminés par des pommes de plomb d'une église ou d'un couvent, vous obtiendrez une perspective assez étrange, et qui vous prouvera qu'enfin vous n'êtes plus rue Laffitte, et que vous avez décidément quitté l'asphalte, quand même vos pieds déchirés par les cailloux pointus du pavé de Madrid ne vous en auraient pas encore convaincu.

Une chose qui est vraiment surprenante, c'est la fréquence de l'inscription suivante : *Juego de billar,* qui se reproduit de vingt pas en vingt pas. De peur que vous ne vous imaginiez qu'il y a quelque chose de mystérieux dans ces trois mots sacramentels, je me hâte de les traduire : ils signifient seulement *jeu de billard*. Je ne conçois pas à quoi diable peuvent servir tant de billards ; l'univers entier y pourrait faire sa partie. Après les *juegos de billar*, l'inscription la plus fréquente est celle de *despacho de vino* (débit de vin). On y vend du val-de-peñas et des vins généreux. Les comptoirs sont peints de couleurs éclatantes, ornés de draperies et de feuillages. Les *confiterias* et *pastelerias* sont aussi très-nombreuses et assez coquettement décorées : les confitures d'Espagne méritent une mention particulière : celles connues sous le nom de cheveux d'ange (*cabello de angel*) sont exquises. La pâtisserie est aussi bonne qu'elle peut l'être dans un pays où il n'y a pas de beurre, où du moins il est si cher et de si mauvaise qualité, qu'on n'en peut guère faire usage ; elle se rapproche de ce que nous appelons *petit four*. Toutes ces enseignes sont écrites en caractères abréviés, avec des lettres entrelacées les unes dans les autres, qui en rendent d'abord l'intelligence difficile aux étrangers, grands lecteurs d'enseignes, s'il en fut.

L'intérieur des maisons est vaste et commode ; les plafonds sont élevés et l'espace n'est ménagé nulle part ; on bâtirait à Paris une maison tout entière dans la cage de certains escaliers ; vous traversez de longues enfilades de pièces avant d'arriver à la partie réellement habitée ; car toutes ces pièces sont meublées seulement d'un crépi à la chaux ou d'une teinte plate jaune ou bleue relevée de filets de couleur et de panneaux de boiseries simulées. Des tableaux enfumés et noirâtres, représentant quelque décollation ou quelque éventrement de martyr, sujets favoris des peintres espagnols, sont pendus aux murailles, la plupart sans cadres et tout plissés sur leurs châssis.

Le parquet est une chose inconnue en Espagne, ou du moins je n'y en ai jamais vu. Toutes les chambres sont carrelées en briques; mais, comme ces briques sont recouvertes de nattes de roseau en hiver et de jonc en été, l'inconvénient est beaucoup moindre; ces nattes de roseau et de jonc sont tressées avec beaucoup de goût; des sauvages des Philippines ou des îles Sandwich ne feraient pas mieux. Il y a trois choses qui sont pour moi des thermomètres précis de l'état de civilisation d'un peuple : la poterie, l'art de tresser soit l'osier, soit la paille, et la manière de harnacher les bêtes de somme. Si la poterie est belle, pure de formes, correcte comme l'antique, avec le ton naturel de l'argile blonde ou rouge ; si les corbeilles et les nattes sont fines, merveilleusement enlacées, relevées d'arabesques de couleurs admirablement choisies ; si les harnais sont brodés, piqués, ornés de grelots, de houppes de laine, de dessins du plus beau choix, vous pouvez être sûrs que le peuple est primitif et très-voisin encore de l'état de nature : des civilisés ne savent faire ni un pot, ni une natte, ni un harnais. Au moment où j'écris, j'ai devant moi, pendue à une colonne par une ficelle, la *jarra* où rafraîchit l'eau que je dois boire : c'est un pot de terre qui vaut douze *cuartos*, c'est-à-dire de six à sept sous de France environ ; la coupe en est charmante, et je ne connais rien de plus pur après l'étrusque. Le haut, évasé, forme un trèfle à quatre feuilles légèrement creusées en gouttière, de sorte qu'on peut se verser de l'eau de quelque côté qu'on prenne le vase; les anses, cannelées d'une petite moulure, s'agrafent avec une élégance parfaite au col et aux flancs, d'un galbe délicieux ; les gens comme il faut préfèrent à ces vases charmants d'abominables pots anglais, ventrus, pansus, bossus et enduits d'une épaisse couche de vernis, qu'on prendrait pour des bottes à l'écuyère cirées en blanc. Mais, à propos de bottes et de poteries, nous voici assez loin de notre description domiciliaire ; revenons-y sans plus tarder.

Le peu de meubles qui se trouvent dans les habitations espagnoles sont d'un goût affreux qui rappelle le *goût messidor* et le *goût pyramide*. Les formes de l'Empire y fleurissent dans toute leur intégrité. Vous retrouvez là les pilastres d'acajou terminés par des têtes de sphinx en bronze vert, les baguettes de cuivre et les encadrements de guirlandes *pompéi,* qui depuis longtemps ont disparu de la face du monde civilisé; pas un seul meuble de bois sculpté, pas une table incrustée en burgau, pas un cabinet de laque, rien ; l'ancienne Espagne a disparu complétement : il n'en reste que quelques tapis de Perse et quelques rideaux de damas. En revanche, il y a une abondance de chaises et de canapés de paille vraiment extraordinaire ; les murs sont barbouillés de fausses colonnes, de fausses corniches, ou badigeonnés d'une teinte de peinture à la détrempe. Sur les tables et les étagères sont disséminées de petites figurines de biscuit ou de porcelaine représentant des troubadours, Mathilde et Malek-Adel, et autres sujets également ingénieux, mais tombés en désuétude ; des caniches en verre filé, des flambeaux de plaqué garnis de leurs bougies, et cent autres magnificences trop longues à décrire, mais dont ce que je viens de dire doit paraître suffisant ; je n'ai pas le courage de parler des atroces gravures enluminées qui ont la prétention mal placée d'embellir les murailles.

Il y a peut-être quelques exceptions, mais en petit nombre. N'allez pas vous imaginer que les habitations des gens de la haute classe soient meublées avec plus de goût et de richesse. Ces descriptions, de l'exactitude la plus scrupuleuse, s'appliquent à des maisons de gens ayant voiture et huit ou dix domestiques. Les stores sont toujours baissés, les volets à moitié fermés, de sorte qu'il reste dans les appartements une espèce de *tiers de jour* auquel il faut s'accoutumer pour savoir discerner les objets, surtout lorsque l'on vient du dehors ; ceux qui sont dans la chambre voient parfaitement, mais ceux qui arrivent sont aveugles pour huit ou dix minutes, surtout lorsqu'une des pièces précédentes est éclairée. On dit que d'habiles mathématiciennes ont fait sur cette combinaison d'optique des calculs dont il résulte une sécurité parfaite pour un tête-à-tête intime dans un appartement ainsi disposé.

La chaleur est excessive à Madrid, elle se déclare tout d'un coup sans la transition du printemps ; aussi dit-on, à propos de la température de Madrid : Trois mois d'hiver, neuf mois d'enfer. On ne peut se mettre à l'abri de cette pluie de feu, qu'en se tenant dans des chambres basses, où règne une obscurité presque complète, et où un perpétuel arrosage entretient l'humidité. Ce besoin de fraîcheur a fait naître la mode des *bucaros,* bizarre et sauvage raffinement qui n'aurait rien d'agréable pour nos petites maîtresses françaises, mais qui semble une recherche du meilleur goût aux belles Espagnoles.

Les *bucaros* sont des espèces de pots en terre rouge d'Amérique, assez semblable à celle dont sont faites les cheminées des pipes turques ; il y en a de toutes formes et de toutes grandeurs ; quelques-uns sont relevés de filets de dorure et semés de fleurs grossièrement peintes. Comme on n'en fabrique plus en Amérique, les *bucaros* commencent à devenir rares, et dans quelques années seront introuvables et fabuleux comme le vieux Sèvres; alors tout le monde en aura.

Quand on veut se servir des *bucaros,* on en place sept ou huit sur le marbre des guéridons ou des encoignures, on les remplit d'eau, et on va s'asseoir sur un canapé pour attendre qu'ils produisent leur effet et pour en savourer le plaisir avec le recueillement convenable. L'argile prend alors une teinte plus foncée, l'eau pénètre ses pores, et les *bucaros* ne tardent pas à entrer en sueur et à répandre un parfum qui ressemble à l'odeur du plâtre mouillé ou d'une cave humide que l'on n'aurait pas ouverte depuis longtemps. Cette transpiration des *bucaros* est tellement abondante, qu'au bout d'une heure la moitié de l'eau s'est évaporée; celle qui reste dans le vase est froide comme la glace, et a contracté un goût de puits et de citerne assez nauséabond, mais qui est trouvé délicieux par les *aficionadas.* Une demi-douzaine de *bucaros* suffit pour imprégner l'air d'un boudoir d'une telle humidité, qu'elle vous saisit en entrant; c'est une espèce de bain de vapeur à froid. Non contentes d'en humer le parfum, d'en boire l'eau, quelques personnes mâchent de petits fragments de *bucaros,* les réduisent en poudre et finissent par les avaler.

J'ai vu quelques soirées ou *tertulias;* elles n'ont rien de remarquable: on y danse au piano comme en France, mais d'une façon encore plus moderne et plus lamentable, s'il est possible. Je ne conçois pas que des gens qui dansent si peu ne prennent pas franchement la résolution de ne pas danser du tout, cela serait plus simple et tout aussi amusant; la peur d'être accusées de *bolero,* de *fandango* ou de *cachucha,* rend les femmes d'une immobilité parfaite. Leur costume est très-simple, en comparaison de celui des hommes, toujours mis comme des gravures de modes. Je fis la même remarque au palais de Villa-Hermosa, à la représentation au bénéfice des enfants trouvés, *Niños de la Cuna,* où se trouvaient la reine mère, la petite reine et tout ce que Madrid renferme de beau et grand monde. Des femmes deux fois duchesses et quatre fois marquises avaient des toilettes que dédaignerait à Paris une modiste allant en soirée chez une couturière ; elles ne savent plus s'habiller à l'espagnole, mais elles ne savent pas encore s'habiller à la française, et, si elles n'étaient pas si jolies, elles courraient souvent le risque d'être ridicules. Une fois seulement, à un bal, je vis une femme en basquine de satin rose, garnie de cinq à six rangs de blonde noire, comme celle de Fanny Elssler dans le *Diable boiteux;* mais elle avait été à Paris, où on lui avait révélé le costume espagnol. Les *tertulias* ne doivent pas coûter très-cher à ceux qui les donnent. Les rafraîchissements y brillent par leur absence : ni thé, ni glace, ni punch ; seulement sur une table, dans un premier salon, sont disposés une douzaine de verres d'eau, parfaitement limpide, avec une assiette *d'azucarillos;* mais on passe généralement pour un homme indiscret et *sur sa bouche,* comme dirait la madame Desjardins de Henri Monnier, si l'on poussait le sardanapalisme jusqu'à sucrer son eau ; ceci se passe dans les maisons les plus riches : ce n'est pas par avarice, mais telle est la coutume ; d'ailleurs la sobriété érémitique des Espagnols s'accommode parfaitement de ce régime.

Quant aux mœurs, ce n'est pas en six semaines que l'on pénètre le caractère d'un peuple et les usages d'une société. Cependant l'on reçoit de la nouveauté une impression qui s'efface pendant un long séjour. Il m'a semblé que les femmes, en Espagne, avaient la haute main et jouissaient d'une plus grande liberté qu'en France. La contenance des hommes vis-à-vis d'elles m'a paru très-humble et très-soumise; ils rendent leurs devoirs avec une exactitude et une ponctualité scrupuleuses, et expriment leurs flammes par des vers de toute mesure, rimés, assonants, *sueltos* et autres; dès l'instant qu'ils ont mis leur cœur aux pieds d'une beauté, il ne leur est plus permis de danser qu'avec des trisaïeules. La conversation des femmes de cinquante ans, et d'une laideur constatée, leur est seule accordée. Ils ne peuvent plus faire de visites dans les maisons où il y a une jeune femme : un visiteur des plus assidus disparaît tout à coup et revient au bout de six mois ou d'un an ; sa maîtresse lui avait défendu cette maison : on le reçoit comme s'il était venu la veille; cela est parfaitement admis. Autant que l'on en peut juger à la première vue, les Espagnoles ne sont pas capricieuses en amour, et les liaisons qu'elles forment durent souvent plusieurs années. Au bout de quelques soirées passées dans une réunion, les couples se discernent aisément et sont visibles à l'œil nu. — Si l'on veut avoir madame***, il faut inviter M.***, et réciproquement ; les maris sont admirablement civilisés et valent les maris parisiens les plus débonnaires : nulle apparence de cette antique jalousie espagnole, sujet de tant de drames et de mélodrames. Pour achever d'ôter l'illusion, tout le monde parle français en perfection, et, grâce à quelques élégants qui passent l'hiver à Paris et vont dans les coulisses de l'Opéra, le rat le plus chétif, la marcheuse la plus ignorée, sont parfaitement connus à Madrid. J'ai trouvé là ce qui n'existe peut-être en aucun autre lieu de l'univers, un admirateur passionné de mademoiselle Louise Fitzjames, dont le nom nous servira de transition pour passer de la tertulia au théâtre.

Le théâtre *del Principe* est d'une distribution assez commode; on y joue des drames, des comédies, des saynètes et des intermèdes. J'ai vu représenter une pièce de don Antonio Gil y Zarate, *Don Carlos el Hechizado,* charpentée tout à fait dans le goût shakspearien. Don Carlos ressemble fort au Louis XIII de *Marion de Lorme*, et la scène du moine, dans la prison, est imitée de la visite de Claude Frollo à la Esmeralda dans le cachot où elle attend la mort. Le rôle de Carlos est rempli par Julian Roméa, acteur d'un admirable talent, à qui je ne connais pas de rival, excepté Frédérick-Lemaître, dans un genre tout opposé; il est impossible de porter l'illusion et la vérité plus loin. Mathilde Diez est aussi une actrice de premier ordre : elle nuance avec une délicatesse exquise et une finesse d'intention surprenante. Je ne lui trouve qu'un défaut, c'est l'extrême volubilité de son débit, défaut qui n'en est pas un pour les Espagnols. Don Antonio Guzman, le gracioso, ne serait déplacé sur aucune scène; il rappelle beaucoup Legrand, et, dans certains moments, Arnal. On donne aussi au théâtre *del Principe* des pièces féeriques, entremêlées de danses et de divertissements. J'y ai vu représenter, sous le titre de *la Pata de Cabra,* une imitation du *Pied de Mouton,* joué autrefois à la Gaîté. La partie chorégraphique était singulièrement médiocre : les premiers sujets ne valent pas les simples doublures de l'Opéra; en revanche, les comparses déploient une intelligence extraordinaire; le pas des Cyclopes est exécuté avec une précision et une netteté rares : quant au *baile nacional,* il n'existe pas. On nous avait dit à Vittoria, à Burgos et à Valladolid, que les bonnes danseuses étaient à Madrid; à Madrid, l'on nous a dit que les véritables danseuses de cachucha n'existaient qu'en Andalousie, à Séville. Nous verrons bien; mais nous avons peur qu'en fait de danses espagnoles, il ne nous faille en revenir à Fanny Elssler et aux deux sœurs Noblet. Dolorès Serral, qui a fait une si vive sensation à Paris, où nous avons été un des premiers à signaler l'audace passionnée, la souplesse voluptueuse et la grâce pétulante qui caractérisaient sa danse, a paru plusieurs fois sur le théâtre de Madrid sans produire le moindre effet, tellement le sens et l'intelligence des anciens pas nationaux sont perdus en Espagne. Quand on exécute la *jota aragonesa*, ou le *bolero*, tout le beau monde se lève et s'en va; il ne reste que les étrangers et la canaille, en qui l'instinct poétique est toujours plus difficile à éteindre. L'auteur français le plus en réputation à Madrid est Frédéric Soulié; presque tous les drames traduits du français lui sont attribués : il paraît avoir succédé à la vogue de M. Scribe.

Nous voilà au courant de ce côté; il s'agit d'en finir avec les monuments publics : ce sera bientôt fait. Le palais de la reine est un grand bâtiment très-carré, très-solide, en belles pierres bien liées, avec beaucoup de fenêtres, un nombre équivalent de portes, des colonnes ioniques, des pilastres doriques, tout ce qui constitue un monument de bon goût. Les immenses terrasses qui le soutiennent et les montagnes chargées de neige de la Guadarrama sur lesquelles il se découpe, rehaussent ce que sa silhouette pourrait avoir d'ennuyeux et de vulgaire. Vélasquez, Maella, Bayeu, Tiepolo y ont peint de beaux plafonds plus ou moins allégoriques; le grand escalier est très-beau, et Napoléon le trouva préférable à celui des Tuileries.

Le bâtiment où se tiennent les cortès est entremêlé de colonnes pœstumniennes et de lions en perruque d'un goût fort abominable : je doute qu'on puisse faire de bonnes lois dans une architecture pareille. En face de la chambre des cortès s'élève au milieu de la place une statue en bronze de Miguel Cervantes; il est louable sans doute d'élever une statue à l'immortel auteur du *Don Quichotte*, mais on aurait bien dû la faire meilleure.

Le monument aux victimes du *Dos de Mayo* est situé sur le Prado, non loin du musée de peinture ; en l'apercevant, je me suis cru un instant transporté sur la place de la Concorde à Paris, et je vis, comme dans un mirage fantastique, le vénérable obélisque de Luxor, que jusqu'à présent je n'avais jamais soupçonné de vagabondage ; c'est une espèce de cippe en granit gris, surmonté d'un obélisque de granit rougeâtre assez semblable de ton à celui de l'aiguille égyptienne; l'effet est assez beau et ne manque pas d'une certaine gravité funèbre. Il est à regretter que l'obélisque ne soit pas d'un seul morceau; des inscriptions en l'honneur des victimes sont gravées en lettres d'or sur les côtés du socle. Le *Dos de Mayo* est un épisode héroïque et glorieux, dont les Espagnols abusent légèrement; on ne voit partout que des gravures et des tableaux sur ce sujet. Vous n'avez pas de peine à croire que nous n'y sommes pas représentés en beau : on nous a faits aussi affreux que des Prussiens du Cirque Olympique.

L'Armeria ne répond pas à l'idée que l'on s'en fait. Le musée d'artillerie de Paris est incomparablement plus riche et plus complet. Il y a peu d'armures entières et d'un assemblage authentique à l'Armeria de Madrid. Des casques d'une époque antérieure et postérieure sont placés sur des cuirasses d'un style différent. On donne pour raison de ce désordre que, lors de l'invasion des Français, on cacha dans des greniers toutes ces curieuses reliques, et que là elles se confondirent et se mêlèrent sans qu'il ait été possible ensuite de les réunir et de les remonter avec certitude. Ainsi il ne faut en aucune façon se fier aux indications des gardiens. On nous fit voir comme étant la voiture de Jeanne la Folle, mère de Charles-Quint, un carrosse en bois sculpté d'un admirable travail, et qui évidemment ne pouvait remonter plus haut que le règne de Louis XIV. La carriole de Charles-Quint, avec ses coussins et ses courtines de cuir, nous paraît beaucoup plus vraisemblable. Il y a très-peu d'armes moresques : deux ou trois boucliers, quelques yatagans, voilà tout. Ce qu'il y a de plus curieux, ce sont les selles brodées, étoilées d'or et d'argent, écaillées de lames d'acier, qui sont en grand nombre et de formes bizarres ; mais il n'y a rien de certain sur la date et sur la personne à laquelle elles ont appartenu. Les Anglais admirent beaucoup une espèce de fiacre triomphal en fer battu offert à Ferdinand vers 1823 ou 1824.

Indiquons en passant, et pour mémoire, quelques fontaines d'un *rococo* très-corrompu, mais assez amusant, le pont de Tolède, d'un mauvais goût très-riche et très-orné, avec cassolettes, oves et chicorées, quelques églises bariolées bizarrement et surmontées de clochetons moscovites, et dirigeons-nous vers le Buen-Retiro, résidence royale située à quelques pas du Prado. Nous autres Français, qui avons Versailles, Saint-Cloud, qui avons eu Marly, nous sommes difficiles en fait de résidences royales ; le Buen-Retiro nous paraît devoir réaliser le rêve d'un épicier cossu : c'est un jardin rempli de fleurs communes, mais *voyantes,* de petits bassins ornés de rocailles et de bossages vermiculés avec des jets d'eau dans le goût des devantures des marchands de comestibles, de pièces d'eau verdâtres où flottent des cygnes de bois peints en blanc et vernis, et autres merveilles d'un goût médiocre. Les naturels du pays tombent en extase devant un certain pavillon rustique bâti en rondins, et dont l'intérieur a des prétentions assez indoues ; le premier jardin turc, le jardin turc naïf et patriarcal, avec kiosques vitrés de carreaux de couleur, par où l'on voyait des paysages bleus, verts et rouges, était bien supérieur comme goût et comme magnificence. Il y a surtout un certain chalet qui est bien la chose la plus ridicule et la plus bouffonne que l'on puisse imaginer. A côté de ce chalet se trouve une étable garnie d'une chèvre et de son chevreau empaillés, et d'une truie de pierre grise tetée par des marcassins de la même matière. A quelques pas du chalet, le guide se détache, ouvre mystérieusement la porte, et, quand il vous appelle et vous permet enfin d'entrer, vous entendez un bruit sourd de rouages et de contre-poids, et vous vous trouvez face à face avec d'affreux automates qui battent le beurre, filent au rouet, ou bercent de leurs pieds de bois des enfants de bois couchés dans leurs berceaux sculptés; dans la pièce voisine, le grand-père malade est couché dans son lit, — sa potion est à côté de lui sur la table ; l'on a poussé le scrupule jusqu'à poser sous la couchette une urne indescriptible, mais fort bien imitée; voilà un résumé fort exact des principales magnificences du Retiro. Une belle statue équestre en bronze de Philippe V, dont la pose ressemble à la statue de la place des Victoires, relève un peu toutes ces pauvretés.

Le musée de Madrid, dont la description demanderait un volume entier, est d'une richesse extrême : les Titien, les Raphaël, les Paul Véronèse, les Rubens, les Vélasquez, les Ribeira et les Murillo y abondent; les tableaux sont fort bien éclairés, et l'architecture du monument ne manque pas de style, surtout à l'intérieur. La façade qui donne sur le Prado est d'assez mauvais goût; mais en somme la construction fait honneur à l'architecte Villa Nueva, qui en a donné le plan. — Le musée visité, allez voir au cabinet d'histoire naturelle le mastodonte ou *dinotherium gigantæum,* merveilleux fossile avec des os comme des barres d'airain, qui doit être pour le moins le behemot de la Bible, un morceau d'or vierge qui pèse seize livres, les gongs chinois dont le son, quoi qu'on en dise, ressemble beaucoup à celui des chaudrons dans lesquels on donne un coup de pied, et une suite de tableaux représentant toutes les variétés qui peuvent naître du croisement des races blanches, noires et cuivrées. N'oubliez pas à l'académie trois admirables tableaux de Murillo : la *Fondation de Sainte-Marie Majeure* (deux sujets). *Sainte Élisabeth lavant la tête à des teigneux;* deux ou trois admirables Ribeira; un *Enterrement* du Greco, dont quelques portions sont dignes du Titien; une esquisse fantastique du même Greco, représentant des moines en train d'accomplir des pénitences, qui dépassent tout ce que Lewis ou Anne Radcliffe ont pu rêver de plus mystérieusement funèbre; et une charmante femme en costume espagnol, couchée sur un divan, du bon vieux Goya, le peintre national par excellence, qui semble être venu au monde tout exprès pour recueillir les derniers vestiges des anciennes mœurs, qui allaient s'effacer.

Francisco Goya y Lucientes est le petit-fils encore reconnaissable de Vélasquez. Après lui viennent les Aparicio, les Lopez; la décadence est complète, le cycle de l'art est fermé. Qui le rouvrira ?

C'est un étrange peintre, un singulier génie que Goya ! — Jamais originalité ne fut plus tranchée, jamais artiste espagnol ne fut plus local. — Un croquis de Goya, quatre coups de pointe dans un nuage d'aqua-tinta en disent plus sur les mœurs du pays que les plus longues descriptions. Par son existence aventureuse, par sa fougue, par ses talents multiples, Goya semble appartenir aux belles époques de l'art, et cependant c'est en quelque sorte un contemporain : il est mort à Bordeaux en 1828.

Avant d'arriver à l'appréciation de son œuvre, esquissons sommairement sa biographie. Don Francisco Goya y Lucientes naquit en Aragon de parents dans une position de fortune médiocre, mais cependant suffisante pour ne pas entraver ses dispositions naturelles. Son goût pour le dessin et la peinture se développa de bonne heure. Il voyagea, étudia à Rome quelque temps, et revint en Espagne, où il fit une fortune rapide à la cour de Charles IV, qui lui accorda le titre de peintre du roi. Il était reçu chez la reine, chez le prince de Benavente et la duchesse d'Albe, et menait cette existence de grand seigneur des Rubens, des Van Dyck et des Vélasquez, si favorable à l'épanouissement du génie pittoresque. Il avait, près de Madrid, une *casa de campo* délicieuse, où il donnait des fêtes et où il avait son atelier.

Goya a beaucoup produit ; il a fait des sujets de sainteté, des fresques, des portraits, des scènes de mœurs, des eaux-fortes, des aqua-tinta, des lithographies, et partout, même dans les plus vagues ébauches, il a laissé l'empreinte d'un talent vigoureux ; la griffe du lion raie toujours ses dessins les plus abandonnés. Son talent, quoique parfaitement original, est un singulier mélange de Vélasquez, de Rembrandt et de Reynolds ; il rappelle tour à tour ou en même temps ces trois maîtres, mais comme le fils rappelle ses aïeux, sans imitation servile, ou plutôt par une disposition congéniale que par une volonté formelle.

On voit de lui, au musée de Madrid, le portrait de Charles IV et de la reine à cheval : les têtes sont merveilleusement peintes, pleines de vie, de finesse et d'esprit ; un *Picador* et le *Massacre du 2 mai*, scène d'invasion. Le duc d'Ossuna possède plusieurs tableaux de Goya, et il n'est guère de grande maison qui n'ait de lui quelque portrait ou quelque esquisse. L'intérieur de l'église de San-Antonio de la Florida, où se tient une fête assez fréquentée, à une demi-lieue de Madrid, est peint à fresque par Goya avec cette liberté, cette audace et cet effet qui le caractérisent. A Tolède, dans une des salles capitulaires, nous avons vu de lui un tableau représentant Jésus livré par Judas, effet de nuit que n'eût pas désavoué Rembrandt, à qui je l'eussse attribué d'abord, si un chanoine ne m'eût fait voir la signature du peintre émérite de Charles IV. Dans la sacristie de la cathédrale de Séville, il existe aussi un tableau de Goya, d'un grand mérite, sainte Justine et sainte Ruffine, vierges et martyres, toutes deux filles d'un potier de terre, comme l'indiquent les *alcarazas* et les *cantaros* groupés à leurs pieds.

La manière de peindre de Goya était aussi excentrique que son talent : il puisait la couleur dans des baquets, l'appliquait avec des éponges, des balais, des torchons, et tout ce qui lui tombait sous la main ; il truellait et maçonnait ses tons comme du mortier, et donnait les touches de sentiment à grands coups de pouce. A l'aide de ces procédés expéditifs et péremptoires, il couvrait en un ou deux jours une trentaine de pieds de muraille. Tout ceci nous paraît dépasser un peu les bornes de la fougue et de l'entrain ; les artistes les plus emportés sont des *lécheurs* en comparaison. Il exécuta, avec une cuiller en guise de brosse, une scène du *Dos de Mayo,* où l'on voit des Français qui fusillent des Espagnols. C'est une œuvre d'une verve et d'une furie incroyables. Cette curieuse peinture est reléguée sans honneur dans l'antichambre du musée de Madrid.

L'individualité de cet artiste est si forte et si tranchée, qu'il nous est difficile d'en donner une idée même approximative. Ce n'est pas un caricaturiste comme Hogarth, Bamburry ou Cruishanck : Hogarth, sérieux, flegmatique, exact et minutieux comme un roman de Richardson, laissant toujours voir l'intention morale ; Bamburry et Cruishanck, si remarquables pour leur verve maligne, leur exagération bouffonne, n'ont rien de commun avec l'auteur des *Caprichos.* Callot s'en rapprocherait plus, Callot, moitié Espagnol, moitié Bohémien; mais Callot est net, clair, fin, précis, fidèle au vrai, malgré le maniéré de ses tournures et l'extravagance fanfaronne de ses ajustements ; ses diableries les plus singulières sont rigoureusement possibles ; il fait grand jour dans ses eaux-fortes, où la recherche des détails empêche l'effet et le clair-obscur, qui ne s'obtiennent que par des sacrifices. Les compositions de Goya sont des nuits profondes où quelque brusque rayon de lumière ébauche de pâles silhouettes et d'étranges fantômes.

C'est un composé de Rembrandt, de Watteau et des songes drôlatiques de Rabelais : singulier mélange ! Ajoutez à cela une haute saveur espagnole, une forte dose de l'esprit picaresque de Cervantes, quand il fait le portrait de la Escalanta et de la Gananciosa, dans *Rinconete et Cortadillo,* et vous n'aurez encore qu'une très-imparfaite idée du talent de Goya. Nous allons tâcher de le faire comprendre, si toutefois cela est possible, avec des mots.

Les dessins de Goya sont exécutés à l'aqua-tinta, repiqués et ravivés d'eau-forte; rien n'est plus franc, plus libre et plus facile ; un trait indique toute une physionomie, une traînée d'ombre tient lieu de fond, ou laisse deviner de sombres paysages à demi ébauchés; des gorges de *sierra,* théâtres tout préparés pour un meurtre, pour un sabbat ou une *tertulia* de Bohémiens; mais cela est rare, car le *fond* n'existe pas chez Goya. Comme Michel-Ange, il dédaigne complétement la nature extérieure, et n'en prend tout juste que ce qu'il faut pour poser des figures, et encore en met-il beaucoup dans les nuages. De temps en temps un pan de mur coupé par un grand angle d'ombre, une noire arcade de prison, une charmille à peine indiquée; voilà tout. Nous avons dit que Goya était un caricaturiste, faute d'un mot plus juste. C'est de la caricature dans le genre d'Hoffmann, où la fantaisie se mêle toujours à la critique, et qui va souvent jusqu'au lugubre et au terrible; on dirait que toutes ces têtes grimaçantes ont été dessinées par la griffe de Smarra sur le mur d'une alcôve suspecte, aux lueurs intermittentes d'une veilleuse à l'agonie. On se sent transporté dans un monde inouï, impossible et cependant réel. — Les troncs d'arbres ont l'air de fantômes, les hommes d'hyènes, de hiboux, de chats, d'ânes ou d'hippopotames; les ongles sont peut-être des serres, les souliers à bouffettes chaussent des pieds de bouc; ce jeune cavalier est un vieux mort, et ses chausses enrubanées enveloppent un fémur décharné et deux maigres tibias; — jamais il ne sortit de derrière le poêle du docteur Faust des apparitions plus mystérieusement sinistres.

Les caricatures de Goya renferment, dit-on, quelques allusions politiques, mais en petit nombre; elles ont rapport à Godoï, à la vieille duchesse de Benavente, aux favoris de la reine, et à quelques seigneurs de la cour, dont elles stigmatisent l'ignorance ou les vices. Mais il faut bien les chercher à travers le voile épais qui les obombre. — Goya a encore fait d'autres dessins pour la duchesse d'Albe, son amie, qui n'ont point paru, sans doute à cause de la facilité de l'application. — Quelques-uns ont trait au fanatisme, à la gourmandise et à la stupidité des moines ; les autres représentent des sujets de mœurs ou de sorcellerie.

Le portrait de Goya sert de frontispice au recueil de son œuvre. C'est un homme de cinquante ans environ, l'œil oblique et fin, recouvert d'une large paupière avec une *patte-d'oie* maligne et moqueuse, le menton recourbé en sabot, la lèvre supérieure mince, l'inférieure proéminente et sensuelle; le tout encadré dans des favoris méridionaux et surmonté d'un chapeau à la Bolivar; une physionomie caractérisée et puissante.

La première planche représente un mariage d'argent, une pauvre jeune fille sacrifiée à un vieillard cacochyme et monstrueux par des parents avides. La mariée est charmante avec son petit loup de velours noir et sa basquine à grandes franges, car Goya rend à merveille la grâce andalouse et castillane; les parents sont hideux de rapacité et de misère envieuse. Ils ont des airs de requin et de crocodile inimaginables; l'enfant sourit dans des larmes, comme une pluie du mois d'avril; ce ne sont que des yeux, des griffes et des dents; l'enivrement de la parure empêche la jeune fille de sentir encore toute l'étendue de son malheur. — Ce thème revient souvent au bout du crayon de Goya, et il sait toujours en tirer des effets piquants. Plus loin, c'est *el coco*, croque-mitaine, qui vient effrayer les petits enfants et qui en effraierait bien d'autres, car, après l'ombre de Samuel dans le tableau de la *Pythonisse d'Endor*, par Salvator Rosa, nous ne connaissons rien de plus terrible que cet épouvantail. Ensuite ce sont des *majos* qui courtisent des fringantes sur le Prado ; — de belles filles au bas de soie bien tiré, avec de petites mules à talon pointu qui ne tiennent au pied que par l'ongle de l'orteil, avec des peignes d'écaille à galerie, découpés à jour et plus hauts que la couronne murale de Cybèle ; des mantilles de dentelles noires disposées en capuchon et jetant leur ombre veloutée sur les plus beaux yeux noirs du monde ; des basquines plombées pour mieux faire ressortir l'opulence des hanches, des mouches posées en assassines au coin de la bouche et près de la tempe ; des accroche-cœurs à suspendre les amours de toutes les Espagnes, et de larges éventails épanouis en queue de paon ; ce sont des hidalgos en escarpins, en frac prodigieux, avec le chapeau demi-lune sous le bras et des grappes de breloques sur le ventre, faisant des révérences à trois temps, se penchant au dos des chaises pour souffler, comme une fumée de cigare, quelque folle bouffée de madrigaux dans une belle touffe de cheveux noirs, ou promenant par le bout de son gant blanc quelque divinité plus ou moins suspecte ; — puis des *mères utiles,* donnant à leurs filles trop obéissantes les conseils de la Macette de Régnier, les lavant et les graissant pour aller au sabbat. — Le type de la *mère utile* est merveilleusement bien rendu par Goya, qui a, comme tous les peintres espagnols, un vif et profond sentiment de l'ignoble ; on ne saurait imaginer rien de plus grotesquement horrible, de plus vicieusement difforme ; chacune de ces mégères réunit à elle seule la laideur des sept péchés capitaux ; le diable est joli à côté de cela. Imaginez des fossés et des contrescarpes de rides ; des yeux comme des charbons éteints dans du sang ; des nez en flûte d'alambic, tout bubelés de verrues et de fleurettes; des mufles d'hippopotame hérissés de crins roides, des moustaches de tigre, des bouches en tirelire contractées par d'affreux ricanements; quelque chose qui tient de l'araignée et du cloporte, et qui vous fait éprouver le même dégoût que lorsqu'on met le pied sur le ventre mou d'un crapaud. — Voilà pour le côté réel; mais c'est lorsqu'il s'abandonne à sa verve démonographique que Goya est surtout admirable; personne ne sait aussi bien que lui faire rouler dans la chaude atmosphère d'une nuit d'orage de gros nuages noirs chargés de vampires, de stryges, de démons, et découper une cavalcade de sorcières sur une bande d'horizons sinistres.

Il y a surtout une planche tout à fait fantastique qui est bien le plus épouvantable cauchemar que nous ayons jamais rêvé; — elle est intitulée: *Y aun no se van.* C'est effroyable, et Dante lui-même n'arrive pas à cet effet de terreur suffocante. Représentez-vous une plaine nue et morne au-dessus de laquelle se traîne péniblement un nuage difforme comme un crocodile éventré; puis une grande pierre, une dalle de tombeau qu'une figure souffreteuse et maigre s'efforce de soulever. — La pierre, trop lourde pour les bras décharnés qui la soutiennent et qu'on sent près de craquer, retombe malgré les efforts du spectre et d'autres petits fantômes qui roidissent simultanément leurs bras d'ombre; plusieurs sont déjà pris sous la pierre un instant déplacée. L'expression de désespoir qui se peint sur toutes ces physionomies cadavéreuses, dans ces orbites sans yeux, qui voient que leur labeur a été inutile, est vraiment tragique; c'est le plus triste symbole de l'impuissance laborieuse, la plus sombre poésie et la plus amère dérision que l'on ait jamais faites à propos des morts. La planche *Buen viage,* où l'on voit un vol de démons, d'élèves du séminaire de Barahona qui fuient à tire-d'aile et se hâtent vers quelque œuvre sans nom, se fait remarquer par la vivacité et l'énergie du mouvement. Il semble que l'on entende palpiter dans l'air épais de la nuit toutes ces membranes velues et onglées comme les ailes des chauves-souris. Le recueil se termine par ces mots : *Y es hora*. — C'est l'heure, le coq chante, les fantômes s'éclipsent, car la lumière paraît.

— Quant à la portée esthétique et morale de cette œuvre, quelle est-elle ? Nous l'ignorons. Goya semble avoir donné son avis là-dessus dans un de ses dessins où est représenté un homme, la tête appuyée sur ses bras et autour duquel voltigent des hiboux, des chouettes, des coquecigrues. — La légende de cette image est : *El sueño de la razon produce monstruos*. C'est vrai, mais c'est bien sévère.

Ces *Caprices* sont tout ce que la Bibliothèque royale de Paris possède de Goya. Il a cependant produit d'autres œuvres : la *Tauromaquia*, suite de 33 planches ; les *Scènes d'invasion*, qui forment 20 dessins, et devaient en avoir plus de 40 ; les eaux-fortes d'après Vélasquez, etc., etc.

La *Tauromaquia* est une collection de scènes représentant divers épisodes du combat de taureaux, à partir des Mores jusqu'à nos jours. — Goya était un *aficionado* consommé, et il passait une grande partie de son temps avec les *toreros*. Aussi était-il l'homme le plus compétent du monde pour traiter à fond la matière. Quoique les attitudes, les poses, les défenses et les attaques, ou, pour parler le langage technique, les différentes *suertes* et *cogidas* soient d'une exactitude irréprochable, Goya a répandu sur ces scènes ses ombres mystérieuses et ses couleurs fantastiques. — Quelles têtes bizarrement féroces ! quels ajustements sauvagement étranges ! quelle fureur de mouvement! Ses Mores, compris un peu à la manière des Turcs de l'empire sous le rapport du costume, ont les physionomies les plus caractéristiques. — Un trait égratigné, une tache noire, une raie blanche, voilà un personnage qui vit, qui se meut, et dont la physionomie se grave pour toujours dans la mémoire. Les taureaux et les chevaux, bien que parfois d'une forme un peu fabuleuse, ont une vie et un jet qui manquent bien souvent aux bêtes des animaliers de profession : les exploits de Gazul, du Cid, de Charles-Quint, de Romero, de l'étudiant de Falces, de Pepe Illo, qui périt misérablement dans l'arène, sont retracés avec une fidélité tout espagnole. — Comme celles des *Caprichos,* les planches de la *Touromaquia* sont exécutées à l'aqua-tinta et relevées d'eau-forte.

Les *Scènes d'invasion* offriraient un curieux rapprochement avec les *Malheurs de la guerre,* de Callot. — Ce ne sont que pendus, tas de morts qu'on dépouille, femmes qu'on viole, blessés qu'on emporte, prisonniers qu'on fusille, couvents qu'on dévalise, populations qui s'enfuient, familles réduites à la mendicité, patriotes qu'on étrangle, tout cela traité avec ces ajustements fantastiques et ces tournures exorbitantes qui feraient croire à une invasion de Tartares au quatorzième siècle. Mais quelle finesse, quelle science profonde de l'anatomie dans tous ces groupes qui semblent nés du hasard et du caprice de la pointe! Dites-moi si la Niobé antique surpasse en désolation et en noblesse cette mère agenouillée au milieu de sa famille devant les baïonnettes françaises! — Parmi ces dessins qui s'expliquent aisément, il y en a un tout à fait terrible et mystérieux, et dont le sens, vaguement entrevu, est plein de frissons et d'épouvantements. C'est un mort à moitié enfoui dans la terre, qui se soulève sur le coude, et, de sa main osseuse, écrit sans regarder, sur un papier posé à côté de lui, un mot qui vaut bien les plus noirs du Dante : *Nada* (néant). Autour de sa tête, qui a gardé juste assez de chair pour être plus horrible qu'un crâne dépouillé, tourbillonnent, à peine visibles dans l'épaisseur de la nuit, de monstrueux cauchemars illuminés çà et là de livides éclairs. Une main fatidique soutient une balance dont les plateaux se renversent. Connaissez-vous quelque chose de plus sinistre et de plus désolant ?

Tout à fait sur la fin de sa vie, qui fut longue, car il est mort à Bordeaux à plus de quatre-vingts ans, Goya a fait quelques croquis lithographiques improvisés sur la pierre, et qui portent le titre de *Diversion de España;* — ce sont des combats de taureaux. On reconnaît encore, dans ces feuilles charbonnées par la main d'un vieillard sourd depuis longtemps et presque aveugle, la vigueur et le mouvement des *Caprichos* et de la *Tauromaquia*. L'aspect de ces lithographies rappelle beaucoup, chose curieuse ! la manière d'Eugène Delacroix dans les illustrations de Faust.

Dans la tombe de Goya est enterré l'ancien art espagnol, le monde à jamais disparu des toreros, des majos, des manolas, des moines, des contrebandiers, des voleurs, des alguazils et des sorcières, toute la couleur locale de la Péninsule. — Il est venu juste à temps pour recueillir et fixer tout cela. Il a cru ne faire que des caprices, il a fait le portrait et l'histoire de la vieille Espagne, tout en croyant servir les idées et les croyances nouvelles. Ses caricatures seront bientôt des monuments historiques.

IX

L'ESCURIAL. — LES VOLEURS.

Pour aller à l'Escurial, nous louâmes une de ces fantastiques voitures chamarrées d'amours à la grisaille et autres ornements pompadour dont nous avons déjà eu l'occasion de parler; le tout attelé de quatre mules et enjolivé d'un zagal assez bien travesti. L'Escurial est situé à sept ou huit lieues de Madrid, non loin de Guadarrama, au pied d'une chaîne de montagnes; on ne peut rien imaginer de plus aride et de plus désolé que la campagne qu'il faut traverser pour s'y rendre : pas un arbre, pas une maison; de grandes pentes qui s'enveloppent les unes dans les autres, des ravins desséchés, que la présence de plusieurs ponts désigne comme des lits de torrents, et çà et là une échappée de montagnes bleues coiffées de neiges ou de nuages. Ce paysage, tel qu'il est, ne manque cependant pas de grandeur : l'absence de toute végétation donne aux lignes de terrain une sévérité et une franchise extraordinaires; à mesure que l'on s'éloigne de Madrid, les pierres dont la campagne est constellée deviennent plus grosses et montrent l'ambition d'être des rochers; ces pierres, d'un gris bleuâtre, papelonnant le sol écaillé, font l'effet de verrues sur le dos rugueux d'un crocodile centenaire; elles découpent mille déchiquetures bizarres sur la silhouette des collines, qui ressemblent à des décombres d'édifices gigantesques.

A moitié route, au bout d'une montée assez rude, l'on trouve une pauvre maison isolée, la seule que l'on rencontre dans un espace de huit lieues, en face d'une fontaine qui filtre goutte à goutte une eau pure et glaciale ; l'on boit autant de verres d'eau qu'il s'en trouve dans la source, on laisse souffler les mules, puis l'on se remet en route ; et vous ne tardez pas à apercevoir, détaché sur le fond vaporeux de la montagne, par un vif rayon du soleil, l'Escurial, ce Léviathan d'architecture. L'effet, de loin, est très-beau : on dirait un immense palais oriental : la coupole de pierre et les boules qui terminent toutes les pointes contribuent beaucoup à cette illusion. Avant d'y arriver, l'on traverse un grand bois d'oliviers orné de croix bizarrement juchées sur des quartiers de grosses roches de l'effet le plus pittoresque ; le bois traversé, vous débouchez dans le village, et vous vous trouvez face à face avec le colosse, qui perd beaucoup à être vu de près, comme tous les colosses de ce monde. La première chose qui me frappa, ce fut l'immense quantité d'hirondelles et de martinets qui tournoyaient dans l'air par essaims innombrables, en poussant des cris aigus et stridents. Ces pauvres petits oiseaux semblaient effrayés du silence de mort qui régnait dans cette Thébaïde, et s'efforçaient d'y jeter un peu de bruit et d'animation.

Tout le monde sait que l'Escurial fut bâti à la suite d'un vœu fait par Philippe II au siége de Saint-Quentin, où il fut obligé de canonner une église de Saint-Laurent ; il promit au saint de le dédommager de l'église qu'il lui enlevait par une autre plus vaste et plus belle, et il a tenu sa parole mieux que ne la tiennent ordinairement les rois de la terre. L'Escurial, commencé par Juan Bautista, terminé par Herrera, est assurément, après les pyramides d'Égypte, le plus grand tas de granit qui existe sur la terre ; on le nomme en Espagne la huitième merveille du monde ; chaque pays a sa huitième merveille, ce qui fait au moins trente huitièmes merveilles du monde.

Je suis excessivement embarrassé pour dire mon avis sur l'Escurial. Tant de gens graves et bien situés, qui, j'aime à le croire, ne l'avaient jamais vu, en ont parlé comme d'un chef-d'œuvre et d'un suprême effort du génie humain, que j'aurais l'air, moi pauvre diable de feuilletoniste errant, de vouloir faire de l'originalité de parti-pris et de prendre plaisir à contre-carrer l'opinion générale ; mais pourtant, en mon âme et conscience, je ne puis m'empêcher de trouver l'Escurial le plus ennuyeux et le plus maussade monument que puissent rêver, pour la mortification de leurs semblables, un moine morose et un tyran soupçonneux. Je sais bien que l'Escurial avait une destination austère et religieuse ; mais la gravité n'est pas la sécheresse, la mélancolie n'est pas le marasme, le recueillement n'est pas l'ennui, et la beauté des formes peut toujours se marier heureusement à l'élévation de l'idée.

L'Escurial est disposé en forme de gril, en l'honneur de saint Laurent. Quatre tours ou pavillons carrés représentent les pieds de l'instrument de supplice ; des corps de logis relient entre eux ces pavillons et forment l'encadrement ; d'autres bâtiments transversaux simulent les barres du gril ; le palais et l'église sont bâtis dans le manche. Cette invention bizarre, qui a dû gêner beaucoup l'architecte, ne se saisit pas aisément à l'œil, quoiqu'elle soit très-visible sur le plan, et, si l'on n'en était pas prévenu, on ne s'en apercevrait assurément pas. Je ne blâme pas cette puérilité symbolique dans le goût du temps, car je suis convaincu qu'une mesure donnée, loin de nuire à un artiste de génie, l'aide, le soutient et lui fait trouver des ressources à quoi il n'aurait pas songé ; mais il me semble qu'on aurait pu en tirer un tout autre parti. Les gens qui aiment le *bon goût* et la *sobriété* en architecture, doivent trouver l'Escurial quelque chose de parfait, car la seule ligne employée est la ligne droite ; le seul ordre, l'ordre dorique, le plus triste et le plus pauvre de tous.

Une chose qui vous frappe d'abord désagréablement, c'est la couleur jaune-terre des murailles, que l'on pourrait croire bâties en pisé, si les joints des pierres, marqués par des lignes d'un blanc criard, ne vous démontraient le contraire. Rien n'est plus monotone à voir que ces corps de logis à six ou sept étages, sans moulures, sans pilastres, sans colonnes, avec leurs petites fenêtres écrasées qui ont l'air de trous de ruches. C'est l'idéal de la caserne et de l'hôpital ; le seul mérite de tout cela est d'être en granit. Mérite perdu, puisque à cent pas de là on peut le prendre pour de la terre à poêle. Là-dessus est accroupie lourdement une coupole bossue, que je ne saurais mieux comparer qu'au dôme du Val-de-Grâce, et qui n'a d'autre ornement qu'une multitude de boules de granit. Tout autour, pour que rien ne manque à la symétrie, l'on a bâti des monuments dans le même style, c'est-à-dire avec beaucoup de petites fenêtres et pas le moindre ornement ; ces corps de logis communiquent entre eux par des galeries en forme de pont, jetées sur les rues qui conduisent au village, qui n'est aujourd'hui qu'un monceau de ruines. Tous les alentours du monument sont dallés en granit, et les limites sont marquées par de petits murs de trois pieds de haut, enjolivés des inévitables boules à chaque angle et à chaque coupure. La façade, ne faisant aucune espèce de saillie sur le corps du monument, ne rompt en rien l'aridité de la ligne et s'aperçoit à peine, quoiqu'elle soit gigantesque.

L'on entre d'abord dans une vaste cour au fond de laquelle s'élève le portail d'une église, qui n'a rien de remarquable que des statues colossales de prophètes, avec des ornements dorés et des figures teintes en rose. Cette cour est dallée, humide et froide; l'herbe verdit les angles; rien qu'en y mettant le pied, l'ennui vous tombe sur les épaules comme une chape de plomb; votre cœur se resserre; il vous semble que tout est fini et que toute joie est morte pour vous. A vingt pas de la porte, vous sentez je ne sais quelle odeur glaciale et fade d'eau bénite et de caveau sépulcral que vous apporte un courant d'air chargé de pleurésies et de catarrhes. Quoiqu'il fasse au dehors trente degrés de chaleur, votre moelle se fige dans vos os; il vous semble que jamais la chaleur de la vie ne pourra réchauffer dans vos veines votre sang, devenu plus froid que du sang de vipère. Ces murs, impénétrables comme la tombe, ne peuvent laisser filtrer l'air des vivants à travers leurs épaisses parois. Eh bien ! malgré ce froid claustral et moscovite, la première chose que je vis en entrant dans l'église fut une Espagnole à genoux sur le pavé, qui d'une main se donnait des coups de poing dans la poitrine, et de l'autre s'éventait avec une ferveur au moins égale; l'éventail était, je m'en souviens parfaitement, d'un vert d'eau ou de feuille d'iris qui me fait courir un frisson dans le dos lorsque j'y pense.

Le cicerone qui nous guida dans l'intérieur de l'édifice était aveugle, et c'était vraiment une chose merveilleuse de voir avec quelle précision il s'arrêtait devant les tableaux, dont il nous désignait le sujet et le peintre sans hésiter et sans se tromper jamais. Il nous fit monter sur le dôme, et nous promena dans une infinité de corridors ascendants et descendants qui égalent en complications *le Confessionnal des Pénitents noirs* ou *le Château des Pyrénées* d'Anne Radcliffe. Ce bonhomme s'appelle Cornelio ; il est de la plus belle humeur du monde, et paraît tout joyeux de son infirmité.

L'intérieur de l'église est triste et nu. D'énormes pilastres gris de souris, d'un granit à gros grains micacés comme du sel de cuisine, montent jusqu'aux voûtes peintes à fresque, dont les tons azurés et vaporeux se lient mal avec la couleur froide et pauvre de l'architecture ; le *retablo,* doré et sculpté à l'espagnole avec de fort belles peintures, corrige un peu cette aridité de décoration, où tout est sacrifié à je ne sais quelle symétrie insipide ; les statues de bronze doré qui sont agenouillées des deux côtés du *retablo,* et qui représentent, je crois, don Carlos et des princesses de la famille royale, sont d'un grand style et d'un bel effet ; le chapitre, qui fait face au grand autel, est à lui seul une église immense ; les stalles qui l'entourent, au lieu d'être épanouies et fleuries en fantasques arabesques comme celles de Burgos, participent de la rigidité générale, et n'ont pour toute décoration que de simples moulures. On nous fit voir la place où, pendant quatorze ans, vint s'asseoir le sombre Philippe II, ce roi né pour être grand inquisiteur ; c'est la stalle qui occupe l'angle ; une porte pratiquée dans l'épaisseur de la boiserie la fait communiquer avec l'intérieur du palais. Sans me piquer d'une dévotion bien fervente, je ne suis jamais entré dans une cathédrale gothique sans éprouver un sentiment mystérieux et profond, une émotion extraordinaire, et sans la crainte vague de rencontrer au détour d'un faisceau de piliers le Père éternel lui-même avec sa longue barbe d'argent, son manteau de pourpre et sa robe d'azur, recueillant dans le pan de sa tunique les prières des fidèles. Dans l'église de l'Escurial on est tellement abattu, écrasé, on se sent si bien sous la domination d'un pouvoir inflexible et morne, que l'inutilité de la prière vous est démontrée. Le Dieu d'un temple ainsi fait ne se laissera jamais fléchir.

Après avoir visité l'église, nous descendîmes dans le Panthéon. On appelle ainsi le caveau où sont déposés les corps des rois; c'est une pièce octogone de trente-six pieds de diamètre sur trente-huit de haut, située précisément sous le maître-autel, de manière que le prêtre, en disant la messe, a les pieds sur la pierre qui forme la clef de voûte; on y descend par un escalier de granit et de marbre de couleur, fermé par une belle grille de bronze. Le Panthéon est revêtu entièrement de jaspe, de porphyre et autres marbres non moins précieux. Dans les murailles sont pratiquées des niches avec des cippes de forme antique destinées à contenir le corps des rois et des reines qui ont laissé succession. Il fait dans ce caveau un froid pénétrant et mortel; les marbres polis miroitent et se glacent de reflets aux rayons tremblotants de la torche; on dirait qu'ils ruissellent d'eau, et l'on pourrait se croire dans une grotte sous-marine. Le monstrueux édifice pèse sur vous de tout son poids; il vous entoure, il vous enlace et vous étouffe; vous vous sentez pris comme dans les tentacules d'un gigantesque polype de granit. Les morts que renferment les urnes sépulcrales paraissent plus morts que tous les autres, et l'on a peine à croire qu'ils puissent jamais venir à bout de ressusciter. Là, comme dans l'église, l'impression est sinistre, désespérée ; il n'y a pas à toutes ces voûtes mornes un seul trou par où l'on puisse voir le ciel.

Dans la sacristie, il reste encore quelques bons tableaux (les meilleurs ont été transférés au musée royal de Madrid), entre autres, deux ou trois tableaux sur bois, de l'école allemande, d'une rare perfection ; le plafond du grand escalier est peint à fresque par Luca Jordano, et représente d'une manière allégorique le vœu de Philippe II et la fondation du couvent. Ce que ce Luca Jordano a peint d'arpents de murailles en Espagne est vraiment prodigieux, et nous avons peine à concevoir la possibilité de pareils travaux, nous autres modernes, déjà essoufflés au milieu de la tâche la plus courte. Pellegrini, Luca Gangiaso, Carducho, Romulo Cincinnato et plusieurs autres ont peint à l'Escurial des cloîtres, des voûtes et des plafonds. Celui de la bibliothèque, qui est de Carducho et de Pellegrini, est d'un bon ton de fresque clair et lumineux ; la composition en est riche, et les arabesques qui s'y entrelacent sont du meilleur goût. La bibliothèque de l'Escurial présente cette particularité que les livres sont rangés sur le rayon le dos contre le mur et la tranche du côté du spectateur ; j'ignore la raison de cette bizarrerie. Elle est riche surtout en manuscrits arabes et doit renfermer des trésors inestimables et complètement inconnus. Aujourd'hui que la conquête d'Afrique a fait de l'arabe une langue à la mode et courante, il faut espérer que cette riche mine sera fouillée dans tous les sens par nos jeunes orientalistes ; les autres livres m'ont paru être en général des livres de théologie et de philosophie scolastique. On nous fit voir quelques manuscrits sur vélin avec marges historiées et miniaturées; mais comme c'était le dimanche et que le bibliothécaire était absent, nous ne pûmes en obtenir davantage, et il fallut nous en aller sans avoir vu une seule édition *incunable*, désagrément beaucoup plus sensible pour mon compagnon que pour moi, qui malheureusement n'ai ni la passion de la bibliographie ni aucune autre.

Dans un des corridors est placé un christ de marbre blanc de grandeur naturelle, attribué à Benvenuto Cellini, et quelques peintures fantastiques très-singulières, dans le goût des Tentations de Callot et de Teniers, mais beaucoup plus anciennes. Du reste, on ne peut rien imaginer de plus monotone que ces interminables corridors de granit gris, étroits et bas, qui circulent dans l'édifice, comme des veines dans le corps humain; il faut vraiment être aveugle pour s'y retrouver; on monte, on descend, on fait mille détours, et il ne faudrait pas s'y promener plus de trois ou quatre heures pour user entièrement la semelle de ses souliers, car ce granit est âpre comme une lime et revêche comme du papier de verre. Lorsque l'on est sur le dôme, on voit que les boules, qui d'en bas paraissent grosses comme des grelots, sont d'une dimension énorme, et pourraient faire de monstrueuses mappemondes. Un immense horizon se déroule à vos pieds, et vous embrassez d'un seul coup d'œil la campagne montueuse qui vous sépare de Madrid; de l'autre côté, se dressent les montagnes de Guadarrama : vous voyez ainsi toute la disposition du monument ; vous plongez dans les cours et dans les cloîtres, avec leurs rangs d'arcades superposées, leur fontaine ou leur pavillon central ; les toits se présentent en dos d'âne, comme dans un plan à vol d'oiseau.

À l'époque de notre ascension au dôme, il y avait sur le bout d'une cheminée, dans un grand nid de paille semblable à un turban renversé, une cigogne avec ses trois petits. Cette intéressante famille faisait le profil le plus bizarre du monde : la mère était debout sur une patte au milieu du nid, le cou enfoncé dans les épaules, le bec majestueusement posé sur le jabot, comme un philosophe en méditation ; les petits tendaient leur long bec et leur long cou pour demander leur pâture. J'espérais être témoin d'une de ces scènes sentimentales de l'histoire naturelle, où l'on voit le grand pélican blanc qui se saigne le flanc pour donner à téter à ses petits enfants ; mais la cigogne semblait s'émouvoir fort peu de ces démonstrations faméliques et ne bougeait non plus que la cigogne gravée sur bois qui orne le frontispice des livres mis en lumière par Cramoisy. Ce groupe mélancolique ajoutait encore à la solitude profonde du lieu et donnait une teinte égyptienne à cet entassement pharaonien. En redescendant, nous vîmes le jardin, où il y a plus d'architecture que de végétation ; ce sont de grandes terrasses et des parterres de buis taillé qui représentent des dessins pareils à des ramages de vieux damas, avec quelques fontaines et quelques pièces d'eau verdâtre, un jardin ennuyeux et solennel, empesé comme une Golilla et tout à fait digne du bâtiment morose qu'il accompagne.

Il y a, dit-on, mille cent dix fenêtres seulement à l'extérieur, ce qui cause un grand étonnement aux bourgeois ; je ne les ai pas comptées, aimant mieux le croire que de me livrer à un pareil travail ; mais il n'y a là rien d'improbable, car je n'ai jamais vu tant de fenêtres ensemble ; le nombre des portes est également fabuleux.

Je sortis de ce désert de granit, de cette monacale nécropole avec un sentiment de satisfaction et d'allégement extraordinaire; il me semblait que je renaissais à la vie et que je pourrais encore être jeune et me réjouir dans la création du bon Dieu, ce dont j'avais perdu tout espoir sous ces voûtes funèbres. L'air tiède et lumineux m'enveloppait comme une moelleuse étoffe de laine fine et réchauffait mon corps glacé par cette atmosphère cadavéreuse; j'étais délivré de ce cauchemar architectural, que je croyais ne devoir jamais finir. Je conseille aux gens qui ont la fatuité de prétendre qu'ils s'ennuient d'aller passer trois ou quatre jours à l'Escurial; ils apprendront là ce que c'est que le véritable ennui, et ils s'amuseront tout le reste de leur vie en pensant qu'ils pourraient être à l'Escurial et qu'ils n'y sont pas.

Quand nous revînmes à Madrid, ce fut parmi les gens un étonnement heureux de nous voir encore vivants. Peu de personnes reviennent de l'Escurial; on y meurt de consomption en deux ou trois jours, ou l'on s'y brûle la cervelle, pour peu qu'on soit Anglais. Heureusement nous sommes de tempérament robuste, et, comme Napoléon disait du boulet qui devait l'emporter, le monument qui doit nous tuer n'est pas encore bâti. Une chose qui ne causa pas une moindre surprise, ce fut de voir que nous rapportions nos montres; car, en Espagne, il y a toujours sur les routes des gens très-curieux de savoir l'heure, et, comme il n'y a là ni horloge ni cadran solaire, ils sont bien forcés de consulter les montres des voyageurs. — A propos de voleurs, plaçons ici une histoire dont nous avons bien failli être les héros. La diligence de Madrid à Séville, dans laquelle nous devions partir, et où il n'y avait plus de place, fut arrêtée dans la Manche par une bande de factieux ou de voleurs, ce qui est la même chose ; les voleurs se divisaient le butin et se disposaient à emmener les prisonniers dans la montagne pour se faire payer une rançon par les familles (ne dirait-on pas que cela se passe en Afrique ?), lorsqu'il survint une autre bande plus nombreuse, qui rossa la première, lui *vola* ses prisonniers et les emmena définitivement dans la montagne.

Chemin faisant, l'un des voyageurs tire d'une poche qu'on avait oublié de fouiller sa boîte de cigares, en prend un, bat le briquet et l'allume. « Voulez-vous un cigare ? dit-il au bandit avec toute la politesse castillane, ils sont de la Havane. — *Con mucho gusto,* » répond le bandit flatté de cette attention ; et voilà le voyageur et le brigand, cigare contre cigare, aspirant et poussant des bouffées pour s'allumer plus vite. La conversation s'engagea, et, de fil en aiguille, le voleur en vint, comme tous les négociants, à se plaindre de son commerce : les temps étaient durs, les affaires n'allaient pas, beaucoup d'honnêtes gens s'en mêlaient et gâtaient le métier ; on faisait queue pour détrousser ces pauvres diligences, et souvent trois ou quatre bandes étaient obligées de se disputer les dépouilles de la même galère et du même convoi de mules ; ensuite les voyageurs, certains d'être pillés, n'emportaient que le strict nécessaire et mettaient leurs plus mauvais habits. « Tenez, dit-il avec un geste de mélancolie et de découragement, en montrant son manteau tout usé et tout rapiécé, qui aurait mérité d'envelopper la Probité même, n'est-il pas honteux d'être forcé de voler de pareilles guenilles ? Ma veste n'est-elle pas des plus vertueuses ? le plus honnête homme de la terre serait-il plus mal habillé ? Nous emmenons bien des voyageurs en otage, mais les parents d'aujourd'hui ont le cœur si dur qu'ils ne peuvent se résoudre à délier les cordons de la bourse; nous en sommes pour nos frais de nourriture, et au bout d'un ou deux mois il nous en coûte encore une charge de poudre et de plomb pour casser la tête à nos prisonniers, ce qui est toujours désagréable quand on s'est habitué aux personnes. Pour cela, il faut dormir par terre, manger des glands qui ne sont pas toujours doux, boire de la neige fondue, faire des trajets immenses dans des chemins abominables, et risquer sa peau à chaque instant. » Ainsi parlait ce brave bandit, plus dégoûté de son métier qu'un journaliste parisien quand arrive son tour de feuilleton. « Eh! pourquoi, dit le voyageur, si votre métier vous déplaît et vous rapporte si peu, n'en faites-vous pas un autre? — J'y ai bien songé, et mes camarades pensent comme moi; mais comment voulez-vous faire? nous sommes traqués, poursuivis; on nous fusillerait comme des chiens, si nous approchions de quelque village; il faut bien continuer le même train de vie. » Le voyageur, qui était un homme d'une certaine influence, resta un moment pensif. « De sorte que vous quitteriez volontiers votre état, si l'on vous recevait à *indulto* (si l'on vous amnistiait)? — Certainement, répondit toute la bande; croyez-vous que cela soit si amusant d'être voleur? il faut travailler comme des nègres et avoir un mal de chien. Nous aimons tout autant être honnêtes. — Eh bien! reprit le voyageur, je me charge d'obtenir votre grâce, à la condition que vous nous rendrez la liberté. — Ainsi soit fait : allez à Madrid; voilà un cheval et de l'argent pour faire la route et un sauf-conduit pour que les camarades vous laissent passer. Revenez vite; nous vous attendons à tel endroit avec vos compagnons, que nous traiterons de notre mieux. » L'homme va à Madrid, obtient que les bandits seront reçus à *indulto,* et retourne pour aller chercher ses camarades d'infortune ; il les trouve tranquillement assis avec les brigands, mangeant un jambon de la Manche cuit au sucre, et donnant de fréquentes accolades à une outre de Val-de-Peñas que l'on avait volée exprès pour eux : attention délicate ! Ils chantaient et se divertissaient fort, et avaient plus envie de se faire voleurs comme les autres que de retourner à Madrid ; mais le chef de la bande leur fit une morale sévère qui les rappela à eux-mêmes, et toute la troupe se mit en marche bras dessus bras dessous pour la ville, où voyageurs et voleurs furent reçus avec enthousiasme, car des brigands pris par la diligence sont quelque chose de vraiment rare et curieux.

TOLEDE.

X

TOLÈDE. — L'ALCAZAR. — LA CATHÉDRALE. — LE RITE GRÉGORIEN ET LE RITE MOZARABE. — NOTRE-DAME DE TOLÈDE. — SAN JUAN DE LOS REYES. — LA SYNAGOGUE. — GALIANA, KARL ET BRADAMANT. — LE BAIN DE FLORINDE. — LA GROTTE D'HERCULE. — L'HÔPITAL DU CARDINAL. — LES LAMES DE TOLÈDE.

Nous avions épuisé les curiosités de Madrid, nous avions vu le palais, l'*Armeria,* le *Buen-Retiro,* le musée et l'académie de peinture, le théâtre *del Principe,* la *plaza de Toros;* nous nous étions promenés sur le Prado depuis la fontaine de Cybèle jusqu'à la fontaine de Neptune, et l'ennui commençait légèrement à nous envahir. Aussi, malgré une température de trente degrés et toutes sortes d'histoires horripilantes sur les factieux et les *rateros,* nous nous mîmes bravement en route pour Tolède, la ville des belles épées et des dagues romantiques.

Tolède est une des plus anciennes villes non-seulement de l'Espagne, mais de l'univers entier, s'il faut en croire les chroniqueurs. Les plus modérés placent l'époque de sa fondation avant le déluge (pourquoi pas sous les rois préadamites, quelques années avant la création du monde?). Les uns attribuent l'honneur d'avoir posé sa première pierre à Tubal, les autres aux Grecs; ceux-ci à Telmon et Brutus, consuls romains; ceux-là aux Juifs, qui entrèrent en

Espagne avec Nabuchodonosor, s'appuyant sur l'étymologie de Tolède, qui vient de *Toledoth,* mot hébreu signifiant générations, parce que les douze tribus avaient contribué à la bâtir et à la peupler.

Quoi qu'il en soit, Tolède est très-certainement une admirable vieille ville, située à une douzaine de lieues de Madrid, des lieues d'Espagne bien entendu, qui sont plus longues qu'un feuilleton de douze colonnes ou qu'un jour sans argent, les deux plus longues choses que nous connaissions. On y va soit en calésine, soit dans une petite diligence qui part deux fois par semaine ; on préfère ce dernier moyen comme plus sûr, car au-delà des monts, comme autrefois en France, on fait son testament pour le moindre voyage. Cette terreur des brigands doit être exagérée, car, dans un très-long pèlerinage à travers les provinces réputées les plus dangereuses, nous n'avons jamais rien vu qui pût justifier cette panique. Néanmoins cette crainte ajoute beaucoup au plaisir, elle vous tient en éveil et vous préserve de l'ennui : vous faites une action héroïque, vous déployez une valeur surhumaine ; l'air inquiet et effrayé de ceux qui restent vous rehausse à vos propres yeux. Une course en diligence, la chose la plus vulgaire qui soit au monde, devient une aventure, une expédition ; vous partez, il est vrai, mais vous n'êtes pas sûr d'arriver ou de revenir. C'est quelque chose dans une civilisation si avancée que celle des temps modernes, en cette prosaïque et malencontreuse année 1840.

On sort de Madrid par la porte et le pont de Tolède, tout orné de pots à feu, de volutes, de statues, de chicorées d'un goût médiocre, et cependant d'un assez majestueux effet ; on laisse à droite le village de Caramanchel, où Ruy Blas allait chercher, pour Marie de Neubourg, *la petite fleur bleue d'Allemagne* (Ruy Blas ne trouverait pas aujourd'hui le moindre *vergiss-mein-nicht* dans ce hameau de liége, bâti sur un sol de pierre ponce), et l'on s'engage, par un chemin détestable, dans une interminable plaine poussiéreuse, toute couverte de blés et de seigles, dont le jaune pâle ajoute encore à la monotonie du paysage. Quelques croix de mauvais augure qui étirent çà et là leurs bras décharnés, quelques pointes de clochers qui révèlent au loin un bourg inaperçu, quelque lit de ravin desséché, traversé par une arcade de pierre, sont les seuls accidents qui se présentent. De temps à autre, l'on rencontre un paysan sur son mulet, la carabine au côté; un *muchacho* chassant devant lui deux ou trois ânes chargés de jarres ou de paille hachée retenue par des cordelettes; une pauvre femme hâve et brûlée par le soleil, traînant un marmot à l'air farouche, et puis c'est tout.

A mesure que nous avancions, le paysage devenait plus aride et plus désert, et ce ne fut pas sans un sentiment de satisfaction intérieure que nous aperçûmes, sur un pont de pierre sèche, les cinq chasseurs verts à cheval qui devaient nous servir d'escorte, car il faut une escorte pour aller de Madrid à Tolède. Ne dirait-on pas que l'on est en pleine Algérie, et que Madrid est entouré d'une Mitidja peuplée de Bédouins?

On s'arrête pour déjeuner à Illescas, ville ou bourg, nous ne savons trop lequel, où l'on voit quelques traces d'anciennes constructions moresques, et dont les maisons ont des fenêtres grillées de serrurerie compliquée et surmontées de croix.

Ce déjeuner se compose d'une soupe à l'ail et aux œufs, de l'inévitable *tortilla* aux tomates, d'amandes grillées et d'oranges, le tout arrosé d'un vin de Val-de-Peñas assez bon, quoique épais à couper au couteau, empoisonnant la poix et couleur de sirop de mûres. La cuisine n'est pas le côté brillant de l'Espagne, et les hôtelleries n'ont pas été sensiblement améliorées depuis don Quichotte ; les peintures d'omelettes emplumées, de merluches coriaces, d'huile rance et de pois chiches pouvant servir de balles pour les fusils, sont encore de la plus exacte vérité ; mais, par exemple, je ne sais pas où l'on trouverait aujourd'hui les belles poulardes et les oies monstrueuses des noces de Gamache.

A partir d'Illescas, le terrain devient plus accidenté, et il résulte de là une route encore plus abominable ; ce ne sont que fondrières et casse-cou. Cela n'empêche pas que l'on n'aille grand train ; les postillons espagnols sont comme les cochers morlaques, ils se soucient assez peu de ce qui se passe derrière eux, et pourvu qu'ils arrivent, ne fût-ce qu'avec le timon et les petites roues de devant, ils sont satisfaits. Cependant nous parvînmes à notre destination sans encombre, au milieu du nuage de poudre soulevé par nos mules et les chevaux des chasseurs, et nous fîmes notre entrée dans Tolède, haletants de curiosité et de soif, par une magnifique porte arabe, à l'arc élégamment évasé, aux piliers de granit surmontés de boules et chamarrés de versets de l'Alcoran. Cette porte s'appelle *la puerta del Sol ;* elle est rousse, cuite et confite de ton comme une orange de Portugal, et se profile admirablement sur la limpidité d'un ciel de lapis-lazuli. Dans nos climats brumeux, l'on ne peut réellement pas se faire une idée de cette violence de couleur et de cette âpreté de contour, et les peintures qu'on en rapportera sembleront toujours exagérées.

Après avoir passé *la puerta del Sol*, l'on se trouve sur une espèce de terrasse d'où l'on jouit d'une vue fort étendue ; l'on découvre la Vega pommelée et zébrée d'arbres et de cultures qui doivent leur fraîcheur au système d'irrigation introduit par les Mores. Le Tage, traversé par le pont Saint-Martin et le pont d'Alcantara, roule avec rapidité ses flots jaunâtres, et entoure presque entièrement la ville dans un de ses replis. Au bas de la terrasse papillotent aux yeux les toits bruns et luisants des maisons, et les clochers des couvents et des églises, à carreaux de faïence verte et blanche disposés en damiers ; au delà, l'on aperçoit les collines rouges et les escarpements décharnés qui forment l'horizon de Tolède. Cette vue a cela de particulier, qu'elle est entièrement privée d'air ambiant et de ce brouillard qui, chez nous, baigne toujours les larges perspectives ; la transparence de l'atmosphère laisse toute leur netteté aux lignes, et permet de discerner le moindre détail à des distances considérables.

Nos malles visitées, nous n'eûmes rien de plus pressé que de chercher une *fonda* ou un *parador* quelconque, car les œufs d'Illescas étaient déjà bien loin. On nous conduisit, par des ruelles si resserrées que deux ânes chargés n'y eussent point passé de front, à la *fonda del Caballero,* un des plus confortables endroits de la ville. Là, réunissant le peu d'espagnol que nous savions, et nous aidant d'une pantomime pathétique, nous parvînmes à faire comprendre à l'hôtesse, douce et charmante femme, de l'air le plus intéressant et le plus distingué, que nous mourions de faim, chose qui paraît toujours étonner beaucoup les naturels du pays, qui vivent d'air et de soleil, à la mode économique des caméléons.

Toute la marmitonnerie se mit en l'air, l'on approcha du feu les innombrables petits pots où se distillent et se subliment les ragoûts épicés de la cuisine espagnole, et l'on nous promit un dîner au bout d'une heure. Nous profitâmes de cette heure pour examiner la *fonda* plus en détail.

C'était un beau bâtiment, quelque ancien hôtel sans doute, avec une cour intérieure dallée de marbres de couleur formant mosaïque, ornée de puits de marbre blanc et d'auges revêtues de carreaux de faïence pour laver les verres et les jattes.

Cette cour se nomme *patio;* elle est habituellement entourée de colonnes et d'arcades, avec un jet d'eau dans le milieu. Un *tendido* de toile, qu'on replie le soir afin de laisser pénétrer la fraîcheur nocturne, sert de plafond à cette espèce de salon retourné. Tout autour circule, à la hauteur du premier étage, un balcon de fer élégamment travaillé, sur lequel s'ouvrent les fenêtres et les portes des appartements, où l'on n'entre que pour s'habiller, dîner ou faire la sieste. Le reste du temps, l'on se tient dans cette cour-salon, où l'on descend les tableaux, les chaises, les canapés, le piano, et que l'on enjolive de pots de fleurs et de caisses d'orangers.

Notre inspection était à peine achevée, que la Celestina (fille d'auberge fantasque et bizarre) vint nous dire, tout en fredonnant sa chanson, que nous étions servis. Le dîner était assez passable : côtelettes, œufs aux tomates, poulets frits à l'huile, truites du Tage, avec une bouteille de Peralta, vin chaud et liquoreux, parfumé d'un certain petit goût muscat qui n'est pas désagréable.

Notre repas achevé, nous nous répandîmes à travers la ville, précédés d'un guide, barbier de son état, et promeneur de touristes à ses moments perdus.

Les rues de Tolède sont extrêmement étroites; l'on pourrait se donner la main d'une fenêtre à l'autre, et rien ne serait plus facile que d'enjamber les balcons, si de fort belles grilles et de charmants barreaux de cette riche serrurerie dont on est si prodigue par delà les monts, n'y mettaient bon ordre et n'empêchaient les familiarités aériennes. Ce peu de largeur ferait jeter les hauts cris à tous les partisans de la civilisation, qui ne rêvent que places immenses, vastes squares, rues démesurées et autres embellissements plus ou moins progressifs; pourtant rien n'est plus raisonnable que des rues étroites sous un climat torride, et les architectes qui ont fait de si larges trouées dans le massif d'Alger, s'en apercevront bientôt. Au fond de ces minces coupures faites à propos aux pâtés et aux îles de maisons, l'on jouit d'une ombre et d'une fraîcheur délicieuses, l'on circule à couvert dans les ramifications et les porosités de ce polypier humain que l'on appelle une ville; les cuillerées de plomb fondu que Phébus-Apollon verse du haut du ciel aux heures de midi ne vous atteignent jamais; les saillies des toits vous servent de parasol.

Si, par malheur, vous êtes obligés de passer par quelque *plazuela* ou *calle ancha* exposée aux rayons caniculaires, vous appréciez bien vite la sagesse des aïeux, qui ne sacrifiaient pas tout à je ne sais quelle régularité stupide; les dalles sont comme ces plaques de tôle rouge sur lesquelles les bateleurs font danser la cracovienne aux oies et aux dindons; les malheureux chiens, qui n'ont ni souliers ni *alpargatas*, les traversent au galop et en poussant des hurlements plaintifs. Si vous soulevez le marteau d'une porte, vous vous brûlez les doigts; vous sentez votre cervelle bouillir dans votre crâne comme une marmite sur le feu; votre nez se cardinalise, vos mains se gantent de hâle, vous vous évaporez en sueur. Voilà à quoi servent les grandes places et les rues larges. Tous ceux qui auront passé entre midi et deux heures dans la rue d'Alcala à Madrid seront de mon avis. En outre, pour avoir des rues spacieuses, l'on rétrécit les maisons, et le contraire me paraît plus raisonnable. Il est bien entendu que cette observation ne s'applique qu'aux pays chauds, où il ne pleut jamais, où la boue est chimérique et où les voitures sont extrêmement rares. Des rues étroites dans nos climats pluvieux seraient d'abominables sentines. En Espagne, les femmes sortent à pied, en souliers de satin noir, et font ainsi de longues courses; en quoi je les admire, et surtout à Tolède, où le pavé est composé de petits cailloux polis, luisants, aigus, qui semblent avoir été placés avec soin du côté le plus tranchant; mais leurs petits pieds cambrés et nerveux sont durs comme des sabots de gazelle, et elles courent le plus gaiement du monde sur ce pavé taillé en pointe de diamant, qui fait crier d'angoisse le voyageur accoutumé aux mollesses de l'asphalte Seyssel et aux élasticités du bitume Polonceau.

Les maisons de Tolède présentent un aspect imposant et sévère; elles ont peu de fenêtres sur la façade, et ces fenêtres sont habituellement grillées. Les portes, ornées de piliers de granit bleuâtre, surmontées de boules, décoration qui se reproduit fréquemment, ont un air de solidité et d'épaisseur auquel ajoutent encore des constellations de clous énormes. Cela tient à la fois du couvent, de la prison, de la forteresse, et aussi un peu du harem, car les Mores ont passé par là. Quelques-unes de ces maisons, par un contraste assez bizarre, sont enluminées et peintes extérieurement, soit à fresque, soit en détrempe, de faux bas-reliefs, de grisailles, de fleurs, de rocailles et de guirlandes, avec des cassolettes, des médaillons, des amours et tout le fatras mythologique du dernier siècle. Ces maisons *trumeau* et *pompadour* produisent l'effet le plus étrange et le plus bouffon parmi leurs sœurs renfrognées d'origine féodale ou moresque.

L'on nous conduisit à travers un inextricable réseau de petites ruelles, où mon compagnon et moi nous marchions l'un derrière l'autre, comme les oies de la ballade, faute d'espace pour nous donner le bras, à l'Alcazar, situé en manière d'acropole sur le haut point de la ville, et nous y entrâmes après quelques pourparlers, car le premier mouvement des gens à qui l'on s'adresse est toujours de refuser, quelle que soit la demande. « Revenez ce soir ou demain, le gardien fait la sieste, les clefs sont égarées, il faut une permission du gouverneur : » telles sont les réponses que l'on obtient d'abord ; mais, en exhibant la sacro-sainte piécette, ou le rayonnant *duro* en cas d'extrêmes difficultés, on finit toujours bien par forcer la consigne.

Cet Alcazar, bâti sur les ruines de l'ancien palais more, est aujourd'hui tout en ruine lui-même ; on dirait un des merveilleux rêves d'architecture que Piranèse poursuivait dans ses magnifiques eaux-fortes ; il est de Covarrubias, artiste peu connu, bien supérieur à ce lourd et pesant Herrera dont la renommée est de beaucoup surfaite.

La façade, ornée et fleurie des plus pures arabesques de la renaissance, est un chef-d'œuvre d'élégance et de noblesse. L'ardent soleil d'Espagne, qui rougit le marbre et donne à la pierre des tons de safran, l'a revêtue d'une robe de couleurs riches et vigoureuses, bien différentes de la lèpre noire dont les siècles encroûtent nos vieux édifices. Selon l'expression d'un grand poëte, le Temps a passé son pouce intelligent sur les arêtes du marbre, sur les contours trop rigides, et donné à cette sculpture déjà si souple et si moelleuse le suprême poli et le dernier achèvement. Je me souviens surtout d'un grand escalier d'une élégance féerique, avec des colonnes, des rampes et des marches de marbre déjà à moitié rompues, conduisant à une porte qui donne sur un abîme, car cette partie de l'édifice est écroulée. Cet admirable escalier, qu'un roi pourrait habiter, et qui n'aboutit à rien, a quelque chose de prestigieux et de singulier.

L'Alcazar est bâti sur une grande esplanade entourée de remparts crénelés à la mode orientale, du haut desquels on découvre une vue immense, un panorama vraiment magique : ici la cathédrale enfonce au cœur du ciel sa flèche démesurée ; plus loin brille, dans un rayon du soleil, l'église de *San Juan de los Reyes;* le pont d'Alcantara, avec sa porte en forme de tour, enjambe le Tage de ses arches hardies; l'*Artificio* de Juanello encombre le fleuve de ses superpositions d'arcades de briques rouges qu'on prendrait pour des débris de constructions romaines, et les tours massives du *Castillo* de Cervantès (ce Cervantès n'a rien de commun avec l'auteur de *Don Quichotte*), perchées sur les roches rugueuses et difformes qui bordent le fleuve, ajoutent une dentelure de plus à l'horizon déjà si profondément découpé par les crêtes vertébrées des montagnes.

Un admirable coucher de soleil complétait le tableau : le ciel, par des dégradations insensibles, passait du rouge le plus vif à l'orange, puis au citron pâle, pour arriver à un bleu bizarre, couleur de turquoise verdie, qui se fondait lui-même à l'occident dans les teintes lilas de la nuit, dont l'ombre refroidissait déjà tout ce côté.

Accoudé à l'embrasure d'un créneau et regardant à vol d'hirondelle cette ville où je ne connaissais personne, où mon nom était parfaitement inconnu, j'étais tombé dans une méditation profonde. Devant tous ces objets, toutes ces formes, que je voyais et que je ne devais probablement plus revoir, il me prenait des doutes sur ma propre identité, je me sentais si absent de moi-même, transporté si loin de ma sphère, que tout cela me paraissait une hallucination, un rêve étrange dont j'allais me réveiller en sursaut au son aigre et chevrotant de quelque musique de vaudeville sur le rebord d'une loge de théâtre. Par un de ces sauts d'idées si fréquents dans la rêverie, je pensai à ce que pouvaient faire mes amis à cette heure; je me demandai s'ils s'apercevaient de mon absence, et si, par hasard, en ce moment même où j'étais penché sur ce créneau dans l'Alcazar de Tolède, mon nom voltigeait à Paris sur quelque bouche aimée et fidèle. Apparemment la réponse intérieure ne fut pas affirmative; car, malgré la magnificence du spectacle, je me sentis l'âme envahie par une tristesse incommensurable, et pourtant j'accomplissais le rêve de toute ma vie, je touchais du doigt un de mes désirs les plus ardemment caressés : j'avais assez parlé, en mes belles et verdoyantes années de romantisme, de ma bonne lame de Tolède pour être curieux de voir l'endroit où l'on en fabriquait.

Il ne fallut rien moins, pour me tirer de ma méditation philosophique, que la proposition que me fit mon camarade de nous aller baigner dans le Tage. Se baigner est une particularité assez rare dans un pays où, l'été, l'on arrose le lit des rivières avec l'eau des puits, pour ne point en négliger l'occasion. Sur l'affirmation du guide que le Tage était un fleuve sérieux et pourvu d'assez d'humidité pour y tirer sa coupe, nous descendîmes en toute hâte de l'Alcazar, afin de profiter d'un reste de jour, et nous nous dirigeâmes du côté du fleuve. Après avoir traversé la place de la *Constitucion,* bordée de maisons dont les fenêtres, garnies de grands stores de sparterie roulés ou relevés à demi par les saillies des balcons, ont un faux air vénitien et moyen âge des plus pittoresques, nous passâmes sous une belle porte arabe au cintre de briques, et nous arrivâmes par un chemin en zigzag très-roide et très-abrupt, serpentant le long des rochers et des murailles qui servent de ceinture à Tolède, au pont d'Alcantara, près duquel se trouvait une place favorable pour le bain.

Pendant le trajet, la nuit, qui succède si rapidement au jour dans les climats du Midi, était tombée tout à fait, ce qui ne nous empêcha pas d'entrer à tâtons dans cet estimable fleuve, rendu célèbre par la romance langoureuse de la reine Hortense et par le sable d'or qu'il roule dans ses eaux cristallines, disent les poëtes, les domestiques de place et les guides du voyageur.

Le bain achevé, nous remontâmes en toute hâte pour arriver avant la fermeture des portes. Nous savourâmes un verre d'*orchata de Chufas* et de lait glacé d'un goût et d'un parfum exquis, et nous nous fîmes reconduire à notre *fonda.*

Notre chambre, comme toutes les chambres espagnoles, était crépie à la chaux et revêtue de ces tableaux encroûtés et jaunis, de ces barbouillages mystiques peints comme des enseignes à bière, qu'on rencontre si fréquemment dans la Péninsule, le pays du monde où il y a le plus de mauvais tableaux ; cela soit dit sans faire tort aux bons.

Nous nous dépêchâmes de dormir le plus vite et le plus fort

possible, pour nous réveiller le matin de bonne heure et aller visiter la cathédrale avant le commencement des offices.

La cathédrale de Tolède passe, et avec raison, pour une des plus belles et surtout des plus riches d'Espagne. Son origine se perd dans la nuit des temps, et, s'il faut en croire les auteurs indigènes, elle remonterait jusqu'à l'apôtre Santiago, premier évêque de Tolède, qui en aurait désigné la place à son disciple et successeur Elpidius, ermite du mont Carmel. Elpidius éleva à l'endroit marqué une église qu'il mit sous l'invocation et le titre de sainte Marie, pendant que cette dame divine vivait encore en Jérusalem. « Notable félicité ! blason illustre des Tolédans ! le plus excellent trophée de leurs gloires ! » s'écrie dans une effusion lyrique l'auteur dont nous extrayons ces détails.

La sainte Vierge ne fut pas ingrate, et, suivant la même légende, descendit en corps et âme visiter l'église de Tolède, et apporta de ses propres mains au bienheureux saint Ildefonse une belle chasuble *en toile du ciel*. « Voyez comme sait payer cette reine ! » s'écrie encore notre auteur. La chasuble existe, et l'on voit enchâssée dans le mur la pierre où se posa la plante divine, dont elle garde encore l'empreinte. Une inscription ainsi conçue atteste le miracle :

> QUANDO LA REINA DEL CIELO
> PUSO LOS PIES EN EL SUELO
> EN ESTA PIEDRA LOS PUSO.

La légende raconte en outre que la sainte Vierge fut si contente de sa statue, la trouva si bien faite, si bien proportionnée et si ressemblante, qu'elle l'embrassa et lui communiqua le don des miracles. Si la reine des anges descendait aujourd'hui dans nos églises, je doute qu'elle fût tentée d'embrasser son image.

Plus de deux cents auteurs des plus graves et des plus honorables racontent cette histoire aussi prouvée pour le moins que la mort de Henri IV ; quant à moi, je n'éprouve aucune difficulté de croire à ce miracle, et j'admets parfaitement cette histoire au rang des choses authentiques. L'église subsista telle quelle jusqu'à saint Eugène, sixième évêque de Tolède, qui l'agrandit et l'embellit autant que le lui permirent ses moyens, sous le titre de Notre-Dame de l'Assomption, qu'elle conserve encore aujourd'hui ; mais en l'an 302, époque de la cruelle persécution que firent souffrir aux chrétiens les empereurs Dioclétien et Maximin, le préfet Dacien ordonna de démolir et de raser le temple, de sorte que les fidèles ne surent plus où demander et obtenir le pain de grâce. A trois ans de là, Constance, père du grand Constantin, étant monté sur le trône, la persécution cessa, les prélats revinrent à leur siége, et l'archevêque Mélancius commença à relever l'église, toujours à la même place. Peu de temps après, environ vers l'an 412, l'empereur Constantin, s'étant converti à la foi, ordonna, entre autres œuvres héroïques où le poussa son zèle chrétien, de réparer et de bâtir à ses frais, le plus somptueusement possible, l'église basilique de Notre-Dame de l'Assomption de Tolède que Dacien avait fait détruire.

Tolède avait alors pour archevêque Marinus, homme docte, lettré, jouissant de la familiarité de l'empereur ; cette circonstance lui laissa toute liberté d'agir, et il n'épargna rien pour bâtir un temple remarquable, de grande et somptueuse architecture : ce fut celui qui dura tout le temps des Goths, celui que visita la Vierge, celui qui fut mosquée pendant la conquête d'Espagne, celui qui, lorsque Tolède fut reprise par le roi don Alonzo VI, redevint église, et dont le plan fut emporté à Oviedo par l'ordre du roi don Alonzo le Chaste, afin de bâtir, conformément à ce tracé, l'église de San-Salvador de cette ville, en l'an 803. « Ceux qui seraient curieux de savoir la forme, la grandeur et la majesté qu'avait la cathédrale de Tolède en ce temps-là, lorsque la reine des anges descendit la visiter, n'auront qu'à aller voir celle d'Oviedo, et ils seront satisfaits, » ajoute notre auteur. Pour notre part, nous regrettons beaucoup de n'avoir pu nous donner ce plaisir.

Enfin, sous le règne heureux de saint Ferdinand, don Rodrigue étant archevêque de Tolède, l'église prit cette forme admirable et magnifique qu'on lui voit aujourd'hui, et qui est, dit-on, celle du temple de Diane à Éphèse. O naïf chroniqueur! permettez-moi de n'en rien croire : le temple d'Éphèse ne valait pas la cathédrale de Tolède! L'archevêque Rodrigue, assisté du roi et de toute la cour, ayant dit une messe pontificale, en posa la première pierre un samedi, l'an 1227 ; l'œuvre se poursuivit avec beaucoup de chaleur jusqu'à ce qu'on y eût mis la dernière main et qu'on l'eût portée au plus haut degré de perfection où puisse atteindre l'art humain.

Qu'on nous pardonne cette petite digression historique, nous ne sommes pas coutumier du fait, et nous allons revenir bien vite à notre humble mission de touriste descripteur et de daguerréotype littéraire.

L'extérieur de la cathédrale de Tolède est beaucoup moins riche que celui de la cathédrale de Burgos : point d'efflorescence d'ornements, point d'arabesques, point de collerettes de statues épanouies autour des portails ; de solides contre-forts, des angles nets et francs, une épaisse cuirasse de pierre de taille, un clocher d'un aspect robuste, qui n'a rien des délicatesses de l'orfévrerie gothique, tout cela revêtu d'une teinte rousse, d'une couleur de rôtie grillée, d'un épiderme hâlé comme celui d'un pèlerin de Palestine ; en revanche, l'intérieur est fouillé et sculpté comme une grotte à stalactites.

La porte par laquelle nous entrâmes est de bronze et porte l'inscription suivante : *Antonio Zurreno del arte de oro y plata, faciebat esta media puerta*. L'impression qu'on éprouve est des plus vives et des plus grandioses ; cinq nefs partagent l'église : celle du milieu est d'une hauteur démesurée, les autres semblent à côté d'elle incliner la tête et s'agenouiller en signe d'adoration et de respect ; quatre-vingt-huit piliers, gros comme des tours et composés chacun de seize colonnes fuselées et reliées entre elles, soutiennent la masse énorme de l'édifice ; une nef transversale coupe la grande nef entre le chœur et le maître-autel, et forme ainsi les bras de la croix. Toute cette architecture, mérite bien rare dans les cathédrales gothiques ordinairement bâties à plusieurs reprises, est du style le plus homogène et le plus complet ; le plan primitif a été exécuté d'un bout à l'autre, à part quelques dispositions de chapelles qui ne contrarient en rien l'harmonie de l'aspect général. Des vitraux où l'émeraude, le saphir et le rubis étincellent, enchâssés dans des nervures de pierre ouvrées comme des bagues, tamisent un jour doux et mystérieux qui porte à l'extase religieuse, et, quand le soleil est trop vif, des stores de sparterie qu'on abat sur les fenêtres entretiennent cette demi-obscurité pleine de fraîcheur, qui fait des églises d'Espagne des lieux si favorables au recueillement et à la prière.

Le maître-autel ou *retablo* pourrait passer à lui seul pour une église; c'est un énorme entassement de colonnettes, de niches, de statues, de rinceaux et d'arabesques, dont la description la plus minutieuse ne donnerait qu'une bien faible idée; toute cette architecture, qui monte jusqu'à la voûte et qui fait le tour du sanctuaire, est peinte et dorée avec une richesse inimaginable. Les tons fauves et chauds de l'antique dorure font ressortir splendidement les filets et les paillettes de lumière accrochés au passage par les nervures et les saillies des ornements, et produisent des effets admirables de la plus grande opulence pittoresque. Les peintures sur fond d'or qui garnissent les panneaux de cet autel valent, pour la richesse de la couleur, les plus éclatantes toiles vénitiennes; cette union de la couleur avec les formes sévères et presque hiératiques de l'art au moyen âge ne se rencontre que bien rarement; l'on pourrait prendre quelques-unes de ces peintures pour des Giorgione de la première manière.

En face du grand autel est placé le chœur ou *silleria,* suivant l'usage espagnol; il est composé de trois rangs de stalles en bois sculpté, fouillé, découpé d'une manière merveilleuse, avec des bas-reliefs historiques, allégoriques et sacrés. L'art gothique, sur les confins de la renaissance, n'a rien produit de plus pur, de plus parfait, ni de mieux dessiné. On attribue cette œuvre effrayante de détails aux patients ciseaux de Philippe de Bourgogne et de Berruguete. La stalle de l'archevêque, plus élevée que les autres, est disposée en forme de trône et marque le milieu du chœur; des colonnes de jaspe, d'un ton brun et luisant, couronnent cette prodigieuse menuiserie, et sur l'entablement s'élèvent des figures d'albâtre, aussi de Philippe de Bourgogne et de Berruguete, mais dans une manière plus souple et plus libre, d'une élégance et d'un effet admirables. D'énormes pupitres de bronze couverts de missels gigantesques, de grands tapis de sparterie, et deux orgues de dimension colossale, posés en regard. l'un à droite, l'autre à gauche, complètent la décoration.

Derrière le *retablo* se trouve la chapelle où sont enterrés don Alvar de Luna et sa femme dans deux magnifiques tombeaux d'albâtre juxtaposés; les murs de cette chapelle sont historiés des armes du connétable et des coquilles de l'ordre de Santiago, dont il était grand-maître. Tout près de là, à la voûte de cette portion de la nef qu'on appelle ici le *trascoro,* l'on remarque une pierre avec une inscription funèbre : c'est celle d'un noble Tolédan, dont l'orgueil se révoltait à l'idée que sa tombe serait foulée aux pieds par des gens de peu et d'extraction suspecte : « Je ne veux pas que des manants me passent sur le ventre, » avait-il dit à son lit de mort ; et comme il laissait de grands biens à l'église, on satisfit cet étrange caprice en logeant son corps dans la maçonnerie de la voûte, où personne assurément ne lui marchera dessus.

Nous n'essaierons pas de décrire les chapelles les unes après les autres, il faudrait un volume pour cela : nous nous contenterons de mentionner le tombeau d'un cardinal, exécuté dans le goût arabe avec une délicatesse inimaginable ; nous ne pouvons mieux le comparer qu'à de la guipure sur une grande échelle, et nous arrivons sans plus tarder à la chapelle mozarabe ou musarabe, les deux se disent, une des plus curieuses de la cathédrale. Avant de la décrire, expliquons ce que veulent dire ces mots : *chapelle mozarabe.*

Au temps de l'invasion des Mores, les habitants de Tolède furent forcés de se rendre après un siége de deux ans ; ils tâchèrent d'obtenir la capitulation la plus favorable, et au nombre des articles convenus était celui-ci, à savoir : que l'on garderait six églises pour les chrétiens qui désireraient vivre avec les barbares. Ces églises furent celles de Saint-Marc, de Saint-Luc, de Saint-Sébastien, de Saint-Torcato, de Sainte-Olalla et de Sainte-Juste. Par ce moyen, la foi se conserva dans la ville pendant les quatre cents ans qu'y dura la domination des Mores, et pour cette raison les fidèles Tolédans furent appelés Mozarabes, c'est-à-dire mêlés aux Arabes. Sous le règne d'Alonzo VI, lorsque Tolède retourna au pouvoir des chrétiens, Richard, légat du pape, voulut faire abandonner l'office mozarabe pour le rite grégorien, soutenu en cela par le roi et la reine doña Constanza, qui préféraient le rite de Rome. Tout le clergé s'insurgea et poussa les hauts cris ; les fidèles se montrèrent fort indignés, et peu s'en fallut qu'il n'y eût mutinerie et soulèvement du populaire. Le roi, effrayé de la tournure que prenaient les choses, et craignant que l'on n'en vînt aux dernières extrémités, calma les esprits comme il put, et proposa aux Tolédans ce *mezzo termine* singulier et tout à fait dans l'esprit du temps, qui fut accepté avec enthousiasme de part et d'autre : les partisans du rite grégorien et du rite mozarabe devaient choisir deux champions et les faire combattre, afin que Dieu décidât dans quel idiome et dans quel rite il aimait mieux être loué. En effet, si le jugement de Dieu a été acceptable, c'est assurément en matière de liturgie.

Le champion des Mozarabes se nommait don Ruiz de La Matanza ; l'on prit jour. La Vega fut choisie pour lieu du combat. La victoire resta quelque temps incertaine ; mais à la fin don Ruiz eut l'avantage et sortit vainqueur de la lice, aux cris d'allégresse des Tolédans, qui, pleurant de joie et jetant leurs bonnets en l'air, s'en furent aux églises s'agenouiller et rendre grâces à Dieu. Le roi, la reine et la cour furent très-contrariés de ce triomphe. S'avisant un peu tard que c'était une chose impie, téméraire et cruelle, de faire résoudre une question théologique par un combat sanglant, ils prétendirent qu'on ne devait s'en rapporter qu'à un miracle et proposèrent une nouvelle épreuve, que les Tolédans, confiants dans l'excellence de leur rituel, voulurent bien accepter. L'épreuve consistait, après un jeûne général et des prières dans toutes les églises, à mettre sur un bûcher allumé un exemplaire de l'office romain et un autre de l'office tolédan; celui qui resterait dans la flamme sans se brûler serait réputé le meilleur et le plus agréable à Dieu.

La chose fut exécutée de point en point. On dressa un bûcher de bois sec et bien flambant sur la place Zocodover, qui, depuis qu'elle est place, ne vit jamais une telle affluence de spectateurs; l'on jeta les deux bréviaires dans le feu, chaque parti levant les yeux et les bras au ciel, et priant Dieu pour la liturgie dans laquelle il préférait le servir. Le rituel romain fut rejeté, les feuilles éparses, par la violence du feu, et sortit de l'épreuve intact, mais un peu roussi. Le tolédan resta majestueusement au milieu de la flamme, à l'endroit où il était tombé, sans bouger et sans ressentir aucun dommage. Quelques Mozarabes enthousiastes prétendent même que le missel romain fut entièrement consumé. Le roi, la reine et le légat Richard furent médiocrement satisfaits, mais il n'y avait pas moyen de revenir là-dessus. Le rite mozarabe fut donc conservé et suivi avec ardeur pendant de longues années par les Mozarabes, leurs fils et leurs petits-fils; mais, à la fin, l'intelligence du texte se perdit, et il ne se trouva plus personne en état de dire ou d'entendre l'office, objet de si vives contestations. Don Francisco Ximenès, archevêque de Tolède, ne voulant pas laisser tomber en désuétude un usage si mémorable, fonda une chapelle mozarabe dans la cathédrale, fit traduire et imprimer en lettres vulgaires les rituels qui étaient en caractères gothiques, et institua des prêtres spécialement chargés de dire cet office.

La chapelle mozarabe, qui subsiste encore aujourd'hui, est ornée de fresques gothiques du plus haut intérêt : elles ont pour sujets des combats entre les Tolédans et les Mores ; la conservation en est parfaite, les couleurs sont vives, comme si la peinture était achevée de la veille ; l'archéologue y trouverait mille renseignements curieux d'armes, de costumes, d'équipement et d'architecture, car la fresque principale représente une vue de l'ancienne Tolède, qui a dû être d'une grande exactitude. Dans les fresques latérales sont peints avec beaucoup de détails les vaisseaux qui apportèrent les Arabes en Espagne ; un homme du métier pourrait en tirer d'utiles renseignements pour l'histoire si embrouillée de la marine au moyen âge. Le blason de Tolède, cinq étoiles de sable sur champ d'argent, est répété en plusieurs endroits de cette chapelle à voûte surbaissée, fermée à la mode espagnole par une grille d'un beau travail.

La chapelle de la Vierge, entièrement revêtue de porphyre, de jaspe, de brèches jaunes et violettes d'un poli admirable, est d'une richesse qui dépasse les splendeurs des *Mille et une Nuits;* on y conserve beaucoup de reliques, entre autres une châsse donnée par saint Louis, et qui renferme un morceau de la vraie croix.

Pour reprendre haleine, nous allons, s'il vous plaît, faire un tour dans le cloître, qui encadre d'arcades élégantes et sévères de belles masses de verdure auxquelles l'ombre de l'église conserve de la fraîcheur, malgré l'ardeur dévorante de la saison ; tous les murs de ce cloître sont couverts d'immenses fresques, dans le goût de Vanloo, d'un peintre nommé Bayeu. Ces compositions, d'un arrangement facile et d'un coloris agréable, ne sont pas en rapport avec le style du monument, et doivent sans doute remplacer d'anciennes peintures dégradées par les siècles ou trouvées trop gothiques par les gens de bon goût de ce temps-là. Un cloître est fort bien situé auprès d'une église ; il ménage heureusement la transition de la tranquillité du sanctuaire à l'agitation de la cité. On peut aller s'y promener, rêver, réfléchir, sans toutefois être astreint à suivre les prières et les cérémonies du culte ; les catholiques entrent dans le temple, les chrétiens restent plus souvent dans le cloître. Cette disposition d'esprit a été comprise par le catholicisme, si habile psychologue. Dans les pays religieux, la cathédrale est l'endroit le plus orné, le plus riche, le plus doré, le plus fleuri ; c'est là que l'ombre est le plus fraîche et la paix le plus profonde ; la musique y est meilleure qu'au théâtre, et la pompe du spectacle n'a pas de rivale. C'est le point central, le lieu attrayant, comme l'Opéra à Paris. Nous n'avons pas l'idée, nous autres catholiques du Nord, avec nos temples voltairiens, du luxe, de l'élégance, du confortable des églises espagnoles ; ces églises sont meublées, vivantes, et n'ont pas l'aspect glacialement désert des nôtres : les fidèles peuvent y habiter familièrement avec leur Dieu.

Les sacristies et les salles capitulaires de la cathédrale de Tolède sont d'une magnificence plus que royale ; rien n'est plus noble et plus pittoresque que ces vastes salles décorées avec ce luxe solide et sévère dont l'Église a seule le secret. Ce ne sont que menuiseries sculptées de noyer ou de chêne noir, portières de tapisserie ou de damas des Indes, rideaux de brocatelle à plis larges et puissants, tentures historiées, tapis de Perse, peintures à fresque. Nous n'essaierons pas de les décrire les unes après les autres ; nous parlerons seulement d'une pièce ornée d'admirables fresques représentant des sujets religieux dans le style allemand, dont les Espagnols ont fait de si heureuses imitations, et qu'on attribue au neveu de Berruguete, si ce n'est à Berruguete lui-même, car ces prodigieux génies parcouraient à la fois la triple carrière de l'art. Nous citerons aussi un immense plafond de Luc Jordan, où fourmille tout un monde d'anges et d'allégories dans les attitudes les plus strapassées du raccourci, et qui présente un singulier effet d'optique. Du milieu de la voûte jaillit un rayon de lumière qui, bien que peint sur une surface plane, semble tomber perpendiculairement sur votre tête, de quelque côté qu'on le regarde.

C'est là que l'on garde le trésor, c'est-à-dire les belles chapes de brocart, de toile d'or frisée, de damas d'argent ; les merveilleuses guipures, les châsses de vermeil, les ostensoirs de diamants, les gigantesques chandeliers d'argent, les bannières brodées, tout le matériel et les accessoires de la représentation de ce sublime drame catholique qu'on appelle la messe.

Dans les armoires d'une de ces salles est contenue la garde-robe de la sainte Vierge, car de froides statues de marbre ou d'albâtre ne suffisent pas à la piété passionnée des Méridionaux ; dans leur emportement dévot, ils entassent sur l'objet de leur culte des ornements d'une richesse extravagante ; rien n'est assez beau, assez brillant, assez ruineux ; sous ce ruissellement de pierreries la forme et le fond disparaissent : ils s'en inquiètent peu. La grande affaire, c'est qu'il soit matériellement impossible de suspendre une perle de plus aux oreilles de marbre de l'idole, d'enchâsser un plus gros diamant dans l'or de sa couronne, et de tracer un autre ramage de pierreries sur le brocart de sa robe.

Jamais reine antique, pas même Cléopâtre, qui buvait des perles, jamais impératrice du Bas-Empire, jamais duchesse du moyen âge, jamais courtisane vénitienne du temps de Titien n'eut un écrin plus étincelant, un trousseau plus riche que la Notre-Dame de Tolède. L'on nous fit voir quelques-unes de ses robes : l'une d'elles est entièrement recouverte, de manière à ne pas laisser soupçonner le fond, de ramages et d'arabesques de perles fines parmi lesquelles il y en a d'une grosseur et d'un prix inestimables, entre autres plusieurs rangs de perles noires d'une rareté inouïe ; des soleils et des étoiles de pierreries constellent cette robe prodigieuse dont l'œil a peine à soutenir l'éclat, et qui vaut plusieurs millions de francs.

Nous terminâmes notre visite par une ascension au clocher, au sommet duquel on arrive par des superpositions d'échelles assez roides et d'un aspect peu rassurant. A mi-chemin à peu près on rencontre, dans une espèce de magasin que l'on traverse, une série de mannequins gigantesques, coloriés et vêtus à la mode du siècle dernier, qui servent à nous ne savons plus quelle procession dans le genre de celle de la tarasque.

La vue magnifique que l'on découvre du haut de la flèche est un large dédommagement de la fatigue de l'ascension. Toute la ville se dessine devant vous avec la netteté et la précision des plans sculptés en liége, de M. Pelet, que l'on admirait à la dernière exposition de l'industrie. Cette comparaison semblera sans doute fort prosaïque et peu pittoresque, mais en vérité je n'en saurais trouver une meilleure ni plus juste. Ces roches bossues et tourmentées de granit bleu, qui encaissent le Tage et cerclent un côté de l'horizon de Tolède, ajoutent encore à la singularité de ce paysage, inondé et criblé d'une lumière crue, impitoyable, aveuglante, que nul reflet ne vient tempérer et qu'augmente encore la réverbération d'un ciel sans nuage et sans vapeur, devenu blanc à force d'ardeur, comme du fer dans la fournaise.

Il faisait une chaleur atroce, une chaleur de four à plâtre, et il fallait réellement une curiosité enragée pour ne pas renoncer à toute exploration de monuments par cette température sénégambienne; mais nous avions encore toute l'ardeur féroce de touristes parisiens enthousiastes de couleur locale! Rien ne nous rebutait; nous ne nous arrêtions que pour boire, car nous étions plus altérés que du sable d'Afrique, et nous absorbions l'eau comme des éponges sèches. Je ne sais vraiment point comment nous ne sommes pas devenus hydropiques; sans compter le vin et les glaces, nous consommions sept ou huit jarres d'eau par jour. *Agua! agua!* tel était notre cri perpétuel, et une chaîne de *muchachos*, se passant les pots de main en main de notre chambre à la cuisine, suffisaient à peine pour éteindre l'incendie. Sans cette inondation obstinée, nous serions tombés en poussière comme les modèles d'argile des sculpteurs, lorsqu'ils négligent de les mouiller.

La cathédrale visitée, nous résolûmes, malgré notre soif, d'aller à l'église de *San Juan de los Reyes;* mais ce ne fut qu'après de longs pourparlers que nous réussîmes à nous en faire donner les clefs, car l'église de *San Juan de los Reyes* est fermée depuis cinq ou six ans, et le couvent dont elle fait partie est abandonné et tombe en ruine.

San Juan de los Reyes est situé au bord du Tage, tout près du pont Saint-Martin; ses murailles ont cette belle teinte orange qui distingue les anciens monuments dans les climats où il ne pleut jamais. Une collection de statues de rois dans des attitudes nobles, chevaleresques, et d'une grande fierté de tournure, en décore l'extérieur; mais ce n'est pas là ce qu'il y a de plus singulier à *San Juan de los Reyes;* toutes les églises du moyen âge sont peuplées de statues. Une multitude de chaînes suspendues à des crochets garnissent les murs du haut en bas : ce sont les fers des prisonniers chrétiens délivrés par la conquête de Grenade. Ces chaînes suspendues en manière d'ornement et d'*ex-voto* donnent à l'église un faux air de prison assez étrange et rébarbatif.

On nous a conté à ce propos une anecdote que nous placerons ici parce qu'elle est courte et caractéristique. Le rêve de tout *jefe politico,* en Espagne, est d'avoir une *alameda,* comme celui de tout préfet, en France, une rue de Rivoli dans sa ville. Le rêve du *jefe politico* de Tolède était donc de procurer à ses administrés le plaisir de la promenade; l'emplacement fut choisi, les terrassements ne tardèrent pas à s'achever, grâce à la coopération des travailleurs du *Presidio;* il ne manquait donc plus à la promenade que des arbres, mais les arbres ne s'improvisent pas, et le *jefe politico* s'imagina judicieusement de les remplacer par des bornes de pierre reliées entre elles au moyen de chaînes de fer. Comme l'argent est fort rare en Espagne, l'ingénieux administrateur, homme de ressources s'il en fut, avisa les chaînes historiques de *San Juan de los Reyes,* et se dit : « Pardieu, voilà mon affaire toute trouvée! » Et l'on attacha aux bornes de l'*alameda* les chaînes des captifs délivrés par Ferdinand et Isabelle la Catholique. Les serruriers qui avaient fait cette besogne reçurent chacun quelques brasses de cette héroïque ferraille; quelques personnes intelligentes (il s'en trouve partout) crièrent à la barbarie, et les chaînes furent reportées à l'église. Quant à celles que l'on avait données en payement aux ouvriers, ils en avaient déjà forgé des socs de charrue, des fers de mules et autres ustensiles. Cette histoire est peut-être une médisance, mais elle a tous les caractères de la vraisemblance : nous la rapportons comme on nous l'a racontée. Revenons à notre église. La clef tourna avec peine dans la serrure rouillée. Ce léger obstacle surmonté, nous entrâmes dans un cloître dévasté d'une élégance admirable ; des colonnes sveltes et découplées soutenaient sur leurs chapiteaux fleuris des arcades ornées de nervures et de broderies d'une délicatesse extrême; sur les murailles couraient de longues inscriptions à la louange de Ferdinand et d'Isabelle, en caractères gothiques entremêlés de fleurs, de ramages et d'arabesques : imitation chrétienne des sentences et des versets du Coran employés par les Mores comme ornement d'architecture. Quel dommage qu'un si précieux monument soit abandonné de la sorte !

En donnant quelques coups de pied à des portes barrées par des ais vermoulus ou obstruées de décombres, nous parvînmes à nous introduire dans l'église, qui est d'un style charmant et semble, à part quelques mutilations violentes, avoir été achevée hier. L'art gothique n'a rien produit de plus suave, de plus élégant ni de plus fin. Tout autour circule une tribune découpée à jour et fenestrée comme une truelle à poisson, qui suspend ses balcons aventureux aux faisceaux des piliers dont elle suit exactement les retraits et les saillies; des rinceaux gigantesques, des aigles, des chimères, des animaux héraldiques, des blasons, des banderolles et des inscriptions emblématiques dans le genre de celles du cloître complètent la décoration. Le chœur placé en face du *retablo,* à l'autre bout de l'église, est supporté par un arc surbaissé d'un bel effet et d'une grande hardiesse.

L'autel, qui sans doute était un chef-d'œuvre de sculpture et de peinture, a été impitoyablement renversé. Ces dévastations inutiles attristent l'âme et font douter de l'intelligence humaine : en quoi les anciennes pierres gênent-elles les idées nouvelles? Ne peut-on faire une révolution sans démolir le passé? Il nous semble que la *constitucion* n'aurait rien perdu à ce qu'on laissât debout l'église de Ferdinand et d'Isabelle la Catholique, cette noble reine qui crut le génie sur parole et dota l'univers d'un nouveau monde.

Nous risquant sur un escalier à moitié rompu, nous pénétrâmes dans l'intérieur du couvent : le réfectoire est assez vaste et n'a rien de particulier qu'une effroyable peinture placée au-dessus de la porte; elle représente, rendu encore plus hideux par la couche de crasse et de poussière qui le recouvre, un cadavre en proie à la décomposition, avec tous ces horribles détails si complaisamment traités par les pinceaux espagnols. Une inscription symbolique et funèbre, une de ces menaçantes sentences bibliques qui donnent au néant humain de si terribles avertissements, est écrite au bas de ce tableau sépulcral, singulièrement choisi pour un réfectoire. Je ne sais pas si toutes les histoires sur les goinfreries des moines sont vraies; mais, pour ma part, je ne me sentirais qu'un appétit médiocre dans une salle à manger ainsi décorée.

Au-dessus, de chaque côté d'un long corridor, sont rangées, comme les alvéoles d'une ruche d'abeilles, les cellules désertes des moines disparus; elles sont exactement pareilles les unes aux autres, et toutes crépies à la chaux. Cette blancheur diminue beaucoup l'impression poétique en empêchant les terreurs et les chimères de se blottir dans les coins obscurs. L'intérieur de l'église et le cloître sont également blanchis, ce qui leur donne quelque chose de neuf et de récent qui contraste avec le style de l'architecture et l'état des bâtiments. L'absence d'humidité et l'ardeur de la température n'ont pas permis aux plantes et aux mauvaises herbes de germer dans les interstices des pierres et des gravois, et ces débris n'ont pas le vert manteau de lierre dont le temps recouvre les ruines dans les climats du Nord. Nous errâmes longtemps dans l'édifice abandonné, suivant d'interminables corridors, montant et descendant des escaliers hasardeux, ni plus ni moins que des héros d'Anne Radcliffe, mais nous ne vîmes en fait de fantômes que deux pauvres lézards qui se sauvèrent à toutes jambes, ignorant sans doute, en leur qualité d'Espagnols, le proverbe français : « Le lézard est l'ami de l'homme. » Au reste, cette promenade dans les veines et dans les membres d'une grande construction d'où la vie s'est retirée, est un plaisir des plus vifs qu'on puisse imaginer ; on s'attend toujours à rencontrer au détour d'une arcade un ancien moine au front luisant, aux yeux inondés d'ombre, marchant gravement les bras croisés sur sa poitrine et se rendant à quelque office mystérieux dans l'église profanée et déserte.

Nous nous retirâmes, car il n'y avait plus rien de curieux à voir, pas même les cuisines, où notre guide nous fit descendre avec un sourire voltairien que n'aurait pas désavoué un abonné du *Constitutionnel*. L'église et le cloître sont d'une rare magnificence ; le reste est de la plus stricte simplicité : tout pour l'âme, rien pour le corps.

A peu de distance de *San Juan de los Reyes* se trouve, ou plutôt ne se trouve pas, la célèbre mosquée synagogue, car, à moins d'avoir un guide, on passerait vingt fois devant sans en soupçonner l'existence. Notre cornac frappa à une porte pratiquée dans un mur de pisé rougeâtre le plus insignifiant du monde; au bout de quelque temps, car les Espagnols ne sont jamais pressés, l'on vint nous ouvrir, et l'on nous demanda si nous venions pour voir la synagogue; sur notre réponse affirmative, l'on nous introduisit dans une espèce de cour remplie de végétations incultes, au milieu desquelles s'épanouissait un figuier d'Inde aux feuilles profondément découpées, d'une verdure intense et brillante comme si elles eussent été vernies. Dans le fond s'élevait une masure sans caractère, ayant plutôt l'air d'une grange que de toute autre chose. On nous fit entrer dans cette masure. Jamais surprise ne fut plus grande : nous étions en plein Orient; les colonnes fluettes, aux chapiteaux évasés comme des turbans, les arcs turcs, les versets du Coran, le plafond plat aux compartiments de bois de cèdre, les jours pris d'en haut, rien n'y manquait. Des restes d'anciennes enluminures presque effacées teignaient les murailles de couleurs étranges et ajoutaient encore à la singularité de l'effet. Cette synagogue, dont les Arabes ont fait une mosquée, et les chrétiens une église, sert aujourd'hui d'atelier et de logement à un menuisier. L'établi a pris la place de l'autel; cette profanation est toute récente. L'on voit encore les vestiges du *retablo,* et l'inscription sur marbre noir qui constate la consécration de cet édifice au culte catholique.

A propos de synagogue, plaçons ici cette anecdote assez curieuse. Les juifs de Tolède, probablement pour diminuer l'horreur qu'ils inspiraient aux populations chrétiennes en leur qualité de déicides, prétendaient n'avoir pas consenti à la mort de Jésus-Christ, et voici comment : lorsque Jésus fut mis en jugement, le conseil des prêtres, présidé par Caïphe, envoya consulter les tribus pour savoir s'il devait être relâché ou mis à mort : l'on posa la question aux juifs d'Espagne, et la synagogue de Tolède se prononça pour l'acquittement. Cette tribu n'est donc pas couverte du sang du Juste, et ne mérite pas l'exécration soulevée par les juifs qui ont voté contre le Fils de Dieu. L'original de la réponse des juifs de Tolède, avec une traduction latine du texte hébreu, est conservé, dit-on, dans les archives du Vatican. En récompense, on leur permit de bâtir cette synagogue, qui est, je crois, la seule que l'on ait jamais tolérée en Espagne.

L'on nous avait parlé des ruines d'une ancienne maison de plaisance moresque, le palais de la Galiana ; nous nous y fîmes conduire en sortant de la synagogue, malgré notre fatigue, car le temps nous pressait, et nous devions repartir le lendemain pour Madrid.

Le palais de la Galiana est situé hors de la ville, dans la Vega, et l'on passe pour y aller par le pont d'Alcantara. Au bout d'un quart d'heure de marche à travers des champs et des cultures où couraient mille petits canaux d'irrigation, nous arrivâmes à un bouquet d'arbres d'une grande fraîcheur, au pied desquels fonctionnait une roue d'arrosement de la simplicité la plus antique et la plus égyptienne. Des jarres de terre, attachées aux rayons de la roue par des cordelettes de roseau, puisaient l'eau et la reversaient dans un canal de tuiles creuses, aboutissant à un réservoir, d'où on la dirigeait sans peine par des rigoles sur les points que l'on voulait désaltérer.

Un énorme tas de briques rougeâtres ébauchait sa silhouette

ébréchée derrière le feuillage des arbres : c'était le palais de la Galiana.

Nous pénétrâmes par une porte basse dans ce monceau de décombres habités par une famille de paysans : il est impossible d'imaginer quelque chose de plus noir, de plus enfumé, de plus caverneux et de plus sale. Les Troglodytes étaient logés comme des princes en comparaison de ces gens-là, et pourtant la charmante Galiana, la belle Moresque aux longs yeux teints de henné, aux vestes de brocart constellées de perles, avait posé ses petites babouches sur ce plancher défoncé ; elle s'était accoudée à cette fenêtre, regardant au loin dans la Vega les cavaliers mores s'exercer à lancer le djerrid.

Nous continuâmes bravement notre exploration, montant aux étages supérieurs par des échelles chancelantes, nous accrochant des pieds et des mains aux touffes d'herbe sèche qui pendaient comme des barbes au menton renfrogné des vieilles murailles.

Parvenus au faîte, nous nous aperçûmes d'un bizarre phénomène ; nous étions entrés avec des pantalons blancs, nous sortions avec des pantalons noirs, mais d'un noir sautillant, grouillant, fourmillant : nous étions couverts de petites puces imperceptibles qui s'étaient précipitées sur nous en essaims compactes, attirées par la froideur de notre sang septentrional. Je n'aurais jamais cru qu'il y eût au monde autant de puces que cela.

Quelques tuyaux de conduite pour amener l'eau dans les étuves sont les seuls vestiges de magnificence que le temps ait épargnés : les mosaïques de verre et de faïence émaillée, les colonnettes de marbre aux chapiteaux couverts de dorures, de sculptures et de versets du Coran, les bassins d'albâtre, les pierres trouées à jour pour laisser filtrer les parfums, tout a disparu. Il ne reste absolument que la carcasse des gros murs et des tas de briques qui se résolvent en poussière ; car ces merveilleux édifices, qui rappellent les féeries des *Mille et une Nuits,* ne sont malheureusement bâtis qu'avec des briques et du pisé recouvert d'une croûte de stuc ou de chaux. Toutes ces dentelles, toutes ces arabesques, ne sont pas, comme on le croit généralement, taillées dans le marbre ou la pierre, mais bien moulées en plâtre, ce qui permet de les reproduire à l'infini et sans grande dépense. Il faut toute la sécheresse conservatrice du climat d'Espagne pour que des monuments bâtis avec de si frêles matériaux soient parvenus jusqu'à nos jours.

La légende de la Galiana est mieux conservée que son palais. Elle était fille du roi Galafre, qui l'aimait par-dessus tout et lui avait fait bâtir dans la Vega une maison de plaisance avec des jardins délicieux, des kiosques, des bains, des fontaines et des eaux qui s'élevaient et s'abaissaient selon le décours de la lune, soit par magie, soit par un de ces artifices hydrauliques si familiers aux Arabes. La Galiana, idolâtrée par son père, vivait le plus agréablement du monde dans cette charmante retraite, s'occupant de musique, de poésie et de danse. Son travail le plus pénible était de se dérober aux galanteries et aux adorations de ses poursuivants. Le plus importun et le plus acharné de tous était un certain roitelet de Guadalajara, nommé Bradamant, More gigantesque, vaillant et féroce ; Galiana ne le pouvait souffrir ; et, comme dit le chroniqueur : « Qu'importe que le cavalier soit de feu, quand la dame est de glace ? » Cependant le More ne se rebutait pas, et sa passion de voir Galiana et de lui parler était si vive, qu'il avait fait creuser de Guadalajara à Tolède un chemin couvert par où il venait la visiter tous les jours.

Dans ce temps-là, Karl le Grand, fils de Pépin, vint à Tolède, envoyé par son père, pour porter secours à Galafre contre le roi de Cordoue, Abderrhaman. Galafre le logea dans le palais même de la Galiana; car les Mores laissent volontiers voir leurs filles aux personnes illustres et considérables. Karl le Grand avait le cœur tendre sous sa cuirasse de fer, et ne tarda pas à devenir fort éperdument amoureux de la princesse moresque. Il supporta d'abord les assiduités de Bradamant, n'étant pas encore sûr d'avoir touché le cœur de la belle; mais comme Galiana, malgré sa réserve et sa modestie, ne put lui cacher longtemps la secrète préférence de son âme, il commença à se montrer jaloux et demanda la suppression de son rival basané. Galiana, qui était déjà Française jusqu'aux yeux, dit la chronique, et qui d'ailleurs haïssait le roitelet de Guadalajara, donna à entendre au prince qu'elle et son père étaient également ennuyés des poursuites du More, et qu'elle aurait pour agréable qu'on l'en débarrassât. Karl ne se le fit pas dire deux fois; il provoqua Bradamant en combat singulier, et, quoique ce fût un géant, il le vainquit, lui coupa la tête et la présenta à Galiana, qui trouva le présent de bon goût. Cette galanterie mit fort avant le prince français dans le cœur de la belle More, et, l'amour s'augmentant de part et d'autre, Galiana promit d'embrasser le christianisme, afin que Karl pût l'épouser; ce qui s'exécuta sans difficulté, Galafre étant charmé de donner sa fille à un si grand prince. Sur ces entrefaites, Pépin mourut, et Karl revint en France, emmenant avec lui Galiana, qui fut couronnée reine et reçue avec de grandes réjouissances. C'est ainsi qu'une More eut l'industrie de devenir reine chrétienne, « et le souvenir de cette histoire, encore qu'il soit attaché à un vieil édifice, mérite d'être conservé dans Tolède, » ajoute le chroniqueur par manière de réflexion finale.

Il fallait avant tout nous débarrasser des populations microscopiques qui tigraient de leurs piqûres les plis de nos ex-pantalons blancs ; heureusement le Tage n'était pas loin, et nous y conduisîmes directement les puces de la princesse Galiana, employant le même moyen que les renards qui se plongent dans l'eau jusqu'au nez, tenant du bout des dents un morceau d'écorce qu'ils abandonnent ensuite au fil de la rivière, lorsqu'ils le sentent garni d'un équipage suffisant ; car les infernales petites bêtes, progressivement envahies par les ondes, s'y réfugient et s'y pelotonnent. Nous demandons pardon à nos lectrices de ce détail fourmillant et picaresque qui serait mieux à sa place dans la Vie de Lazarille de Tormes ou de Guzman d'Alfarache ; mais un voyage d'Espagne ne serait pas complet sans cela, et nous espérons être absous en faveur de la couleur locale.

La rive du Tage est de ce côté-là cernée de rochers à pic d'un abord difficile, et ce ne fut pas sans peine que nous descendîmes à l'endroit où nous devions opérer la grande noyade. Je me mis à nager et à tirer ma coupe marinière avec le plus de précision possible, afin d'être digne d'un fleuve aussi célèbre et aussi respectable que le Tage, et, au bout de quelques brassées, j'arrivai sur des constructions écroulées et des restes de maçonnerie informes qui dépassaient de quelques pieds seulement le niveau du fleuve. Sur la rive, précisément du même côté, s'élevait une vieille tour en ruine avec une arcade en plein cintre, où quelques linges suspendus par des lavandières séchaient fort prosaïquement au soleil.

J'étais tout simplement dans le *baño de la Cava*, autrement, pour le français, le bain de Florinde, et la tour que j'avais en face de moi était la tour du roi Rodrigue. C'est du balcon de cette fenêtre que Rodrigue, caché derrière un rideau, épiait les jeunes filles au bain, et aperçut la belle Florinde mesurant sa jambe [1] et celles de ses compagnes, pour savoir qui l'avait la plus ronde et la mieux faite. Voyez à quoi tiennent les grands événements ! Si Florinde avait eu le mollet mal tourné et le genou disgracieux, les Arabes ne seraient pas venus en Espagne. Malheureusement Florinde avait le pied mignon, les chevilles fines et la jambe la plus blanche et la mieux tournée du monde. Rodrigue devint amoureux de l'imprudente baigneuse et la séduisit. Le comte Julien, père de Florinde, furieux de l'outrage, trahit son pays pour se venger, et appela les Mores à son secours. Rodrigue perdit cette fameuse bataille dont il est tant question dans les romanceros, et périt misérablement dans un cercueil plein de vipères, où il s'était couché pour faire pénitence de son crime. La pauvre Florinde, flétrie du nom ignominieux de la Cava, resta chargée de l'exécration de l'Espagne entière : aussi quelle idée saugrenue et singulière d'aller placer un bain de jeunes filles devant la tour d'un jeune roi !

Puisque nous en sommes à parler de Rodrigue, disons ici la légende de la grotte d'Hercule, qui se rattache fatalement à l'histoire du malheureux prince goth. La grotte d'Hercule est un souterrain qui s'étend, dit-on, à trois lieues hors des murs, et dont la porte, fermée et cadenassée soigneusement, se trouve dans l'église de San-Ginès, sur le point le plus élevé de la ville. A cette place s'élevait autrefois un palais fondé par Tubal ; Hercule le restaura, l'agrandit, y établit son laboratoire et son école de magie, car Hercule, dont plus tard les Grecs firent un dieu, fut d'abord un puissant

---

[1] La romance dit les bras — *los brazos*.

cabaliste. Au moyen de son art, il construisit une tour enchantée, avec des talismans et des inscriptions portant que, lorsque l'on pénétrerait dans cette enceinte magique, une nation féroce et barbare envahirait l'Espagne.

Craignant de voir se réaliser cette funeste prédiction, tous les rois, et surtout les rois goths, ajoutaient de nouvelles serrures et de nouveaux cadenas à la porte mystérieuse, non pas qu'ils eussent positivement foi à la prophétie, mais, en personnes sages, ils ne se souciaient nullement de se mêler à ces enchantements et à ces sorcelleries. Rodrigue, plus curieux ou plus nécessiteux, car ses débauches et ses prodigalités l'avaient épuisé d'argent, voulut tenter l'aventure, espérant trouver des trésors considérables dans le souterrain enchanté : il se dirigea vers la grotte, en tête de quelques déterminés munis de torches, de lanternes et de cordes, arriva à la porte creusée dans le roc vif et fermée d'un couvercle de fer plein de cadenas, avec une tablette où on lisait en caractères grecs : *Le roi qui ouvrira ce souterrain et pourra découvrir les merveilles qu'il renferme verra des biens et des maux.* Les autres rois, effrayés de l'alternative, n'avaient pas osé passer outre ; mais Rodrigue, risquant le mal pour avoir la chance du bien, ordonna de briser les cadenas, de forcer les serrures et de lever le couvercle ; ceux qui se vantaient d'être les plus hardis descendirent les premiers, mais ils revinrent bientôt, leurs torches éteintes, tremblants, pâles, effarés, et ceux qui pouvaient parler racontèrent qu'ils avaient été effrayés par une épouvantable vision. Rodrigue, ne renonçant pas pour cela à rompre l'enchantement, fit disposer les torches de manière à ce que le vent qui sortait de la caverne ne pût les éteindre, se mit en tête de la troupe, et pénétra hardiment dans la grotte : il arriva bientôt à une chambre carrée d'une riche architecture, au milieu de laquelle il y avait une statue de bronze de haute stature et d'un aspect terrible. Cette statue avait les pieds posés sur une colonne de trois coudées de haut, et tenait à la main une masse d'armes dont elle frappait le pavé à grands coups, ce qui produisait le bruit et le vent qui avaient causé tant de frayeur aux premiers entrés. Rodrigue, brave comme un Goth, résolu comme un chrétien qui a confiance en Dieu et ne s'étonne pas des enchantements des païens, alla droit au colosse et lui demanda la permission de visiter les merveilles qui se trouvaient là.

Le guerrier d'airain, en signe d'adhésion, cessa de frapper la terre de sa masse d'armes : l'on put reconnaître ce qu'il y avait dans la chambre, et l'on ne tarda pas à rencontrer un coffre sur le couvercle duquel était écrit : *Celui qui m'ouvrira verra des merveilles*. Voyant l'obéissance de la statue, les compagnons du roi, revenus de leur frayeur et encouragés par cette inscription de bon augure, apprêtaient déjà leurs manteaux et leurs poches pour les remplir d'or et de diamants ; mais l'on ne trouva dans le coffre qu'une toile roulée sur laquelle étaient peintes des troupes d'Arabes, les uns à pied, les autres à cheval, la tête ceinte de turbans, avec leurs boucliers et leurs lances, et une inscription dont le sens était : *Celui qui arrivera jusqu'ici et ouvrira le coffre perdra l'Espagne, et sera vaincu par des nations semblables à celles-ci*. Le roi Rodrigue tâcha de dissimuler l'impression fâcheuse qu'il éprouvait, pour ne pas augmenter la tristesse des autres, et l'on chercha encore pour voir s'il n'y aurait pas quelque compensation à de si désastreuses prophéties. En levant les yeux, Rodrigue aperçut sur la muraille, à la gauche de la statue, un cartouche qui disait : *Pauvre roi ! tu es entré ici pour ton malheur!* et à la droite, un autre qui signifiait : *Tu seras dépossédé par des nations étrangères, et ton peuple souffrira de rudes châtiments.* Derrière la statue, il y avait écrit : *J'invoque les Arabes;* et par devant : *Je fais mon devoir.*

Le roi et ses courtisans se retirèrent pleins de trouble et de pressentiments funèbres. La nuit même, il y eut une tempête furieuse, et les ruines de la tour d'Hercule s'écroulèrent avec un fracas épouvantable. Les événements ne tardèrent pas à justifier les prédictions de la grotte magique; les Arabes peints sur la toile roulée du coffre firent voir en réalité leurs turbans, leurs lances et leurs boucliers de formes étranges sur la malheureuse terre d'Espagne : tout cela, parce que Rodrigue regarda la jambe de Florinde et descendit dans une cave.

Mais voici la nuit qui tombe, il faut rentrer à la *fonda,* souper et nous coucher, car nous avons encore à voir l'hôpital du cardinal don Pedro Gonzales de Mendoza, la manufacture d'armes, les restes de l'amphithéâtre romain, mille autres curiosités, et nous partons demain soir. Quant à moi, je suis tellement fatigué par ce pavé en pointe de diamant, que j'ai envie de me retourner et de marcher un peu sur les mains, comme les clowns, pour reposer mes pieds endoloris. O fiacres de la civilisation! omnibus du progrès! je vous invoquais douloureusement; mais qu'eussiez-vous fait dans les rues de Tolède?

L'hôpital du Cardinal est un grand bâtiment de proportions larges et sévères, qu'il serait trop long de décrire. Nous traverserons rapidement la cour, entourée de colonnes et d'arcades, qui n'a de remarquable que deux puits d'air avec des margelles de marbre blanc, et nous entrerons tout de suite dans l'église pour examiner le tombeau du cardinal, exécuté en albâtre par ce prodigieux Berruguete qui vécut plus de quatre-vingts ans, couvrant sa patrie de chefs-d'œuvre d'un style varié et d'une perfection toujours égale. Le cardinal est couché sur sa tombe dans ses habits pontificaux ; la mort lui a pincé le nez de ses maigres doigts, et la contraction suprême des muscles, cherchant à retenir l'âme près de s'échapper, lui bride les coins de la bouche et lui effile le menton ; jamais masque moulé sur un mort n'a été plus sinistrement fidèle ; et cependant la beauté du travail est telle, que l'on oublie ce que ce spectacle peut avoir de repoussant. De petits enfants, dans des attitudes désolées, soutiennent la plinthe et le blason du cardinal ; la terre cuite la plus souple et la plus facile n'a pas plus de liberté et de mollesse ; ce n'est pas sculpté, c'est pétri !

Il y a aussi, dans cette église, deux tableaux de Domenico Theotocopouli, dit le Greco, peintre extravagant et bizarre qui n'est guère connu hors de l'Espagne. Sa folie était, comme vous le savez, la crainte de passer pour imitateur du Titien, dont il avait été l'élève ; cette préoccupation le jeta dans les recherches et les caprices les plus baroques.

L'un de ces tableaux, celui qui représente la *Sainte Famille*, a dû rendre bien malheureux le pauvre Greco, car, au premier coup d'œil, on le prendrait pour un Titien véritable. L'ardente couleur du coloris, la vivacité de ton des draperies, ce beau reflet d'ambre jaune qui réchauffe jusqu'aux nuances les plus fraîches du peintre vénitien, tout concourt à tromper l'œil le plus exercé : la touche seule est moins large et moins grasse. Le peu de raison qui restait au Greco dut chavirer tout à fait dans le sombre océan de la folie, après avoir achevé ce chef-d'œuvre ; il n'y a pas beaucoup de peintres aujourd'hui en état de devenir fous par de semblables motifs.

L'autre tableau, dont le sujet est le *Baptême du Christ*, appartient tout à fait à la seconde manière du Greco : il y a des abus de blanc et de noir, des oppositions violentes, des teintes singulières, des attitudes strapassées, des draperies cassées et chiffonnées à plaisir ; mais dans tout cela règnent une énergie dépravée, une puissance maladive, qui trahissent le grand peintre et le fou de génie. Peu de tableaux m'ont autant intéressé que ceux du Greco, car les plus mauvais ont toujours quelque chose d'inattendu et de chevauchant hors du possible qui vous surprend et vous fait rêver.

De l'hôpital nous nous rendîmes à la manufacture d'armes. C'est un vaste bâtiment symétrique et de bon goût, fondé par Charles III, dont le nom se retrouve sur tous les monuments d'utilité publique ; la manufacture est bâtie tout près du Tage, dont les eaux servent à la trempe des épées et font mouvoir les roues des machines. Les ateliers occupent les côtés d'une grande cour entourée de portiques et d'arcades, comme presque toutes les cours en Espagne. Ici on chauffe le fer, là il est soumis au marteau, plus loin on le trempe ; dans cette chambre sont des meules à aiguiser et à repasser ; dans cette autre se fabriquent les fourreaux et les poignées. Nous ne pousserons pas plus loin cette investigation, qui n'apprendrait rien de particulier à nos lecteurs, et nous dirons seulement qu'il entre dans la composition de ces lames, justement célèbres, de vieux fers de chevaux et de mules, recueillis avec soin dans ce but.

Pour nous faire voir que les lames de Tolède méritaient encore leur réputation, l'on nous conduisit à la salle d'épreuve : un ouvrier d'une taille élevée et d'une force colossale prit une arme de l'espèce la plus ordinaire, un sabre droit de cavalerie, le piqua dans un saumon de plomb fixé à la muraille, fit ployer la lame dans tous les sens comme une cravache, de façon à ce que la poignée rejoignait presque la pointe; la trempe élastique et souple de l'acier lui permit de supporter cette épreuve sans se rompre. Ensuite l'homme se plaça devant une enclume et y donna un coup si bien appliqué, que la lame y entra d'une demi-ligne; ce tour de force me fit penser à cette scène d'un roman de Walter Scott, où Richard Cœur-de-Lion et le roi Saladin s'exercent à couper des barres de fer et des oreillers.

Les lames de Tolède d'aujourd'hui valent donc celles d'autrefois; le secret de la trempe n'est pas perdu, mais le secret de la forme : il ne manque vraiment aux ouvrages modernes que cette petite chose, si méprisée des gens progressifs, pour soutenir la comparaison avec les anciens; une épée moderne n'est qu'un outil, une épée du seizième siècle est à la fois un outil et un joyau.

Nous comptions trouver à Tolède quelques vieilles armes, dagues, poignards, colichemardes, espadons, rapières et autres curiosités bonnes à mettre en trophée le long de quelque mur ou de quelque dressoir, et nous avions appris par cœur, à cet effet, les noms et les marques des soixante armuriers de Tolède recueillis par Achille Jubinal; mais l'occasion de mettre notre science à l'épreuve ne se présenta pas, car il n'y a pas plus d'épées à Tolède que de cuir à Cordoue, que de dentelles à Malines, que d'huîtres à Ostende et de pâtés de foie gras à Strasbourg; c'est à Paris que sont toutes les raretés, et si l'on en rencontre quelques-unes dans les pays étrangers, c'est qu'elles viennent de la boutique de mademoiselle Delaunay, quai Voltaire.

L'on nous fit voir aussi les restes de l'amphithéâtre romain et de la naumachie, qui ont parfaitement l'air d'un champ labouré, comme toutes les ruines romaines en général. Je n'ai pas l'imagination qu'il faut pour m'extasier sur des néants si problématiques ; c'est un soin que je laisse aux antiquaires, et j'aime mieux vous parler des murailles de Tolède, qui sont visibles à l'œil nu et d'un admirable effet pittoresque. Les constructions se marient très-heureusement aux aspérités du terrain ; il est souvent difficile de dire où finit le rocher, où commence le rempart; chaque civilisation a mis la main au travail; ce pan de mur est romain, cette tour est gothique, et ces créneaux sont arabes. Toute cette portion qui s'étend de la porte Cambron à la puerta Visagra (*via sacra*), où aboutissait probablement la voie romaine, a été bâtie par le roi goth Wamba. Chacune de ces pierres a son histoire, et si nous voulions tout raconter, il nous faudrait un volume au lieu d'un article ; mais ce qui ne sort pas de nos attributions de voyageur, c'est de redire encore une fois la noble figure que fait à l'horizon Tolède assise sur son trône de rocher, avec sa ceinture de tours et son diadème d'églises : on ne saurait imaginer un profil plus ferme et plus sévère revêtu d'une couleur plus riche, et où la physionomie du moyen âge soit plus fidèlement conservée. Je restai plus d'une heure en contemplation, tâchant de rassasier mes yeux et de graver au fond de ma mémoire la silhouette de cette admirable perspective : la nuit vint trop tôt, hélas ! et nous allâmes nous coucher, car nous devions partir à une heure du matin pour éviter les trop grandes chaleurs. A minuit, en effet, notre calesero arriva ponctuellement, et nous grimpâmes tout endormis, et dans un état de somnambulisme prononcé, sur les maigres coussins de notre carriole. Les cahots épouvantables causés par le pavé chausse-trape de Tolède nous eurent bientôt assez réveillés pour jouir de l'aspect fantastique de notre caravane nocturne. La voiture aux grandes roues écarlates, au coffre extravagant, semblait, tant les murailles étaient rapprochées, fendre, pour passer, des flots de maisons qui se refermaient derrière elle! Un *sereno* aux jambes nues, avec le caleçon flottant et le mouchoir bariolé des Valenciens, marchait devant nous, portant au bout de sa lance une lanterne dont les vacillantes lueurs produisaient toutes sortes de jeux d'ombre et de lumière que Rembrandt n'eût pas dédaigné de placer dans quelques-unes de ses belles eaux-fortes de rondes et de patrouilles de nuit ; le seul bruit qu'on entendît, c'était le frémissement argentin des grelots au cou de notre mule et le grincement de nos essieux. Les citadins dormaient aussi profondément que les statues de la chapelle de *los Reyes nuevos*. De temps en temps, notre *sereno* avançait sa lanterne sous le nez de quelque drôle endormi en travers de la rue, et le faisait ranger avec le bois de sa lance; car, en quelque endroit que le sommeil prenne un Espagnol, il étend son manteau à terre et se couche avec une philosophie et un flegme parfaits. Devant la porte, qui n'était pas encore ouverte, et où on nous fit attendre deux heures, le sol était jonché de dormeurs qui ronflaient sur tous les tons possibles, car la rue est la seule chambre à coucher où l'on ne soit pas livré aux bêtes, et il faut pour entrer dans une alcôve la résignation d'un fakir indien. Enfin la damnée porte tourna sur ses gonds, et nous reprîmes le chemin par où nous étions venus.

GRANDE PLACE A GRENADE.

XI

PROCESSION DE LA FÊTE-DIEU A MADRID. — ARANJUEZ. — UN PATIO. — LA CAMPAGNE D'OCAÑA. — TEMBLEQUE ET SES JARRETIÈRES. — UNE NUIT A MANZANARÈS. — LES COUTEAUX DE SANTA-CRUZ. — LE PUERTO DE LOS PERROS. — LA COLONIE DE LA CAROLINA. — BAYLEN. — JAEN, SA CATHÉDRALE ET SES MAJOS. — GRENADE. — L'ALAMEDA. — L'ALHAMBRA. — LE GÉNÉRALIFE. — L'ALBAYCIN. — LA VIE A GRENADE. — LES GITANOS. — LA CHARTREUSE. — SANTO-DOMINGO. — ASCENSION AU MULHACEN.

Il nous fallait repasser par Madrid pour prendre la diligence de Grenade; nous aurions pu aller l'attendre à Aranjuez, mais nous courions risque de la trouver pleine, et nous nous décidâmes pour le premier parti.

Notre guide avait eu la précaution de faire partir, la veille au soir, une mule qui devait nous attendre à mi-chemin, pour relayer la bête attelée à notre véhicule : car il est douteux que, sans cette précaution, nous eussions pu faire le trajet de Tolède à Madrid en une journée, vu l'intolérable chaleur de cette route poussiéreuse et sans ombre à travers d'interminables champs de blé.

Nous arrivâmes vers une heure à Illescas à moitié cuits, pour ne pas dire tout à fait, et sans autre incident. Il nous tardait d'en avoir fini avec ce chemin qui n'avait rien de nouveau pour nous, sinon que nous le parcourions en sens inverse.

Mon compagnon préféra dormir, et moi, déjà plus familiarisé avec la cuisine espagnole, je me mis à disputer mon dîner à d'innombrables essaims de mouches. La fille de l'hôtesse, gentille enfant de douze ou treize ans, aux yeux arabes, se tenait debout auprès de moi, un éventail d'une main et un petit balai de l'autre, tâchant d'écarter les insectes importuns, qui revenaient à la charge plus furieux et plus bourdonnants que jamais dès qu'elle ralentissait ou cessait son mouvement. Avec ce secours, je parvins à me fourrer dans la bouche quelques morceaux assez exempts de mouches ; et, quand mon appétit fut un peu apaisé, j'entamai avec ma chasseuse d'insectes un dialogue que mon ignorance de la langue espagnole bornait nécessairement beaucoup. Cependant, avec l'aide de mon dictionnaire *diamant*, je parvins à soutenir une conversation fort passable pour un étranger. La petite me dit qu'elle savait écrire et lire toutes sortes d'écritures moulées et même du latin, et qu'en outre elle jouait passablement du *pandero*, talent dont je l'engageai à me donner un échantillon, ce qu'elle fit de fort bonne grâce au détriment du sommeil de mon camarade, que le bruissement des plaques de cuivre et le ronflement sourd de la peau d'âne effleurée par le pouce de la petite musicienne finirent par réveiller.

La mule fraîche était attelée. Il fallait se remettre en route, et réellement on a besoin d'un grand courage moral pour quitter, par trente degrés de chaleur, une *posada* où l'on a pour perspective plusieurs rangs de jarres, de pots et d'*alcarazas*, couverts d'une transpiration perlée. Boire de l'eau est une volupté que je n'ai connue qu'en Espagne ; il est vrai qu'elle y est légère, limpide et d'un goût exquis. La défense de boire du vin faite aux mahométans est la prescription la plus facile à suivre sous de tels climats.

Grâce aux discours éloquents que notre *calesero* ne cessa de tenir à sa mule et aux petites pierres qu'il lui jetait aux oreilles avec beaucoup de dextérité, nous allions assez bon train. Il l'appelait, dans les circonstances difficiles, *vieja, revieja* (vieille, deux fois vieille), injure particulièrement sensible aux mules, soit parce qu'elle est toujours accompagnée d'un coup de manche de fouet sur l'échine, soit parce qu'elle est fort humiliante en elle-même. Cette épithète, appliquée plusieurs fois avec beaucoup d'à-propos, nous fit arriver aux portes de Madrid à cinq heures du soir.

Nous connaissions déjà Madrid, et nous n'y vîmes rien de nouveau que la procession de la Fête-Dieu, qui a beaucoup perdu de son ancienne splendeur par la suppression des couvents et des confréries religieuses. Cependant la cérémonie ne manque pas de solennité. Le passage de la procession est poudré de sable fin, et des *tendidos* de toile à voile, allant d'une maison à l'autre, entretiennent l'ombre et la fraîcheur dans les rues; les balcons sont pavoisés et garnis de jolies femmes en grande toilette : c'est le coup d'œil le plus charmant qu'on puisse imaginer. Le manége perpétuel des éventails qui s'ouvrent, se ferment, palpitent et battent de l'aile comme des papillons qui cherchent à se poser; les mouvements de coude des femmes se groupant dans leur mantille et corrigeant l'inflexion d'un pli disgracieux; les œillades lancées d'une croisée à l'autre aux gens de connaissance ; le joli signe de tête et le geste gracieux qui accompagnent l'*agur* par lequel les *señoras* répondent aux cavaliers qui les saluent; la foule pittoresque entremêlée de *gallegos*, de *pasiegas,* de Valenciens, de *manolas* et de vendeurs d'eau, tout cela forme un spectacle d'une animation et d'une gaieté charmantes. Les *Niños de la Cuna* (enfants trouvés), vêtus de leur uniforme bleu, marchent en tête de la procession. Dans cette longue file d'enfants, nous en vîmes bien peu qui eussent une jolie figure, et l'Hymen lui-même, dans toute son insouciance conjugale, aurait eu de la peine à faire plus laid que ces enfants de l'Amour. Puis viennent les bannières des paroisses, le clergé, les châsses d'argent, et, sous un dais de drap d'or, le *corpus Dei* dans un soleil de diamants d'un éclat insoutenable.

La dévotion proverbiale des Espagnols me parut très-refroidie, et sous ce rapport l'on eût pu se croire à Paris au temps où ne pas s'agenouiller devant le saint sacrement était une opposition de bon goût. C'est tout au plus si, à l'approche du dais, les hommes touchaient le bord de leur chapeau. L'Espagne catholique n'existe plus. La Péninsule en est aux idées voltairiennes et libérales sur la *féodalité*, l'*inquisition* et le *fanatisme*. Démolir des couvents lui paraît être le comble de la civilisation.

Un soir, étant près de l'hôtel de la Poste, au coin de la rue de Carretas, je vis la foule s'écarter avec précipitation, et s'approcher par la *Calle-Mayor* une pléiade de lumières scintillantes : c'était le saint sacrement qui se rendait, dans son carrosse, au chevet de quelque moribond; car à Madrid le bon Dieu ne va pas encore à pied. Cette fuite avait pour but d'éviter de se mettre à genoux.

Puisque nous sommes en train de parler de cérémonies religieuses, disons qu'en Espagne la croix du drap des morts n'est pas blanche comme en France, mais d'un jaune soufre tout aussi lugubre. On ne se sert pas, pour les emporter, d'un corbillard, mais d'une bière à bras.

Madrid nous était insupportable, et les deux jours qu'il nous fallut y rester nous parurent deux siècles pour le moins. Nous ne rêvions qu'orangers, citronniers, cachuchas, castagnettes, basquines et costumes pittoresques, car tout le monde nous faisait des récits merveilleux de l'Andalousie avec cette emphase un peu fanfaronne dont les Espagnols ne se déshabitueront jamais, pas plus que les Gascons de France.

Le moment tant souhaité arriva enfin, car tout arrive, même le jour qu'on désire, et nous partîmes dans une diligence très-confortable, attelée d'un troupeau de mules rasées, luisantes et vigoureuses, qui allaient grand train. Cette diligence était tapissée de nankin, et garnie de stores et de jalousies vertes. Elle nous parut le suprême de l'élégance après les abominables galères, *sillas volantes* et carrosses, où nous avions été secoués jusqu'alors; et réellement elle eût été fort commode sans cette température de four à plâtre qui nous calcinait, malgré nos éventails toujours en mouvement et l'extrême légèreté de nos habits. Aussi c'était dans notre étuve roulante une litanie perpétuelle de : *Jesus! qué calor!* j'étouffe! je fonds! et autres exclamations assorties. Cependant nous prenions notre mal en patience, et nous laissions, sans trop maugréer, couler notre sueur en cascade le long de notre nez et de nos tempes, car, au bout de nos fatigues, nous avions en perspective Grenade et l'Alhambra, le rêve de tout poëte; Grenade, dont le nom seul fait éclater en formules admiratives et danser sur un pied le bourgeois le plus épais, le plus électeur et le plus caporal de la garde civique.

Les environs de Madrid sont tristes, nus et brûlés, quoique moins pierreux de ce côté qu'en venant par Guadarrama; les terrains, plutôt tourmentés qu'accidentés, s'enveloppent et se succèdent uniformément, sans autre particularité que des villages poussiéreux et crayeux, jetés çà et là dans l'aridité générale, et qu'on ne remarquerait pas si la tour carrée de leur église n'attirait l'attention. Les flèches aiguës sont rares en Espagne, et la tour à quatre pans est la forme la plus ordinaire des clochers. A l'embranchement des chemins, des croix suspectes ouvrent leurs bras sinistres, de temps en temps passent des chars à bœufs, avec le bouvier endormi sous son manteau, des paysans à cheval, la mine farouche et la carabine à l'arçon de la selle.

Le ciel, au milieu du jour, est couleur de plomb en fusion ; la terre, d'un gris poudroyant micacé de lumière qui s'azure à peine dans le plus extrême lointain. Pas un seul bouquet d'arbres, pas un arbuste, pas une goutte d'eau dans le lit des torrents desséchés ; rien qui repose l'œil et rafraîchisse l'imagination. Pour trouver un peu d'abri contre les rayons dévorants du soleil, il faut suivre l'étroite ligne d'ombre bleue et rare que projettent les murailles. Il est vrai de dire que l'on était en plein mois de juillet, ce qui n'est pas précisément l'époque pour voyager fraîchement en Espagne ; mais nous sommes d'avis qu'il faut visiter les pays dans leur saison violente : l'Espagne en été, la Russie en hiver.

Jusqu'à la résidence royale (*sitio real*) d'Aranjuez, nous ne rencontrâmes rien qui mérite mention particulière. Aranjuez est un château de briques à coins de pierre, d'un effet blanc et rouge, avec de grands toits d'ardoises, des pavillons et des girouettes, qui rappellent le genre de constructions en usage sous Henri IV et Louis XIII, le palais de Fontainebleau ou les maisons de la place Royale de Paris. Le Tage, que l'on traverse sur un pont suspendu, y entretient une fraîcheur de végétation qui fait l'admiration des Espagnols, et permet aux arbres du Nord de s'y développer vigoureusement. On voit à Aranjuez des ormes, des frênes, des bouleaux, des trembles, curieux là-bas comme le seraient ici des figuiers de l'Inde, des aloès et des palmiers.

L'on nous fit remarquer une galerie construite exprès, par laquelle Godoy, le fameux prince de la Paix, se rendait de son hôtel au château. En sortant du village, l'on aperçoit à gauche la place de Taureaux, qui est d'un aspect assez monumental.

Pendant le temps qu'on changeait de mules, nous courûmes au marché faire provision d'oranges et prendre des glaces, ou plutôt de la purée de neige au limon, à une de ces boutiques de *refrescos* en plein vent aussi communes en Espagne que les cabarets en France. Au lieu de boire des *canons* de vin bleu ou des petits verres d'eau-de-vie, les paysans et les vendeuses d'herbes du marché prennent une *bebida helada,* qui ne leur coûte pas plus cher, et du moins ne leur trouble pas la cervelle et ne les abrutit pas. L'absence d'ivrognerie rend les gens du peuple bien supérieurs aux classes correspondantes dans nos pays prétendus civilisés.

Le nom d'Aranjuez, qui est formé de ces deux mots : *ara Jovis,* indique assez que cette résidence s'élève sur l'emplacement d'un ancien temple de Jupiter. Nous n'eûmes pas le temps d'en visiter l'intérieur, et nous le regrettâmes peu, car tous les palais se ressemblent. Il en est de même des courtisans : l'originalité ne se trouve que dans le peuple, et la canaille semble avoir conservé le privilége de la poésie.

D'Aranjuez à Ocaña, les sites, sans être remarquables, sont cependant plus pittoresques. Des collines d'un beau mouvement, bien frappées par la lumière, accidentent les côtés de la route quand le tourbillon de poussière où la diligence galope, enfermée comme un dieu dans son nuage, se dissipe, emporté par quelque haleine favorable, et vous permet de les apercevoir. Le chemin, quoique mal entretenu, est assez beau, grâce à ce merveilleux climat où il ne pleut presque jamais, et à la rareté des voitures, presque tous les transports se faisant à dos de bêtes.

Nous devions souper et coucher à Ocaña pour attendre le *correo real* et profiter de son escorte en nous joignant à lui, car nous allions bientôt entrer dans la Manche, infestée alors par les bandes de Palillos, Polichinelles et autres honnêtes gens de rencontre désagréable. Nous nous arrêtâmes à une hôtellerie de bonne apparence, avec un *patio* à colonnes recouvert d'un superbe *tendido,* dont la toile, doublée ou simple, formait des dessins et des symétries par le plus ou moins de transparence. Le nom du fabricant et son adresse à Barcelone y étaient inscrits de la sorte fort lisiblement. Des myrtes, des grenadiers et des jasmins, plantés dans des pots d'une argile rouge, égayaient et parfumaient cette cour intérieure, éclairée d'un demi-jour tamisé et plein de mystère. Le *patio* est une invention charmante : on y jouit de plus de fraîcheur et d'espace que dans sa chambre ; on peut s'y promener, y lire, être seul ou avec les autres. C'est un terrain neutre où l'on se rencontre, où, sans passer par l'ennui des visites formelles et des présentations, l'on finit par se connaître et par se lier ; et lorsque, comme à Grenade ou à Séville, l'on peut y joindre l'agrément d'un jet d'eau ou d'une fontaine, je ne connais rien de plus délicieux, surtout dans une contrée où le thermomètre se maintient à des hauteurs sénégambiennes.

En attendant la nourriture, nous allâmes faire la sieste ; c'est une habitude qu'il faut prendre absolument en Espagne, car la chaleur, de deux heures à cinq heures, est quelque chose dont un Parisien ne peut pas se faire une idée. Le pavé brûle, les marteaux de fer des portes rougissent, une averse de feu semble pleuvoir du ciel, le blé éclate dans l'épi, la terre se fend comme l'émail d'un poêle trop chauffé, les cigales font grincer leur corselet avec plus de vivacité que jamais, et le peu d'air qui vous arrive semble soufflé par la bouche de bronze d'un calorifère ; les boutiques se ferment, et pour tout l'or du monde vous ne décideriez pas un marchand à vous vendre quelque chose. Il n'y a dans les rues que les chiens et les Français, suivant le dicton vulgaire, fort peu gracieux pour nous. Les guides, quand même vous leur donneriez des cigares de la Havane ou une entrée pour la course de taureaux, deux choses éminemment séduisantes pour un domestique de place espagnol, refusent de vous conduire devant le moindre monument. Le seul parti qui vous reste à prendre, c'est de dormir comme les autres, et l'on s'y résigne bien vite ; car que faire tout seul éveillé au milieu d'une nation endormie ?

Nos chambres, blanchies au lait de chaux, étaient d'une propreté parfaite. Les insectes dont l'on nous avait fait de si fourmillantes descriptions ne se produisaient pas encore, et notre sommeil ne fut troublé par aucun cauchemar à mille pattes.

A cinq heures du soir, nous nous levâmes pour aller faire un tour en attendant le souper. Ocaña n'est pas riche en monuments, et son plus grand titre à la célébrité, c'est l'attaque désespérée, par les troupes espagnoles, d'une redoute française pendant la guerre de l'invasion. La redoute fut prise, mais presque tout le bataillon espagnol resta sur le carreau. On enterra ces héros chacun à la place où il était tombé. Les rangs avaient été si bien gardés, malgré un déluge de mitraille, qu'on peut les reconnaître encore à la symétrie des fosses. Diamante a fait une pièce intitulée : *l'Hercule d'Ocaña,* composée sans doute pour quelque athlète d'une force prodigieuse, comme le Goliath du Cirque-Olympique. Notre passage à Ocaña nous en rappela le souvenir.

L'on achevait la moisson à une époque où le blé chez nous commence à peine à jaunir, et l'on portait les gerbes sur de grandes aires de terre battue, espèce de manége où des chevaux et des mules égrènent les épis sous les trépignements de leurs sabots. Les bêtes sont attelées à une manière de traîneau sur lequel se tient debout, dans une pose d'une grâce hardie et fière, l'homme chargé de diriger l'opération. Il faut beaucoup d'aplomb et de sûreté pour se maintenir sur cette frêle machine, emportée par trois ou quatre chevaux fouettés à tour de bras. Un peintre de l'école de Léopold Robert tirerait grand parti de ces scènes d'une simplicité biblique et primitive. Ici, les belles têtes basanées, les yeux étincelants, les figures de madone, les costumes pleins de caractère, la lumière blonde, l'azur et le soleil, ne lui manqueraient non plus qu'en Italie.

Le ciel était, ce soir-là, d'un bleu laiteux teinté de rose; les champs, autant que l'œil pouvait s'étendre, offraient aux regards une immense nappe d'or pâle, où apparaissaient çà et là, comme des îlots dans un océan de lumière, des chars traînés par des bœufs qui disparaissaient presque sous les gerbes. La chimère d'un tableau sans ombre, tant poursuivie par les Chinois, était réalisée. Tout était rayon et clarté ; la teinte la plus foncée ne dépassait pas le gris de perle.

On nous servit enfin un souper passable, ou du moins que l'appétit nous fit trouver tel, dans une salle basse ornée de petits tableaux sur verre d'un rococo vénitien assez bizarre. Après souper, médiocres fumeurs, mon compagnon Eugène et moi, et ne pouvant prendre à la conversation qu'une part fort minime à cause de l'obligation de faire passer tout ce que nous avions à dire par les deux ou trois cents mots que nous savions, nous remontâmes dans nos chambres, assez attristés par différentes histoires de voleurs que nous avions entendu raconter à table, et qui, à demi comprises, ne nous en paraissaient que plus terribles.

Il nous fallut attendre jusqu'à deux heures de l'après-midi l'arrivée du *correo real,* car il n'eût pas été prudent de se mettre en route sans lui. Nous avions en outre une escorte spéciale de quatre cavaliers armés d'espingoles, de pistolets et de grands sabres. C'étaient des hommes de haute taille, à figures caractéristiques, encadrées d'énormes favoris noirs, avec des chapeaux pointus, de larges ceintures rouges, des culottes de velours et des guêtres de cuir, ayant bien plus l'air de voleurs que de gendarmes, et qu'il était fort ingénieux d'emmener avec soi, de peur de les rencontrer.

Vingt soldats entassés dans une galère suivaient le *correo real.* Une galère est une charrette non suspendue à deux ou quatre roues ; un filet de sparterie tient lieu de fond de planches. Cette description succincte vous fera juger de la position de ces malheureux, obligés de se tenir debout et de s'accrocher des mains aux ridelles pour ne pas tomber les uns sur les autres. Ajoutez à cela une vitesse de quatre lieues à l'heure, une chaleur étouffante, un soleil perpendiculaire, et vous conviendrez qu'il fallait un fonds de bonne humeur héroïque pour trouver la situation plaisante. Et pourtant ces pauvres soldats, à peine couverts de lambeaux d'uniforme, le ventre creux, n'ayant à boire que l'eau échauffée de leur gourde, secoués comme des rats dans une souricière, ne firent que rire à gorge déployée et chanter tout le long de la route. La sobriété et la patience des Espagnols à supporter la fatigue est quelque chose qui tient du prodige. Ils sont restés Arabes sur ce point. L'on ne saurait pousser plus loin l'oubli de la vie matérielle. Mais ces soldats, qui manquaient de pain et de souliers, avaient une guitare.

Toute cette partie du royaume de Tolède que nous traversions est d'une aridité effroyable, et se ressent des approches de la Manche, patrie de don Quichotte, la province d'Espagne la plus désolée et la plus stérile.

Nous eûmes bientôt dépassé la Guardia, petit bourg insignifiant et de l'aspect le plus misérable. A Tembleque nous achetâmes, à l'intention des jolies jambes de Paris, quelques douzaines de jarretières cerise, orange, bleu de ciel, enjolivées de fil d'or ou d'argent, avec des devises en lettres tramées à faire honte aux plus galants mirlitons de Saint-Cloud. Tembleque a la réputation pour les jarretières comme Châtellerault en France pour les canifs.

Pendant que nous marchandions nos jarretières, nous entendîmes à côté de nous un grognement rauque, enroué et menaçant, comme celui d'un chien en fureur ; nous nous retournâmes brusquement non sans quelque appréhension, ne sachant pas comment on parle aux dogues espagnols, et nous vîmes que ce hurlement était produit non par une bête, mais par un homme.

Jamais le cauchemar, posant son genou sur la poitrine d'un malade en délire, n'a produit un monstre plus abominable. Quasimodo est un Phébus à côté de cela. Un front carré, des yeux caves, étincelants d'un éclat sauvage, un nez si aplati que les trous des narines en marquaient seuls la place, une mâchoire inférieure plus avancée de deux pouces que la supérieure, voilà en deux mots le portrait de cet épouvantail, dont le profil formait une ligne concave comme ces croissants où l'on dessine la figure de la lune dans l'almanach de Liége. L'industrie de ce misérable était de n'avoir pas de nez et de contrefaire le chien, ce dont il s'acquittait à merveille ; car il était plus camard que la mort elle-même, et faisait plus de train à lui seul que tous les pensionnaires de la barrière du Combat à l'heure du déjeuner.

Puerto Lapiche consiste en quelques masures plus qu'à demi ruinées, accroupies et juchées sur le penchant d'un coteau lézardé, éraillé, friable à force de sécheresse, et qui s'éboule en déchirures bizarres. C'est le comble de l'aridité et de la désolation. Tout est couleur de liége et de pierre ponce. Le feu du ciel semble avoir passé par là ; une poussière grise, fine comme du grès pilé, enfarine encore le tableau. Cette misère est d'autant plus navrante, que l'éclat d'un ciel implacable en fait ressortir toutes les pauvretés. La mélancolie nuageuse du Nord n'est rien à côté de la lumineuse tristesse des pays chauds.

En voyant d'aussi misérables cahutes, l'on se prend de pitié pour les voleurs obligés de vivre de maraude dans un pays où l'on ne trouverait pas de quoi faire cuire un œuf à la coque à dix lieues à la ronde. La ressource des diligences et des convois de galères est réellement insuffisante, et ces pauvres brigands qui croisent dans la Manche doivent se contenter souvent pour leur souper d'une poignée de ces glands doux qui faisaient les délices de Sancho Pança. Que prendre à des gens qui n'ont ni sou ni poche, qui habitent des maisons meublées des quatre murs, et ne possèdent pour tout ustensile qu'un poêlon et qu'une cruche ? Piller de semblables villages me paraît une des fantaisies les plus lugubres qui puissent passer par la tête de voleurs sans ouvrage.

Un peu après Puerto Lapiche, l'on entre dans la Manche, où nous aperçûmes sur la droite deux ou trois moulins à vent qui ont la prétention d'avoir soutenu victorieusement le choc de la lance de don Quichotte, et qui, pour le quart d'heure, tournaient nonchalamment leurs flasques ailes sous l'haleine d'un vent poussif. La *venta* où nous nous arrêtâmes pour vider deux ou trois jarres d'eau fraîche, se glorifie aussi d'avoir hébergé l'immortel héros de Cervantès.

Nous ne fatiguerons pas nos lecteurs de la description de cette route monotone à travers un pays plat, pierreux et poudreux, pommelé de loin en loin d'oliviers au feuillage d'un vert glauque et malade, où l'on ne rencontre que des paysans hâves, fauves, momifiés, avec des chapeaux roussis, des culottes courtes et des guêtres de gros drap noirâtre, portant sur l'épaule des vestes en guenilles et poussant devant eux quelque âne galeux au poil blanc de vieillesse, aux oreilles énervées, à la mine piteuse; où l'on ne voit à l'entrée des villages que des enfants demi-nus, bruns comme des mulâtres, qui vous regardent passer d'une mine étonnée et farouche.

Nous arrivâmes à Manzanarès au milieu de la nuit, mourants de faim. Le courrier qui nous précédait, usant de son droit de premier occupant et de ses intelligences dans l'hôtellerie, avait épuisé toutes les provisions, consistant, il est vrai, en trois ou quatre œufs et un morceau de jambon. Nous poussâmes les cris les plus aigus et les plus attendrissants, déclarant que nous mettrions le feu à la maison pour faire rôtir l'hôtesse elle-même à défaut d'autre nourriture. Cette énergie nous valut vers deux heures du matin un souper pour lequel on avait dû réveiller la moitié du bourg. Nous avions un quartier de cabri, des œufs aux tomates, du jambon et du fromage de chèvre, avec un assez passable petit vin blanc. Nous dînâmes tous ensemble dans la cour, à la lueur de trois ou quatre lampes de cuivre jaune assez semblables aux lampes antiques funèbres, dont l'air de la nuit faisait vaciller la flamme en ombres et en lumières bizarres qui nous donnaient l'air de lamies et de goules déchirant des morceaux d'enfant déterré. Pour que le repas eût l'air tout à fait magique, une grande fille aveugle s'approcha de la table, guidée par le bruit, et se mit à chanter des couplets sur un air plaintif et monotone, comme une vague incantation sibylline. Apprenant que nous étions étrangers, elle improvisa en notre honneur des stances religieuses, que nous récompensâmes par quelques réaux.

Avant de remonter en voiture, nous allâmes faire un tour par le village et nous promener, un peu à tâtons il est vrai, mais cela valait toujours mieux que de rester dans la cour de l'auberge.

Nous parvînmes à la place du marché, non sans avoir posé dans l'ombre le pied sur quelque dormeur à la belle étoile. L'été l'on couche généralement dans la rue, les uns sur leur manteau, les autres sur une couverture de mule; ceux-ci sur un sac rempli de paille hachée (ce sont les sybarites), ceux-là tout uniment sur le sein nu de la mère Cybèle avec un grès pour oreiller.

Les paysans venus dans la nuit dormaient pêle-mêle au milieu de légumes bizarres et de denrées sauvages, entre les jambes de leurs ânes et de leurs mulets, en attendant le jour, qui ne devait pas tarder à paraître.

Un faible rayon de lune éclairait vaguement dans l'obscurité une espèce d'édifice crénelé antique, où l'on reconnaissait, à la blancheur du plâtre, des travaux de défense faits pendant la dernière guerre civile, et que les années n'avaient pas encore eu le temps d'harmonier. En voyageur consciencieux, voilà tout ce que nous pouvons dire de Manzanarès.

L'on remonta en voiture : le sommeil nous prit, et quand nous rouvrîmes les yeux, nous étions aux environs de Valdepeñas, bourg renommé pour son vin : la terre et les collines, constellées de pierres, étaient d'un ton rouge, d'une crudité singulière, et l'on commençait à distinguer à l'horizon des bandes de montagnes dentelées comme des scies, et d'une découpure fort nette malgré leur grand éloignement.

Valdepeñas n'a rien que de fort ordinaire, et il doit toute sa réputation à ses vignobles. Son nom de vallée de pierres est parfaitement justifié. L'on s'y arrêta pour déjeuner, et, par une inspiration du ciel, j'eus l'idée de prendre d'abord mon chocolat, et ensuite celui destiné à mon camarade, qui ne s'était pas réveillé, et, prévoyant des famines futures, j'enfonçai dans mes tasses autant de *buñuelos* (espèce de petits beignets) qu'il put en tenir, de manière à former une espèce de soupe assez substantielle, car je n'étais pas encore arrivé à la sobriété du chameau, où je parvins plus tard après de longs exercices d'abstinence dignes d'un anachorète des premiers temps. Je n'étais pas encore acclimaté, et j'avais apporté de France un appétit invraisemblable qui inspirait un étonnement respectueux aux naturels du pays.

Au bout de quelques minutes, l'on repartit en toute hâte, car il fallait suivre le *correo real* de près, pour ne pas perdre le bénéfice de son escorte. En me penchant hors de voiture pour jeter un dernier coup d'œil sur Valdepeñas, je laissai tomber ma casquette sur le chemin : un *muchacho* de douze ou quinze ans s'en aperçut, et, pour avoir quelques cuartos en récompense, la ramassa et se mit à courir après la diligence, qui était déjà fort éloignée ; il la rattrapa cependant, quoiqu'il allât nu-pieds et sur un chemin pavé de pierres aiguës et tranchantes. Je lui lançai une poignée de sous qui le rendit à coup sûr le plus opulent polisson de toute la contrée. Je ne rapporte cette circonstance insignifiante que parce qu'elle est caractéristique de la légèreté des Espagnols, les premiers marcheurs du monde et les coureurs les plus agiles que l'on puisse voir. Nous avons déjà eu occasion de parler de ces postillons à pied que l'on nomme *zagales,* et qui suivent les voitures lancées au galop pendant des lieues entières sans paraître éprouver de fatigue, et sans entrer seulement en transpiration.

A Santa-Cruz, l'on nous offrit à vendre toutes sortes de petits couteaux et de *navajas ;* Santa-Cruz et Albaceyte sont renommés pour cette coutellerie de fantaisie. Ces *navajas,* d'un goût arabe et barbare très-caractéristique, ont des manches de cuivre découpé dont les jours laissent voir des paillons rouges, verts ou bleus ; des niellures grossières, mais enlevées vivement, enjolivent la lame faite en forme de poisson et toujours très-aiguë ; la plupart portent des devises comme celle-ci : *Soy de uno solo* (je n'appartiens qu'à un seul) ; ou *Cuando esta vivora pica, no hay remedio en la botica* (quand cette vipère pique, il n'y a pas de remède à la pharmacie). Quelquefois la lame est rayée de trois lignes parallèles dont le creux est peint en rouge, ce qui lui donne une apparence tout à fait formidable. La dimension de ces *navajas* varie depuis trois pouces jusqu'à trois pieds; quelques *majos* (paysans du bel air) en ont qui, ouvertes, sont aussi longues qu'un sabre; un ressort articulé ou un anneau qu'on tourne assure et maintient le fer. La *navaja* est l'arme favorite des Espagnols, surtout des gens du peuple; ils la manient avec une dextérité incroyable et se font un bouclier de leur cape roulée autour de leur bras gauche. C'est un art qui a ses principes comme l'escrime, et les maîtres de couteau sont aussi nombreux en Andalousie que les maîtres d'armes à Paris. Chaque joueur de couteau a ses bottes secrètes et ses coups particuliers; les adeptes, dit-on, à la vue de la blessure, reconnaissent l'*artiste* qui a fait l'ouvrage, comme nous reconnaissons un peintre à sa touche.

Les ondulations du terrain commençaient à devenir plus fortes et plus fréquentes, nous ne faisions que monter et descendre. Nous approchions de la Sierra-Morena, qui forme la limite du royaume d'Andalousie. Derrière cette ligne de montagnes violettes se cachait le paradis de nos rêves. Déjà les pierres se changeaient en rochers, les collines en groupes étagés; des chardons de six à sept pieds de haut se hérissaient sur les bords de la route comme les hallebardes de soldats invisibles. Quoique j'aie la prétention de n'être point un âne, j'aime beaucoup les chardons (goût qui, du reste, m'est commun avec les papillons), et ceux-ci me surprirent; c'est une plante superbe et dont on peut tirer de charmants motifs d'ornementation. L'architecture gothique n'a pas d'arabesques ni de rinceaux plus nettement découpés et d'une ciselure plus fine. De temps à autre nous apercevions, dans les champs voisins, de grandes plaques jaunâtres, comme si l'on eût vidé là des sacs de paille hachée; cependant cette paille, quand nous passions auprès, se soulevait en tourbillonnant et s'envolait avec bruit : c'étaient des bancs de sauterelles qui se reposaient; il devait y en avoir des millions : ceci sentait fort son Égypte.

C'est à peu près vers cet endroit que j'ai, pour la première fois de ma vie, véritablement souffert de la faim : Ugolin dans sa tour n'était pas plus affamé que moi, et je n'avais pas, comme lui, quatre fils à manger. Le lecteur, qui m'a vu à Valdepeñas m'ingurgiter deux tasses de chocolat, s'étonne peut-être de cette famine prématurée ; mais les tasses espagnoles sont grandes comme un dé à coudre et contiennent tout au plus deux ou trois cuillerées. Ma tristesse fut surtout augmentée à la *venta* où nous laissâmes notre escorte, en voyant blondir, sous un rayon de soleil qui descendait par la cheminée, une magnifique omelette destinée au dîner de la troupe; je rôdai autour comme un loup dévorant, mais elle était trop bien gardée pour pouvoir être enlevée. Heureusement, une dame de Grenade, qui était dans la diligence avec nous, prit pitié de mon martyre et me donna quelques tranches de jambon de la Manche cuit au sucre, et un morceau de pain qu'elle tenait en réserve dans une des poches de la voiture. Que ce jambon lui soit rendu au centuple dans l'autre monde !

Non loin de cette *venta*, sur la droite de la route, se dressaient des piliers où étaient exposées trois ou quatre têtes de malfaiteurs : spectacle toujours rassurant et qui prouve que l'on est en pays civilisé.

La route s'élevait en faisant de nombreux zigzags. Nous allions passer le *Puerto de los Perros :* c'est une gorge étroite, une brèche faite dans le mur de la montagne par un torrent qui laisse tout juste la place de la route qui le côtoie. Le *Puerto de los Perros* (passage des chiens) est ainsi nommé parce que c'est par là que les Maures vaincus sortirent de l'Andalousie, emportant avec eux le bonheur et la civilisation de l'Espagne. L'Espagne, qui touche à l'Afrique comme la Grèce à l'Asie, n'est pas faite pour les mœurs européennes. Le génie de l'Orient y perce sous toutes les formes, et il est fâcheux peut-être qu'elle ne soit pas restée moresque ou mahométane.

On ne saurait rien imaginer de plus pittoresque et de plus grandiose que cette porte de l'Andalousie. La gorge est taillée dans d'immenses roches de marbre rouge dont les assises gigantesques se superposent avec une sorte de régularité architecturale; ces blocs énormes aux larges fissures transversales, veines de marbre de la montagne, sorte d'écorché terrestre où l'on peut étudier à nu l'anatomie du globe, ont des proportions qui réduisent à l'état microscopique les plus vastes granits égyptiens. Dans les interstices se cramponnent des chênes verts, des liéges énormes, qui ne semblent pas plus grands que des touffes d'herbe à un mur ordinaire. En gagnant le fond de la gorge, la végétation va s'épaississant et forme un fourré impénétrable à travers lequel on voit par places luire l'eau diamantée du torrent. L'escarpement est si abrupt du côté de la route que l'on a jugé prudent de la garnir d'un parapet, sans quoi la voiture, toujours lancée au galop, et si difficile à diriger à cause de la fréquence des coudes, pourrait très-bien faire un saut périlleux de cinq à six cents pieds pour le moins.

C'est dans la Sierra-Morena que le chevalier de la Triste-Figure, à l'imitation d'Amadis sur la roche Pauvre, accomplit cette célèbre pénitence qui consistait à faire des culbutes en chemise sur les roches les plus aiguës, et que Sancho Pança, l'homme positif, la raison vulgaire à côté de la noble folie, trouva la valise de Cardenio si bien garnie de ducats et de chemises fines. On ne peut faire un pas en Espagne sans trouver le souvenir de don Quichotte, tant l'ouvrage de Cervantès est profondément national, et tant ces deux figures résument en elles seules tout le caractère espagnol : l'exaltation chevaleresque, l'esprit aventureux joint à un grand bon sens pratique et à une sorte de bonhomie joviale pleine de finesse et de causticité.

A Venta de Cardona, où l'on changea de mules, je vis, couché dans son berceau, un petit joli enfant d'une blancheur éblouissante, et qui ressemblait à un Jésus de cire dans sa crèche. Les Espagnols, lorsqu'ils ne sont pas encore hâlés par le soleil, sont en général d'une blancheur extrême.

La Sierra-Morena franchie, l'aspect du pays change totalement ; c'est comme si l'on passait tout à coup de l'Europe à l'Afrique : les vipères, regagnant leur trou, rayent de traînées obliques le sable fin de la route ; les aloès commencent à brandir leurs grands sabres épineux au bord des fossés. Ces larges éventails de feuilles charnues, épaisses, d'un gris azuré, donnent tout de suite une physionomie différente au paysage. On se sent véritablement ailleurs ; l'on comprend que l'on a quitté Paris tout de bon ; la différence du climat, de l'architecture, des costumes, ne vous dépayse pas autant que la présence de ces grands végétaux des régions torrides que nous n'avons l'habitude de voir qu'en serre chaude. Les lauriers, les chênes verts, les liéges, les figuiers au feuillage verni et métallique, ont quelque chose de libre, de robuste et de sauvage, qui indique un climat où la nature est plus puissante que l'homme et peut se passer de lui.

Devant nous se déployait comme dans un immense panorama le

beau royaume d'Andalousie. Cette vue avait la grandeur et l'aspect de la mer ; des chaînes de montagnes, sur lesquelles l'éloignement passait son niveau, se déroulaient avec des ondulations d'une douceur infinie, comme de longues houles d'azur. De larges traînées de vapeurs blondes baignaient les intervalles ; çà et là de vifs rayons de soleil glaçaient d'or quelque mamelon plus rapproché et chatoyant de mille couleurs comme une gorge de pigeon. D'autres croupes bizarrement chiffonnées ressemblaient à ces étoffes des anciens tableaux, jaunes d'un côté et bleues de l'autre. Tout cela était inondé d'un jour étincelant, splendide, comme devait être celui qui éclairait le paradis terrestre. La lumière ruisselait dans cet océan de montagnes comme de l'or et de l'argent liquides, jetant une écume phosphorescente de paillettes à chaque obstacle. C'était plus grand que les plus vastes perspectives de l'Anglais Martynn, et mille fois plus beau. L'infini dans le clair est bien autrement sublime et prodigieux que l'infini dans l'obscur.

Tout en regardant ce merveilleux tableau, qui variait et présentait de nouvelles magnificences à chaque tour de roue, nous vîmes poindre à l'horizon les toits aigus des pavillons symétriques de la Carolina, espèce de village-modèle, de phalanstère agricole, élevé autrefois par le comte de Florida-Blanca, et peuplé par lui d'Allemands et de Suisses amenés à grands frais. Ce village, bâti tout d'un coup, éclos au souffle d'une volonté, a cette régularité ennuyeuse que n'ont pas les habitations qui se sont groupées peu à peu au caprice du hasard et du temps. Tout est tiré au cordeau ; du milieu de la place on voit tout le bourg : voici le marché de la place de Taureaux, voilà l'église et la maison de l'alcade. Certainement cela est bien entendu, mais j'aime mieux le plus misérable village poussé à l'aventure. Du reste, cette colonie ne réussit pas : les Suisses prirent le mal du pays et mouraient comme des mouches, rien qu'en entendant tinter les cloches ; on fut obligé de suspendre les sonneries. Cependant ils ne moururent pas tous, et la population de la Carolina conserve encore des traces de son origine germanique. Nous fîmes à la Carolina un dîner sérieux, arrosé d'excellent vin, sans être obligés de mettre les morceaux doubles ; nous n'allions plus de conserve avec le courrier, les chemins étant parfaitement sûrs de ce côté-là.

Des aloès d'une taille de plus en plus africaine continuaient à se montrer sur les bords de la route, et vers la gauche une longue guirlande de fleurs du rose le plus vif, étincelant dans un feuillage d'émeraude, marquait toutes les sinuosités du lit d'un ruisseau desséché. Profitant d'une halte de relais, mon camarade courut du côté des fleurs et en rapporta un énorme bouquet ; c'étaient des lauriers-roses d'une fraîcheur et d'un éclat incomparables. On pourrait adresser à ce ruisseau, dont j'ignore le nom et qui n'en a peut-être pas, la question de M. Casimir Delavigne au fleuve grec :

> Eurotas, Eurotas, que font tes lauriers-roses ?

Aux lauriers-roses succédèrent, comme une réflexion mélancolique à un vermeil éclat de rire, de grands bois d'oliviers dont le pâle feuillage rappelle la chevelure enfarinée des saules du Nord et s'harmonie admirablement avec la teinte cendrée des terrains. Ce feuillage, d'un ton sombre, austère et doux, a été très-judicieusement choisi par les anciens, si habiles appréciateurs des rapports naturels, comme symbole de la paix et de la sagesse.

Il était environ quatre heures lorsque nous arrivâmes à Baylen, célèbre par la capitulation désastreuse qui porte ce nom. Nous devions y passer la nuit, et, en attendant le souper, nous allâmes nous promener par la ville et aux environs avec la dame de Grenade et une jeune personne fort jolie qui allait prendre les bains de mer à Malaga en compagnie de son père et de sa mère; car la réserve habituelle des Espagnols fait bien vite place à une honnête et cordiale familiarité, dès que l'on est sûr que vous n'êtes ni des commis-voyageurs, ni des danseurs de corde, ni des marchands de pommade.

L'église de Baylen, dont la construction ne remonte guère au delà du seizième siècle, me surprit par sa couleur étrange. La pierre et le marbre, confits par le soleil d'Espagne, au lieu de noircir comme sous notre ciel humide, avaient pris des tons roux d'une chaleur et d'une vigueur extraordinaires, qui allaient jusqu'au safran et au pourpre, des tons de feuille de vigne à la fin de l'automne. A côté de l'église, au-dessus d'un petit mur doré des plus chauds reflets, un palmier, le premier que j'eusse jamais vu en pleine terre, s'épanouissait brusquement dans l'azur foncé du ciel. Ce palmier inattendu, révélation subite de l'Orient, au détour d'une rue, me fit un effet singulier. Je m'attendais à voir se profiler sur les lueurs du couchant le cou d'autruche des chameaux, et flotter le burnous blanc des Arabes en caravane.

Des ruines assez pittoresques d'anciennes fortifications offraient une tour assez bien conservée pour que l'on pût y monter en s'aidant des pieds et des mains et en profitant de la saillie des pierres. Nous fûmes récompensés de notre peine par une vue des plus magnifiques. La ville de Baylen, avec ses toits de tuiles, son église rouge et ses maisons blanches accroupies au pied de la tour comme un troupeau de chèvres, formait un admirable premier plan; plus loin, les champs de blé ondoyaient en vagues d'or, et tout au fond, au-dessus de plusieurs rangs de montagnes, l'on voyait briller, comme une découpure d'argent, la crête lointaine de la Sierra-Nevada. Les filons de neige, surpris par la lumière, étincelaient et renvoyaient des éclairs prismatiques, et le soleil, semblable à une grande roue d'or dont son disque était le moyeu, épanouissait comme des jantes ses rayons enflammés dans un ciel nuancé de toutes les teintes de l'agate et de l'aventurine.

L'auberge où nous devions coucher consistait en un grand bâtiment ne formant qu'une seule pièce avec une cheminée à chaque bout, un plafond de charpentes noircies et vernies par la fumée, des râteliers de chaque côté pour les chevaux, les mules et les ânes, et pour les voyageurs quelques petites chambres latérales contenant un lit formé de trois planches posées sur deux tréteaux et recouvert de ces pellicules de toile entre lesquelles flottent quelques tampons de laine que les hôteliers prétendent être des matelas, avec l'effronterie pleine de sang-froid qui les caractérise; ce qui ne nous empêcha pas de ronfler comme Épiménide et les Sept dormants réunis.

On partit de grand matin pour éviter la chaleur, et nous revîmes encore les beaux lauriers-roses, éclatants comme la gloire et frais comme l'amour, qui nous avaient enchantés la veille. Bientôt le Guadalquivir aux eaux troubles et jaunâtres vint nous barrer le chemin; nous le passâmes en bac, et nous prîmes la route de Jaën. Sur notre gauche, l'on nous fit remarquer, frappée par un rayon de lumière, la tour de Torrequebradilla, et nous ne tardâmes pas à apercevoir l'étrange silhouette de Jaën, capitale du royaume de ce nom.

Une énorme montagne couleur d'ocre, fauve comme une peau de lion, pulvérulente de lumière, mordorée par le soleil, se dresse brusquement au milieu de la ville; des tours massives et de longs zigzags de fortifications antiques zèbrent ses flancs décharnés de leurs lignes bizarres et pittoresques. La cathédrale, immense entassement d'architecture, qui, de loin, semble plus grande que la ville elle-même, se hausse orgueilleusement, montagne factice auprès de la montagne naturelle. Cette cathédrale, dans le genre d'architecture de la renaissance, et qui se vante de posséder le mouchoir authentique où sainte Véronique recueillit l'empreinte de la figure de Notre-Seigneur, a été bâtie par les ducs de Medina-Cœli. Elle est belle, sans doute, mais nous la rêvions de loin plus antique et surtout plus curieuse.

En allant du *Parador* à la cathédrale, je regardai les affiches de spectacle; la veille, on avait joué *Mérope,* et le soir même on devait donner *El Campanero de San-Pablo, por el ilustrisimo señor don Jose Bouchardy,* en d'autres termes : *le Sonneur de Saint-Paul,* de mon camarade Bouchardy. Être représenté à Jaën, une ville sauvage où l'on ne marche que le couteau à la ceinture et la carabine sur l'épaule, voilà qui est flatteur assurément, et bien peu de nos grands génies contemporains pourraient se targuer d'un succès pareil. Si autrefois nous avons emprunté quelques chefs-d'œuvre à l'ancien théâtre espagnol, aujourd'hui nous leur rendons bien la monnaie de leurs pièces en vaudevilles et en mélodrames.

Notre visite faite à la cathédrale, nous revînmes, ainsi que les autres voyageurs, au *Parador,* dont l'apparence semblait nous promettre un excellent repas; un café y était joint, et il avait tout à fait l'air d'un établissement européen et civilisé. Mais quelqu'un avisa, en se mettant à table, que le pain était dur comme de la pierre meulière, et en demanda d'autre. L'hôtelier ne voulut jamais consentir à le changer. Pendant la querelle, une autre personne s'aperçut que les plats étaient réchauffés et avaient dû être déjà servis dans des temps reculés. Tout le monde se mit à jeter les cris les plus plaintifs, et à demander un dîner neuf et entièrement inédit.

Voici le mot de l'énigme : la diligence qui nous précédait avait été arrêtée par les brigands de la Manche, de sorte que les voyageurs, emmenés dans la montagne, n'avaient pu consommer le repas préparé pour eux par l'hôtelier de Jaën. Celui-ci, pour ne pas perdre ses frais, avait gardé les mets, et nous les avait fait resservir, en quoi son attente fut trompée, car nous nous levâmes tous, et nous fûmes manger ailleurs. Ce malencontreux dîner a dû être présenté une troisième fois aux voyageurs suivants.

L'on se réfugia dans une *posada* borgne, où, après une longue attente, l'on nous servit quelques côtelettes, quelques œufs et une salade dans des assiettes écornées, avec des verres et des couteaux déparciliés. Le régal était médiocre, mais il fut assaisonné de tant d'éclats de rire et de plaisanteries sur la fureur comique de l'hôtelier voyant son monde sortir processionnellement, et sur le sort des malheureux à qui il ne manquerait pas de représenter ses poulets étiques rafraîchis pour la troisième fois par un tour de poêle, que nous fûmes dédommagés, et au delà, de la maigreur de la chère. Quand une fois la première glace de froideur est rompue, les Espagnols sont d'une gaieté enfantine et naïve d'un charme extrême. La moindre chose les fait rire aux larmes.

C'est à Jaën que j'ai vu le plus de costumes nationaux et pittoresque : les hommes avaient, pour la plupart, des culottes en velours bleu ornées de boutons de filigrane d'argent, des guêtres de Ronda, historiées de piqûres, d'aiguillettes et d'arabesques d'un cuir plus foncé. L'élégance suprême est de n'attacher que les premiers boutons en haut et en bas, de façon à laisser voir le mollet. De larges ceintures de soie jaune ou rouge, une veste de drap brun relevée d'agréments, un manteau bleu ou marron, un chapeau pointu à larges bords, enjolivé de velours et de houppes de soie, complètent l'ajustement, qui ressemble assez à l'ancien costume des brigands italiens. D'autres portaient ce qu'on appelle un *vestido de cazador* (habit de chasseur), tout en peau de daim, de couleur fauve, et en velours vert.

Quelques femmes du peuple avaient des capes rouges qui piquaient de vives étincelles et de paillettes écarlates le fond plus sombre de la foule. L'accoutrement bizarre, le teint hâlé, les yeux étincelants, l'énergie des physionomies, l'attitude impassible et calme de ces *majos,* plus nombreux que partout ailleurs, donnent à la population de Jaën un aspect plus africain qu'européen ; illusion à laquelle ajoutent beaucoup l'ardeur du climat, la blancheur éblouissante des maisons, toutes passées au lait de chaux, suivant l'usage arabe, le ton fauve des terrains et l'azur inaltérable du ciel. Il y a en Espagne un dicton sur Jaën : « Laide ville, mauvaises gens, » qui ne sera trouvé vrai par aucun peintre. Du reste, là-bas comme ici, pour la plupart des gens, une belle ville est une ville tirée au cordeau et garnie d'une quantité suffisante de réverbères et de bourgeois.

Au sortir de Jaën, l'on entre dans une vallée qui se prolonge jusqu'à la Vega de Grenade. Les commencements en sont arides ;

des montagnes décharnées, éboulées de sécheresse, vous brûlent, comme des miroirs ardents, de leur réverbération blanchâtre ; nulle trace de végétation que quelques pâles touffes de fenouil. Mais bientôt la vallée se resserre et se creuse, les cours d'eau commencent à ruisseler, la végétation renaît, l'ombre et la fraîcheur reparaissent. Le *Rio* de Jaën occupe le fond de la vallée, où il court avec rapidité entre les pierres et les roches qui le contrarient et lui barrent le passage à chaque instant. Le chemin le côtoie et le suit dans ses sinuosités, car, dans les pays de montagnes, les torrents sont encore les ingénieurs les plus habiles pour tracer des routes, et ce qu'on peut faire de mieux, c'est de s'en rapporter à leurs indications.

Une maison de paysans où nous nous arrêtâmes pour boire était entourée de deux ou trois rigoles d'eau courante qui allaient plus loin se distribuer dans un massif de myrtes, de pistachiers, de grenadiers et d'arbres de toute espèce, d'une force de végétation extraordinaire. Il y avait si longtemps que nous n'avions vu de véritable vert, que ce jardin inculte et sauvage aux trois quarts nous parut un petit paradis terrestre.

La jeune fille qui nous donna à boire dans un de ces charmants pots d'argile poreuse qui font l'eau si fraîche, était fort jolie avec ses yeux allongés jusqu'aux tempes, son teint fauve et sa bouche africaine épanouie et vermeille comme un bel œillet, sa jupe à falbalas, et ses souliers de velours dont elle paraissait toute fière et tout occupée. Ce type, qui se retrouve fréquemment à Grenade, est évidemment moresque.

A un certain endroit la vallée s'étrangle, et les rochers se rapprochent au point de ne laisser que tout juste la place du Rio. Autrefois les voitures étaient forcées d'entrer et de marcher dans le lit même du torrent, ce qui ne laissait pas d'avoir son danger à cause des trous, des pierres et de l'élévation de l'eau, qui, en hiver, doit s'enfler considérablement. Pour obvier à cet inconvénient, l'on a percé de part en part un des rochers et pratiqué un tunnel assez long, dans le genre des viaducs des chemins de fer. Cet ouvrage, assez considérable, ne date que de quelques années.

A partir de là, la vallée s'évase, et le chemin n'est plus obstrué. Il existe ici, dans mes souvenirs, une lacune de quelques lieues. Abattu par la chaleur, que le temps, tourné à l'orage, rendait véritablement suffocante, je finis par m'endormir. Quand je m'éveillai, la nuit, qui vient si subitement dans les climats méridionaux, était tombée tout à fait, un vent affreux soulevait des tourbillons de poussière enflammée; ce vent-là devait être bien proche parent du siroco d'Afrique, et je ne sais pas comment nous n'avons pas été asphyxiés. Les formes des objets disparaissaient dans ce brouillard poudreux; le ciel, ordinairement si splendide dans les nuits d'été, semblait une voûte de four; il était impossible de voir à deux pas devant soi. Nous fîmes notre entrée à Grenade vers deux heures du matin, et nous descendîmes à la *fonda del Comercio,* soi-disant hôtel tenu à la française, où il n'y avait pas de draps au lit, et où nous couchâmes tout habillés sur la table; mais ces petites tribulations nous affectaient peu : nous étions à Grenade, et dans quelques heures nous allions voir l'Alhambra et le Généralife.

Notre premier soin fut de nous faire indiquer, par notre domestique de place, une *casa de pupilos,* c'est-à-dire une maison particulière où l'on prend des pensionnaires, car, devant faire à Grenade un assez long séjour, l'hospitalité médiocre de la *fonda del*

Comercio ne pouvait plus nous convenir. Ce domestique, nommé Louis, était Français, de Farmoutiers en Brie. Il avait déserté du temps de l'invasion des Français sous Napoléon, et vivait à Grenade depuis plus de vingt ans. C'était bien le plus drôle de corps qu'on puisse imaginer : sa taille, de cinq pieds huit pouces, faisait le plus singulier contraste avec sa petite tête, ridée comme une pomme et grosse comme le poing. Privé de toute communication avec la France, il avait gardé son ancien jargon briard dans toute sa pureté native, parlait comme un Jeannot d'opéra-comique, et semblait réciter perpétuellement des paroles de M. Étienne. Malgré un si long séjour, sa dure cervelle s'était refusée de se meubler d'un nouvel idiome; il savait à peine les phrases tout à fait indispensables. De l'Espagne, il n'avait que les *alpargatas* et le petit chapeau andalou à bords retroussés. Cette concession le chagrinait fort, et il s'en vengeait en accablant les indigènes qu'il rencontrait de toutes sortes d'injures burlesques, en briard bien entendu, car maître Louis avait principalement peur des coups, et chérissait sa peau comme si elle eût valu quelque chose.

Il nous conduisit dans une maison fort décente, *Calle de Parragas,* près de la plazuela de San-Antonio, à deux pas de la *Carrera del Darro.* La maîtresse de cette pension avait longtemps habité Marseille et parlait français, raison déterminante pour nous, dont le vocabulaire était encore très-borné.

On nous établit dans une chambre au rez-de-chaussée, blanchie à la chaux, et garnie pour tout meuble d'une rosace de différentes couleurs au plafond; mais cette chambre avait l'agrément de s'ouvrir sur un *patio* entouré de colonnes de marbre blanc coiffées de chapiteaux moresques provenant sans doute de la démolition de quelque ancien palais arabe. Un petit bassin à jet d'eau, creusé au milieu de la cour, y entretenait la fraîcheur ; une grande natte de sparterie, formant *tendido,* tamisait les rayons du jour, et semait çà et là d'étoiles de lumière le pavé en cailloutis à compartiments.

C'est là que nous prenions nos repas, que nous lisions, que nous vivions. Nous ne rentrions guère dans la chambre que pour nous habiller et dormir. Sans le *patio,* disposition architecturale qui rappelle l'ancien *cavædium* romain, les maisons d'Andalousie ne seraient pas habitables. L'espèce de vestibule qui le précède est habituellement pavé en petits cailloux de couleurs variées, formant des dessins de mosaïque grossière, et représentant tantôt des pots de fleurs, tantôt des soldats, des croix de Malte, ou tout simplement la date de la construction.

Du haut de notre demeure, surmontée d'une espèce de *mirador,* l'on apercevait, sur la crête d'une colline nettement découpée dans le bleu du ciel, à travers des bouquets d'arbres, les tours massives de la forteresse de l'Alhambra revêtues par le soleil de teintes rousses d'une chaleur et d'une intensité extrêmes. La silhouette était complétée par deux grands cyprès juxtaposés, dont les pointes noires s'allongeaient dans l'azur au-dessus des murailles rouges. Ces cyprès ne se perdent jamais de vue ; soit que l'on gravisse les flancs zébrés de neige du Mulhacen, soit que l'on erre à travers la *Vega* ou dans la *Sierra d'Elvire,* toujours on les retrouve à l'horizon, sombres, immobiles dans le flot de vapeurs bleuâtres ou dorées dont l'éloignement estompe les toits de la ville.

Grenade est bâtie sur trois collines, au bout de la plaine de la Vega : les Tours Vermeilles, ainsi nommées à cause de leur couleur (*Torres Bermejas*), et que l'on prétend d'origine romaine ou même phénicienne, occupent la première et la moins élevée de ces éminences; l'Alhambra, qui est toute une ville, couvre la seconde et la plus haute colline de ses tours carrées, reliées entre elles par de hautes murailles et d'immenses substructions, qui renferment dans leur enceinte des jardins, des bois, des maisons et des places; l'Albaycin est situé sur le troisième monticule, séparé des autres par un ravin profond encombré de végétations, de cactus, de coloquintes, de pistachiers, de grenadiers, de lauriers-roses et de touffes de fleurs, au fond duquel roule le Darro avec la rapidité d'un torrent alpestre. Le Darro, qui charrie de l'or, traverse la ville tantôt à ciel découvert, tantôt sous des ponts si prolongés qu'ils méritent plutôt le nom de voûtes, et va se réunir dans la Vega, à peu de distance de la promenade, au Genil, qui se contente, lui, de charrier de l'argent. Cette course du torrent à travers la ville s'appelle *Carrera del Darro*, et du balcon des maisons qui la bordent on jouit d'une vue magnifique. Le Darro tourmente beaucoup ses rives et cause de fréquents éboulements; aussi, un ancien couplet, chanté par les enfants, fait-il allusion à cette manie d'entraîner tout, et en donne une raison grotesque. Voici la poésie en question :

Darro tiene prometido	Le Darro a promis
El casarse con Genil	De se marier avec le Genil
Y le ha de llevar en dote	Et veut lui apporter en dot
Plaza Nueva y Zacatin.	La Place Neuve et le Zacatin.

Les jardins appelés *Carmenes del Darro*, et dont il est fait de si ravissantes descriptions dans les poésies espagnoles et moresques, se trouvent sur les bords de la *Carrera*, en remontant du côté de la fontaine de *los Avellanos*.

La ville se trouve ainsi divisée en quatre grands quartiers : l'Antequerula, qui occupe les croupes de la colline, ou plutôt de la montagne couronnée par l'Alhambra; l'Alhambra et son appendice le Généralife; l'Albaycin, autrefois vaste forteresse, aujourd'hui quartier en ruines et dépeuplé, et Grenade proprement dite, qui s'étend dans la plaine autour de la cathédrale et de la place de la *Vivarambla,* et qui forme un quartier séparé.

Tel est, à peu près, l'aspect topographique de Grenade, traversée dans toute sa largeur par le Darro, côtoyée par le Genil qui baigne l'Alameda (promenade), abritée par la Sierra-Nevada, qu'on entrevoit à chaque bout de rue, rapprochée si fort par la transparence de l'air, qu'il semble qu'on pourrait la toucher avec la main du haut des balcons et des *miradores.*

L'aspect général de Grenade trompe beaucoup les prévisions que l'on avait pu se former. Malgré soi, malgré les nombreuses déceptions déjà éprouvées, l'on ne s'avoue pas que trois ou quatre cents ans et des flots de bourgeois ont passé sur le théâtre de tant d'actions romantiques et chevaleresques. On se figure une ville moitié moresque, moitié gothique, où les clochers à jours se mêlent aux minarets, où les pignons alternent avec les toits en terrasse; on s'attend à voir des maisons sculptées, historiées, avec des blasons et des devises héroïques, des constructions bizarres, aux étages chevauchant l'un sur l'autre, aux poutres saillantes, aux fenêtres ornées de tapis de Perse et de pots bleus et blancs, enfin la réalité d'une décoration d'opéra, représentant quelque merveilleuse perspective du moyen âge.

Les gens que l'on rencontre en costume moderne, coiffés de chapeaux tromblons, vêtus de redingotes à la propriétaire, vous produisent involontairement un effet désagréable et vous semblent plus ridicules qu'ils ne le sont ; car ils ne peuvent réellement pas se promener, pour la plus grande gloire de la couleur locale, avec l'*albornoz* more du temps de Boabdil ou l'armure de fer du temps de Ferdinand et d'Isabelle la Catholique. Ils tiennent à honneur, comme presque tous les bourgeois des villes d'Espagne, de montrer qu'ils ne sont pas pittoresques le moins du monde et de faire preuve de civilisation au moyen de pantalons à sous-pieds. Telle est l'idée qui les préoccupe : ils ont peur de passer pour barbares, pour arriérés, et, lorsque l'on vante la beauté sauvage de leur pays, ils s'excusent humblement de n'avoir pas encore de chemins de fer et de manquer d'usines à vapeur. L'un de ces honnêtes citadins, devant qui j'exaltais les agréments de Grenade, me répondit : « C'est la ville la mieux éclairée d'Andalousie. Remarquez quelle quantité de réverbères ; mais quel dommage qu'ils ne soient pas alimentés par le gaz ! »

Grenade est gaie, riante, animée, quoique bien déchue de son ancienne splendeur. Les habitants se multiplient et jouent à merveille une nombreuse population ; les voitures y sont plus belles et en plus grande quantité qu'à Madrid. La pétulance andalouse répand dans les rues un mouvement et une vie inconnus aux graves promeneurs castillans, qui ne font pas plus de bruit que leur ombre : ce que nous disons là s'applique surtout à la Carrera del Darro, au Zacatin, à la place Neuve, à la calle de los Gomeles qui mène à l'Alhambra, à la place du Théâtre, aux abords de la promenade et aux principales rues artérielles. Le reste de la ville est sillonné en tous sens d'inextricables ruelles de trois à quatre pieds de large qui ne peuvent admettre de voitures, et rappellent tout à fait les rues moresques d'Alger. Le seul bruit qu'on y entende, c'est le sabot d'un âne ou d'un mulet qui arrache une étincelle aux cailloux luisants du pavé ou le fron-fron monotone d'une guitare qui bourdonne au fond d'une cour intérieure.

Les balcons ornés de stores, de pots de fleurs et d'arbustes, les brindilles de vigne qui se hasardent d'une fenêtre à l'autre, les lauriers-roses qui lancent leurs bouquets étincelants par-dessus les murs des jardins, les jeux bizarres du soleil et de l'ombre qui rappellent les tableaux de Decamps représentant des villages turcs, les femmes assises sur le pas de la porte, les enfants à demi nus qui jouent et se culbutent, les ânes qui vont et viennent chargés de plumets et de houppes de laine, donnent à ces ruelles, presque toujours montantes et quelquefois coupées de quelques marches, une physionomie particulière qui n'est pas sans charme et dont l'imprévu compense, et au delà, ce qui leur manque comme régularité.

Victor Hugo, dans sa charmante orientale, dit de Grenade :

Elle peint ses maisons de plus riches couleurs.

Ce détail est d'une grande justesse. Les maisons un peu riches sont peintes, extérieurement, de la façon la plus bizarre, d'architectures simulées, d'ornements en grisaille et de faux bas-reliefs. Ce sont des panneaux, des cartouches, des trumeaux, des pots-à-feu, des volutes, des médaillons fleuris de roses pompons, des oves, des chicorées, des amours ventrus soutenant toutes sortes d'ustensiles allégoriques sur des fonds vert-pomme, cuisse de nymphe, ventre de biche : le genre rococo poussé à sa dernière expression. L'on a d'abord de la peine à prendre ces enluminures pour des habitations sérieuses. Il vous semble que vous marchez toujours entre des coulisses de théâtre. Nous avions déjà vu à Tolède des façades enluminées dans ce genre, mais elles sont bien loin de celles de Grenade pour la folie des ornements et l'étrangeté des couleurs. Pour ma part, je ne hais pas cette mode, qui égaye les yeux et fait un heureux contraste avec la teinte crayeuse des murailles passées au lait de chaux.

Nous avons parlé tout à l'heure des bourgeois costumés à la française, mais le peuple ne suit heureusement pas les modes de Paris ; il a gardé le chapeau pointu à rebords de velours, orné de touffes de soie, ou de forme tronquée, avec un large retroussis en manière de turban ; la veste enjolivée de broderies et d'applications de drap de toutes sortes de couleurs aux coudes, aux parements, au collet, qui rappelle vaguement les vestes turques ; la ceinture rouge ou jaune ; le pantalon à revers retenu par des boutons de filigrane ou de pièces à la colonne, soudées à un crochet ; les guêtres de cuir ouvertes sur le côté et laissant voir la jambe ; mais tout cela plus éclatant, plus fleuri, plus ramagé, plus épanoui, plus chargé de clinquant et de fanfreluches que dans les autres provinces. On voit aussi beaucoup de costumes qu'on désigne sous le nom de *vestido de cazador* (habit de chasseur) en cuir de Cordoue et en velours bleu ou vert, rehaussé d'aiguillettes. Le grand genre est de porter à la main une canne (*vara*) ou bâton blanc, bifurqué à l'extrémité, haut de quatre pieds, sur lequel on s'appuie nonchalamment lorsque l'on s'arrête pour causer. Tout *majo* qui se respecte un peu n'oserait se produire en public sans *vara*. Deux foulards dont les bouts pendent hors des poches de la veste, une longue *navaja* passée dans la ceinture, non par devant, mais au milieu du dos, sont le comble de l'élégance pour ces fats populaires.

Ce costume me séduisit tellement que mon premier soin fut de m'en commander un. L'on me conduisit chez don Juan Zapata, homme d'une grande réputation pour les costumes nationaux, et qui nourrissait pour les habits noirs et les redingotes une haine au moins égale à la mienne. Voyant en moi quelqu'un qui partageait ses antipathies, il donna libre carrière à ses amertumes, et répandit dans mon sein ses élégies sur la décadence de l'art. Il rappela avec une douleur qui trouvait de l'écho chez moi l'heureux temps où un étranger vêtu à la française aurait été hué dans les rues et criblé de pelures d'orange, où les *toreadores* portaient des vestes brodées de fin qui valaient plus de cinq cents piécettes, et les jeunes gens de bonne famille des garnitures et des aiguillettes d'un prix exorbitant. « Hélas! monsieur, il n'y a plus que les Anglais qui achètent des habits espagnols, » me dit-il en achevant de me prendre mesure.

Ce señor Zapata était pour ses habits un peu comme Cardillac pour ses bijoux. Cela le chagrinait beaucoup de les livrer à ses pratiques. Quand il vint m'essayer mon costume, il fut tellement ébloui par l'éclat du pot à fleurs qu'il avait brodé au milieu du dos sur le fond brun du drap, qu'il entra dans une joie folle et se mit à faire toutes sortes d'extravagances. Puis, tout à coup, l'idée de laisser ce chef-d'œuvre entre mes mains vint traverser son hilarité et l'assombrit soudainement. Sous je ne sais quel prétexte de correction à faire, il enveloppa la veste dans son foulard, la remit à son apprenti, car un tailleur espagnol se croirait déshonoré s'il portait lui-même son paquet, et se sauva comme si tous les diables l'emportaient, en me lançant un regard ironique et farouche. Le lendemain, il revint tout seul, et, tirant d'une bourse de cuir l'argent que je lui avais donné, il me dit que cela lui faisait trop de peine de se séparer de sa veste, et qu'il aimait mieux me rendre mes duros. Ce ne fut que sur l'observation que je lui fis que ce costume donnerait une haute idée de son talent et le mettrait en réputation à Paris, qu'il consentit à s'en dessaisir.

Les femmes ont eu le bon goût de ne pas quitter la mantille, la plus délicieuse coiffure qui puisse encadrer un visage d'Espagnole; elles vont par les rues et à la promenade en cheveux, un œillet rouge à chaque tempe, groupées dans leurs dentelles noires, et filent le long des murs en manégeant de l'éventail avec une grâce, une prestesse incomparables. Un chapeau de femme est une rareté à Grenade. Les élégantes ont bien dans leur arrière-carton quelque machine jonquille ou ponceau qu'elles réservent pour les occasions suprêmes; mais ces occasions, grâce à Dieu, sont fort rares, et les horribles chapeaux ne voient le jour qu'à la fête de la reine ou aux séances solennelles du lycée. Puissent nos modes ne jamais faire invasion dans la ville des califes, et la terrible menace renfermée dans ces deux mots peints en noir à l'entrée d'un carrefour : *Modista francesa*, ne jamais se réaliser! Les esprits dits sérieux nous trouveront sans doute bien futile et se moqueront de nos doléances pittoresques; mais nous sommes de ceux qui croient que les bottes vernies et les paletots en caoutchouc contribuent très-peu à la civilisation, et qui estiment la civilisation elle-même quelque chose de peu désirable. C'est un spectacle douloureux pour le poëte, l'artiste et le philosophe, de voir les formes et les couleurs disparaître du monde, les lignes se troubler, les teintes se confondre et l'uniformité la plus désespérante envahir l'univers sous je ne sais quel prétexte de progrès. Quand tout sera pareil, les voyages deviendront complétement inutiles, et c'est précisément alors, heureuse coïncidence, que les chemins de fer seront en pleine activité. A quoi bon aller voir bien loin, à raison de dix lieues à l'heure, des rues de la Paix éclairées au gaz et garnies de bourgeois confortables? Nous croyons que tels n'ont pas été les desseins de Dieu, qui a modelé chaque pays d'une façon différente, lui a donné des végétaux particuliers, et l'a peuplé de races spéciales dissemblables de conformation, de teint et de langage. C'est mal comprendre le sens de la création que de vouloir imposer la même livrée aux hommes de tous les climats, et c'est une des mille erreurs de la civilisation européenne; avec un habit à queue de morue l'on est beaucoup plus laid, mais tout aussi barbare. Les pauvres Turcs du sultan Mahmoud font effectivement une belle figure depuis la réforme de l'ancien costume asiatique, et les lumières ont fait chez eux des progrès infinis!

Pour aller à la promenade, l'on suit la Carrera del Darro, l'on traverse la place du Théâtre, où se dresse une colonne funèbre élevée à la mémoire de Joaquin Maïquez par Julian Romea, Matilde Diez et autres artistes dramatiques, et sur laquelle donne la façade de l'Arsenal, bâtiment rococo, barbouillé en jaune et garni de statues de grenadiers peints en gris de souris.

L'Alameda de Grenade est assurément l'un des endroits les plus agréables du monde : elle se nomme le *Salon ;* singulier nom pour une promenade : figurez-vous une longue allée de plusieurs rangs d'arbres d'une verdure unique en Espagne, terminée à chaque bout par une fontaine monumentale, dont les vasques portent sur les épaules de dieux aquatiques d'une difformité curieuse et d'une barbarie réjouissante. Ces fontaines, contre l'ordinaire de ces sortes de constructions, versent l'eau à larges nappes qui s'évaporent en pluie fine et en brouillard humide, et répandent une fraîcheur délicieuse. Dans les allées latérales courent, encaissés par des lits de cailloux de couleur, des ruisseaux d'une transparence cristalline. Un grand parterre, orné de jets d'eau, rempli d'arbustes et de fleurs, myrtes, rosiers, jasmins, toute la corbeille de la Flore grenadine, occupe l'espace entre le Salon et le Genil, et s'étend jusqu'au pont élevé par le général Sébastiani du temps de l'invasion des Français. Le Genil arrive de la Sierra-Nevada dans son lit de marbre à travers des bois de lauriers d'une beauté incomparable. Le verre, le cristal, sont des comparaisons trop opaques, trop épaisses, pour donner une idée de la pureté de cette eau qui était encore la veille étendue en nappes d'argent sur les épaules blanches de la Sierra-Nevada. C'est un torrent de diamants en fusion.

Le soir, au Salon, entre sept ou huit heures, se réunissent les petites-maîtresses et les élégants grenadins : les voitures suivent la chaussée, vides la plupart du temps, car les Espagnols aiment beaucoup la marche, et, malgré leur fierté, daignent se promener eux-mêmes. Rien n'est plus charmant que de voir aller et venir par petits groupes les jeunes femmes et les jeunes filles en mantille, nu-bras, des fleurs naturelles dans les cheveux, des souliers de satin aux pieds, l'éventail à la main, suivies à quelque distance par leurs amis et leurs attentifs, car en Espagne l'on n'est pas dans l'usage de donner le bras aux femmes, comme nous l'avons déjà fait remarquer en parlant du Prado de Madrid. Cette habitude de marcher seules leur donne une franchise, une élégance et une liberté d'allures que n'ont pas nos femmes, toujours suspendues à quelque bras. Comme disent les peintres, elles *portent* parfaitement. Cette séparation perpétuelle de l'homme et de la femme, du moins en public, sent déjà l'Orient.

Un spectacle dont les peuples du Nord ne peuvent se faire une idée, c'est l'Alameda de Grenade au coucher du soleil : la Sierra-Nevada, dont la dentelure enveloppe la ville de ce côté, prend des nuances inimaginables. Tous les escarpements, toutes les cimes frappées par la lumière, deviennent roses, mais d'un rose éblouissant, idéal, fabuleux, glacé d'argent, traversé d'iris et de reflets d'opale, qui ferait paraître boueuses les teintes les plus fraîches de la palette : des tons de nacre de perle, des transparences de rubis, des veines d'agate et d'aventurine à défier toute la joaillerie féerique des *Mille et une Nuits*. Les vallons, les crevasses, les anfractuosités, tous les endroits que n'atteignent pas les rayons du soleil couchant, sont d'un bleu qui peut lutter avec l'azur du ciel et de la mer, du lapis-lazuli et du saphir ; ce contraste de ton entre la lumière et l'ombre est d'un effet prodigieux : la montagne semble avoir revêtu une immense robe de soie changeante, pailletée et côtelée d'argent ; peu à peu les couleurs splendides s'effacent et se fondent en demi-teintes violettes, l'ombre envahit les croupes inférieures, la lumière se retire vers les hautes cimes, et toute la plaine est depuis longtemps dans l'obscurité que le diadème d'argent de la Sierra étincelle encore dans la sérénité du ciel sous le baiser d'adieu du soleil.

Les promeneurs font encore quelques tours et se dispersent, les uns pour aller prendre des sorbets ou de l'agraz au café de don Pedro Hurtado, le meilleur glacier de Grenade ; les autres pour se rendre à la *tertulia*, chez leurs amis et leurs connaissances.

Cette heure est la plus gaie et la plus vivante de Grenade. Les boutiques des aguadores et des glaciers en plein vent sont éclairées par une multitude de lampes et de lanternes; les réverbères et les fanaux allumés devant les images des madones luttent d'éclat et de nombre avec les étoiles, ce qui n'est pas peu dire; et, s'il fait clair de lune, l'on peut lire parfaitement les éditions les plus microscopiques. Le jour est bleu au lieu d'être jaune, voilà tout.

Grâce à la dame qui m'avait empêché de mourir de faim dans la diligence, et qui nous présenta chez plusieurs de ses amis, nous fûmes bientôt très-répandus dans Grenade, et nous y menâmes une vie charmante. Il est impossible de recevoir un accueil plus cordial, plus franc et plus aimable; au bout de cinq ou six jours, nous étions tout à fait intimes, et, suivant l'usage espagnol, l'on nous désignait par nos noms de baptême : j'étais à Grenade don Teofilo, mon camarade s'intitulait don Eugenio, et nous avions la liberté d'appeler par leur petit nom, Carmen, Teresa, Gala, etc., les femmes et les filles des maisons où nous étions reçus. Cette familiarité s'accorde très-bien avec les manières les plus polies et les attentions les plus respectueuses.

Nous allions donc à la *tertulia* tous les soirs, soit dans une maison, soit dans l'autre, depuis huit heures jusqu'à minuit. La *tertulia* se tient dans le *patio* entouré de colonnes d'albâtre, orné d'un jet d'eau dont le bassin est entouré de pots de fleurs et de caisses d'arbustes, sur les feuilles desquels les gouttes retombent en grésillant. Six ou huit quinquets sont accrochés le long des murs; des canapés et des chaises de paille ou de jonc meublent les galeries, des guitares traînent çà et là; le piano occupe un angle, dans l'autre sont dressées des tables de jeu.

Chacun va saluer, en entrant, la maîtresse et le maître de la maison, qui ne manquent pas, après les civilités ordinaires, de vous offrir une tasse de chocolat, qu'il est de bon goût de refuser, et une cigarette que l'on accepte quelquefois. Ces devoirs accomplis, vous allez dans un coin du *patio* vous joindre au groupe qui a le plus d'attrait pour vous. Les parents et les personnes âgées jouent au *trecillo;* les jeunes gens causent avec les demoiselles, récitent les octaves et les dizains faits dans la journée, sont grondés et mis en pénitence pour les crimes qu'ils ont pu commettre la veille, comme d'avoir dansé trop souvent avec une jolie cousine, ou lancé une œillade trop vive vers un balcon défendu, et autres menues peccadilles. S'ils ont été bien sages, à la place de la rose qu'ils ont apportée, on leur donne l'œillet placé au corsage ou dans les cheveux, et l'on répond par un tour de prunelle et une légère pression de doigts à leur serrement de main lorsqu'on monte au balcon pour entendre passer la musique de la retraite. L'amour semble être la seule occupation à Grenade. L'on n'a pas parlé plus de deux ou trois fois à une jeune fille, que toute la ville vous déclare *novio* et *novia*, c'est-à-dire fiancés, et vous fait sur votre prétendue passion une foule de railleries innocentes, mais qui ne laissent pas que de vous inquiéter en vous faisant passer devant les yeux des visions conjugales. Cette galanterie est plutôt apparente que réelle; malgré les œillades langoureuses, les regards brûlants, les conversations tendres ou passionnées, les diminutifs mignards et le *querido* (chéri) dont on fait précéder votre nom, il ne faut pas prendre pour cela des idées trop avantageuses. Un Français à qui une femme du monde dirait le quart de ce que dit sans conséquence une jeune fille grenadine à l'un de ses nombreux novios, croirait que l'heure du berger va sonner pour lui le soir même, en quoi il se tromperait; s'il s'émancipait un peu trop, il serait bien vite rappelé à l'ordre et sommé de formuler ses intentions matrimoniales par devers les grands-parents. Cette honnête liberté de langage, si éloignée des mœurs guindées et factices des nations du Nord, vaut mieux que notre hypocrisie de paroles qui cache au fond une grande grossièreté d'actions. A Grenade, rendre des soins à une femme mariée semble tout à fait extraordinaire, et rien ne paraît plus simple que de faire la cour à une jeune fille. En France, c'est le contraire : jamais personne n'adresse un mot aux demoiselles ; c'est ce qui rend les mariages si souvent malheureux. En Espagne, un novio voit sa novia deux ou trois fois par jour, parle avec elle sans témoins auriculaires, l'accompagne à la promenade, vient causer la nuit avec elle à travers les grilles du balcon ou de la fenêtre du rez-de-chaussée. Il a eu tout le temps de la connaître, d'étudier son caractère, et n'achète pas, comme on dit, chat en poche.

Lorsque la conversation languit, l'un des galants décroche une guitare et se met à chanter en grattant les cordes de ses ongles, en marquant le rhythme avec la paume de sa main sur le ventre de l'instrument, quelque joyeuse chanson andalouse ou quelques couplets bouffons entremêlés de *ay!* et de *ola!* modulés bizarrement et d'un effet singulier. Une dame se met au piano, joue un morceau de Bellini, qui paraît être le maestro favori des Espagnols, ou chante une romance de Breton de los Herreros, le grand parolier de Madrid. La soirée se termine par un petit bal improvisé, où l'on ne danse, hélas! ni jota, ni fandango, ni boléro, ces danses étant abandonnées aux paysans, aux servantes et aux bohémiens, mais bien la contredanse et le rigodon, et quelquefois la valse.

Cependant, à notre requête, un soir, deux demoiselles de la maison voulurent bien exécuter le boléro; mais auparavant elles firent fermer les fenêtres et la porte du *patio,* qui ordinairement restent toujours ouvertes, tant elles avaient peur d'être accusées de mauvais goût et de couleur locale. Les Espagnols se fâchent en général quand on leur parle de cachucha, de castagnettes, de majos, de manolas, de moines, de contrebandiers et de combats de taureaux, quoique au fond ils aient un grand penchant pour toutes ces choses vraiment nationales et si caractéristiques. Ils vous demandent d'un air visiblement contrarié si vous pensez qu'ils ne sont pas aussi avancés que vous en civilisation, tant cette déplorable manie d'imitation anglaise ou française a pénétré partout. L'Espagne en est aujourd'hui au Voltaire Touquet et au *Constitutionnel* de 1825, c'est-à-dire hostile à toute couleur et à toute poésie. Il est toujours bien entendu que nous parlons de la classe prétendue éclairée qui habite les villes.

Les contredanses terminées, l'on prend congé des maîtres de la maison en disant à la femme : *A los piés de Ud.*; au mari : *Beso á Ud. la mano*, à quoi l'on vous répond : *Buenas noches* et *beso á Ud. la suya*, et sur le pas de la porte, pour dernier adieu, un : *Hasta mañana* (jusqu'à demain) qui vous engage à revenir. Tout en étant familiers, les gens du peuple eux-mêmes, les paysans et les gredins sans aveu sont entre eux d'une urbanité exquise bien différente de la grossièreté de notre canaille; il est vrai qu'un coup de couteau pourrait suivre un mot blessant, ce qui donne beaucoup de circonspection aux interlocuteurs. Il est à remarquer que la politesse française, autrefois proverbiale, a disparu depuis que l'on a cessé de porter l'épée. Les lois contre le duel achèveront de nous rendre le peuple le plus grossier de l'univers.

En rentrant chez soi, l'on rencontre sous les fenêtres et les balcons les jeunes galants embossés dans leur cape et occupés à *pelar la paba* (plumer la dinde), c'est-à-dire faire la conversation avec leurs *novias* à travers les grilles. Ces entretiens nocturnes durent souvent jusqu'à deux ou trois heures du matin, ce qui n'a rien d'étonnant, puisque les Espagnols passent une partie de la journée à dormir. Il arrive aussi de tomber dans une sérénade composée de trois ou quatre musiciens, mais le plus ordinairement de l'amoureux tout seul, qui chante des couplets en s'accompagnant de la guitare, le sombrero enfoncé sur les yeux et le pied posé sur une pierre ou sur une borne. Autrefois, deux sérénades dans la même rue ne se seraient pas supportées ; le premier occupant prétendait rester seul et défendait à toute autre guitare que la sienne de bourdonner dans le silence de la nuit. Les prétentions se soutenaient à la pointe de l'épée ou du couteau, à moins cependant qu'une ronde ne vînt à passer. Alors les deux rivaux se réunissaient pour charger la patrouille, sauf à vider ensuite leur querelle particulière. Les susceptibilités de la sérénade se sont beaucoup adoucies, et chacun peut *rascar el jamon* (gratter le jambon) sous la muraille de sa belle en tranquillité d'esprit.

Si la nuit est sombre, il faut prendre garde de mettre le pied sur le ventre de quelque honorable hidalgo roulé dans sa mante, qui lui sert de vêtement, de lit et de maison. Dans les nuits d'été, les marches de granit du théâtre sont couvertes d'un tas de drôles qui n'ont pas d'autre asile. Chacun a son degré qui est comme son appartement, où l'on est toujours sûr de le retrouver. Ils dorment là sous le dôme bleu du ciel avec les étoiles pour veilleuses, à l'abri des punaises et défiant les piqûres des moustiques par la coriacité de leur peau tannée, bronzée aux feux du soleil d'Andalousie, et aussi noire, à coup sûr, que celle des mulâtres les plus foncés.

Voici, sans beaucoup de variantes, la vie que nous menions : le matin était consacré à des courses à travers la ville, à quelque promenade à l'Alhambra ou au Généralife, et ensuite à la visite obligée aux dames chez qui nous avions passé la soirée. Lorsque nous ne venions que deux fois par jour, l'on nous appelait ingrats, et l'on nous recevait avec tant de bienveillance, que nous nous trouvions en effet des êtres sauvages, farouches, et d'une négligence extrême.

Nous avions pour l'Alhambra une telle passion que, non contents d'y aller tous les jours, nous voulûmes y demeurer tout à fait, non pas dans les maisons avoisinantes, qu'on loue fort cher aux Anglais, mais dans le palais même, et, grâce à la protection de nos amis de Grenade, sans nous donner une permission formelle, on promit de ne pas nous apercevoir. Nous y restâmes quatre jours et quatre nuits, qui sont les instants les plus délicieux de ma vie sans aucun doute.

Pour aller à l'Alhambra, nous passerons, s'il vous plaît, par la place de la Vivarambla, où le vaillant More Gazul courait autrefois le taureau, et dont les maisons, avec leurs balcons et leurs *miradores* de menuiserie, ont une vague apparence de cages à poulets. Le Marché aux poissons occupe un angle de la place, dont le milieu forme un terre-plein entouré de bancs de pierre, peuplé de changeurs de monnaie, de marchands d'alcarazas, de pots de terre, de pastèques, de merceries, de romances, de couteaux, de chapelets et autres menues industries en plein vent. Le Zacatin, qui a conservé son nom moresque, relie la Vivarambla à la Plaza-Nueva. Dans cette rue, côtoyée de ruelles latérales, couverte de *tendidos* de toile à voile, s'agite et bourdonne tout le commerce de Grenade : les chapeliers, les tailleurs, les cordonniers, les passementiers et les marchands d'étoffes occupent presque toutes les boutiques auxquelles sont encore inconnus les raffinements du luxe moderne, et qui rappellent les anciens piliers des halles de Paris. La foule se presse à toute heure dans le Zacatin. Tantôt c'est un groupe d'étudiants de Salamanque en tournée, qui jouent de la guitare, du tambour de basque, des castagnettes et du triangle, en chantant des couplets pleins de verve et de bouffonnerie; tantôt une horde de bohémiennes avec leur robe bleue à falbalas, semée d'étoiles, leur long châle jaune, leurs cheveux en désordre, leur cou entouré de gros colliers d'ambre ou de corail, ou bien une file d'ânes chargés de jarres énormes et poussés par un paysan de la Vega, brûlé comme un Africain.

Le Zacatin débouche sur la Place-Neuve, dont un pan est occupé par le superbe palais de la Chancellerie, remarquable par ses colonnes d'ordre rustique et la richesse sévère de son architecture. La place traversée, l'on commence à gravir la rue de los Gomeres, au bout de laquelle on se trouve sur la limite de la juridiction de l'Alhambra, face à face avec la porte des Grenades, nommée Bib-Leuxar par les Mores, ayant à sa droite les Tours Vermeilles, bâties, à ce que prétendent les érudits, sur des substructions phéniciennes, et habitées aujourd'hui par des vanniers et des potiers de terre.

Avant d'aller plus loin, nous devons prévenir nos lecteurs, qui pourraient trouver nos descriptions, quoique d'une scrupuleuse exactitude, au-dessous de l'idée qu'ils s'en sont formée, que l'Alhambra, ce palais-forteresse des anciens rois mores, n'a pas le moins du monde l'aspect que lui prête l'imagination. On s'attend à des superpositions de terrasses, à des minarets brodés à jour, à des perspectives de colonnades infinies. Il n'y a rien de tout cela dans la réalité ; au dehors, l'on ne voit que de grosses tours massives couleur de brique ou de pain grillé, bâties à différentes époques par les princes arabes ; au dedans, qu'une suite de salles et de galeries décorées avec une délicatesse extrême, mais sans rien de grandiose. Ces réserves prises, continuons notre route.

Quand on a passé la porte des Grenades, l'on se trouve dans l'enceinte de la forteresse et sous la juridiction d'un gouverneur particulier. Deux routes sont tracées dans un bois de haute futaie. Prenons le chemin de gauche, qui conduit à la fontaine de Charles-Quint ; c'est le plus escarpé, mais le plus court et le plus pittoresque. Des ruisseaux roulent avec rapidité dans des rigoles de cailloutis et répandent la fraîcheur aux pieds des arbres, qui appartiennent presque tous aux espèces du Nord, et dont la verdure a une vivacité bien délicieuse à deux pas de l'Afrique. Le bruit de l'eau qui gazouille se mêle au bourdonnement enroué de cent mille cigales ou grillons dont la musique ne se tait jamais et vous rappelle forcément, malgré la fraîcheur du lieu, aux idées méridionales et torrides. L'eau jaillit de toutes parts, sous le tronc des arbres, à travers les fentes des vieux murs. Plus il fait chaud, plus les sources sont abondantes, car c'est la neige qui les alimente. Ce mélange d'eau, de neige et de feu, fait de Grenade un climat sans pareil au monde, un véritable paradis terrestre, et, sans que nous soyons More, l'on peut, lorsque nous avons l'air absorbé dans une mélancolie profonde, nous appliquer le dicton arabe : *Il pense à Grenade.*

Au bout du chemin, qui ne cesse de monter, on rencontre une grande fontaine monumentale qui forme épaulement, dédiée à l'empereur Charles-Quint, avec force devises, blasons, victoires, aigles impériales, médaillons mythologiques, dans le goût romain allemand, d'une richesse lourde et puissante. Deux écussons aux armes de la maison de Mondejar indiquent que don Luis de Mendoza, marquis de ce titre, a élevé ce monument en l'honneur du César à barbe rousse. Cette fontaine, solidement maçonnée, soutient les terres de la rampe qui conduit à la porte du Jugement, par laquelle on entre dans l'Alhambra proprement dit.

La porte du Jugement a été bâtie par le roi Yusef Abul Hagiag, vers l'an 1348 de Jésus-Christ : ce nom lui vient de l'habitude où sont les musulmans de rendre la justice sur le seuil de leurs palais ; ce qui a l'avantage d'être fort majestueux et de ne laisser pénétrer personne dans les cours intérieures ; car la maxime de M. Royer-Collard : « La vie privée doit être murée, » avait été inventée depuis bien des siècles par l'Orient, cette terre du soleil, d'où vient toute lumière et toute sagesse.

Le nom de tour serait plus justement appliqué que celui de porte à la construction du roi more Yusef Abul Hagiag, car c'est réellement une grosse tour carrée, assez haute, et percée d'un grand arc évidé en forme de cœur, à qui les hiéroglyphes de la clef et de la main gravés en creux sur deux pierres séparées donnent un air rébarbatif et cabalistique. La clef est un symbole en grande vénération chez les Arabes, à cause d'un verset du Coran qui commence par ces mots : *Il a ouvert,* et de plusieurs autres significations hermétiques ; la main est destinée à conjurer le mauvais œil, la *jettatura,* comme les petites mains de corail que l'on porte à

Naples en épingle ou en breloque pour se garantir des regards obliques. Il y avait une ancienne prédiction qui disait que Grenade ne serait prise que lorsque la main aurait saisi la clef ; il faut avouer, à la honte du prophète, que les deux hiéroglyphes sont toujours à la même place, et que Boabdil, *el rey chico,* comme on l'appelait à cause de sa petite taille, a poussé hors de Grenade conquise ce gémissement historique, *suspiro del Moro,* qui a baptisé un rocher de la Sierra d'Elvire.

Cette tour crénelée, massive, glacée d'orange et de rouge sur un fond de ciel cru, ayant derrière elle un abîme de végétation, la ville en précipice, et plus loin de longues bandes de montagnes veinées de mille nuances comme des porphyres africains, forme au palais arabe une entrée vraiment majestueuse et splendide. Sous la porte est installé un corps de garde, et de pauvres soldats déguenillés font la sieste au même endroit où les califes, assis sur des divans de brocart d'or, leurs yeux noirs immobiles dans leur face de marbre, les doigts noyés dans les flots de leur barbe soyeuse, écoutaient d'un air rêveur et solennel les réclamations des croyants. Un autel, surmonté d'une image de la Vierge, est appliqué à la muraille, comme pour sanctifier dès le premier pas cet ancien séjour des adorateurs de Mahomet.

La porte franchie, l'on débouche sur une vaste place nommée *de las Algives,* au milieu de laquelle se trouve un puits dont la margelle est entourée d'une espèce de hangar de charpente recouvert de sparterie sous lequel on va boire, pour un *cuarto,* de grands verres d'une eau claire comme le diamant, froide comme la glace, et d'un goût exquis. Les tours Quebrada, de l'Homenage, de l'Armeria, celle de la Vela, dont la cloche annonce les heures de la distribution des eaux, des parapets de pierre où l'on peut s'accouder pour admirer le merveilleux spectacle qui se déroule devant vous, entourent la place d'un côté ; l'autre est rempli par le palais de Charles-Quint, grand monument de la renaissance qu'on admirerait partout ailleurs, mais que l'on maudit ici, lorsqu'on songe qu'il couvre une égale étendue de l'Alhambra renversée exprès pour emboîter sa lourde masse. Cet Alcazar a pourtant été dessiné par Alonzo Berruguete ; les trophées, les bas-reliefs, les médaillons de sa façade sont fouillés par un ciseau fier, hardi, patient ; la cour circulaire à colonnes de marbre, où devaient se donner les combats de taureaux, est assurément un magnifique morceau d'architecture, mais *non erat hic locus*.

L'on pénètre dans l'Alhambra par un corridor situé dans l'angle du palais de Charles-Quint, et l'on arrive, après quelques détours, à une grande cour désignée indifféremment sous le nom de *Patio de los Arrayanes* (cour des Myrtes), de l'*Alberca* (du Réservoir), ou du *Mezouar*, mot arabe qui signifie bain des femmes.

En débouchant de ces couloirs obscurs dans cette large enceinte inondée de lumière, l'on éprouve un effet analogue à celui du Diorama. Il vous semble que le coup de baguette d'un enchanteur vous a transporté en plein Orient, à quatre ou cinq siècles en arrière. Le temps, qui change tout dans sa marche, n'a modifié en rien l'aspect de ces lieux, où l'apparition de la sultane Chaîne des cœurs et du More Tarfé, dans son manteau blanc, ne causerait pas la moindre surprise.

Au milieu de la cour est creusé un grand réservoir de trois ou quatre pieds de profondeur, en forme de parallélogramme, bordé de deux plates-bandes de myrtes et d'arbustes, terminé à chaque bout par une espèce de galerie à colonnes fluettes supportant des arcs moresques d'une grande délicatesse. Des bassins à jet d'eau, dont le trop-plein se dégorge dans le réservoir par une rigole de marbre, sont placés sous chaque galerie et complètent la symétrie de la décoration. A gauche se trouvent les archives et la pièce où, parmi des débris de toutes sortes, est relégué, il faut le dire à la honte des Grenadins, le magnifique vase de l'Alhambra, haut de près de quatre pieds, tout couvert d'ornements et d'inscriptions, monument d'une rareté inestimable, qui ferait à lui seul la gloire d'un musée, et que l'incurie espagnole laisse se dégrader dans un recoin ignoble. Une des ailes qui forment les anses a été cassée récemment. De ce côté sont aussi les passages qui conduisent à l'ancienne mosquée, convertie en église, lors de la conquête, sous l'invocation de sainte Marie de l'Alhambra. A droite sont les logements des gens de service, où la tête de quelque brune servante andalouse, encadrée par une étroite fenêtre moresque, produit un effet oriental assez satisfaisant. Dans le fond, au-dessus du vilain toit de tuiles rondes, qui a remplacé les poutres de cèdre et les tuiles dorées de la toiture arabe, s'élève majestueusement la tour de Comares, dont les créneaux découpent leurs dentelures vermeilles dans l'admirable limpidité du ciel. Cette tour renferme la salle des Ambassadeurs, et communique avec le *Patio de los Arrayanes* par une espèce d'antichambre nommée la *Barca,* à cause de sa forme.

L'antichambre de la salle des Ambassadeurs est digne de sa destination : la hardiesse de ses arcades, la variété, l'enlacement de ses arabesques, les mosaïques de ses murailles, le travail de sa voûte de stuc, fouillée comme un plafond de grotte à stalactites, peinte d'azur, de vert et de rouge, dont les traces sont encore visibles, forment un ensemble d'une originalité et d'une bizarrerie charmantes.

De chaque côté de la porte qui mène à la salle des Ambassadeurs, dans le jambage même de l'arcade, au-dessus du revêtement de carreaux vernissés dont les triangles de couleurs tranchantes garnissent le bas des murs, sont creusées en forme de petites chapelles deux niches de marbre blanc sculptées avec une extrême délicatesse. C'est là que les anciens Mores déposaient leurs babouches avant d'entrer, en signe de déférence, à peu près comme nous ôtons nos chapeaux dans les endroits respectables.

. La salle des Ambassadeurs, une des plus grandes de l'Alhambra, remplit tout l'intérieur de la tour de Comares. Le plafond, de bois de cèdre, offre les combinaisons mathématiques si familières aux architectes arabes : tous les morceaux sont ajustés de façon à ce que leurs angles sortants ou rentrants forment une variété infinie de dessins ; les murailles disparaissent sous un réseau d'ornements si serrés, si inextricablement enlacés, qu'on ne saurait mieux les comparer qu'à plusieurs guipures posées les unes sur les autres. L'architecture gothique, avec ses dentelles de pierre et ses rosaces découpées à jour, n'est rien à côté de cela. Les truelles à poisson, les broderies de papier frappées à l'emporte-pièce dont les confiseurs couvrent leurs dragées, peuvent seules en donner une idée. Un des caractères du style moresque est d'offrir très-peu de saillies et très-peu de profils. Toute cette ornementation se développe sur des plans unis et ne dépasse guère quatre à cinq pouces de relief ; c'est comme une espèce de tapisserie exécutée dans la muraille même. Un élément particulier la distingue : c'est l'emploi de l'écriture comme motif de décoration ; il est vrai que l'écriture arabe, avec ses formes contournées et mystérieuses, se prête merveilleusement à cet usage. Les inscriptions, qui sont presque toujours des *suras* du Coran ou des éloges aux différents princes qui ont bâti et décoré les salles, se déroulent le long des frises, sur les jambages des portes, autour de l'arc des fenêtres, entremêlées de fleurs, de rinceaux, de lacs et de toutes les richesses de la calligraphie arabe. Celles de la salle des Ambassadeurs signifient *Gloire à Dieu, puissance et richesse aux croyants*, ou contiennent les louanges d'Abu Nazar, qui, *s'il eût été transporté tout vif dans le ciel, eût effacé l'éclat des étoiles et des planètes ;* assertion hyperbolique qui nous paraît un peu trop orientale. D'autres bandes sont chargées de l'éloge d'Abu Abd Allah, autre sultan qui fit travailler à cette partie du palais. Les fenêtres sont chamarrées de pièces de vers en l'honneur de la limpidité des eaux du réservoir, de la fraîcheur des arbustes et du parfum des fleurs qui ornent la cour du Mezouar, qu'on aperçoit, en effet, de la salle des Ambassadeurs à travers la porte et les colonnettes de la galerie.

Les meurtrières à balcon intérieur percées à une grande hauteur du sol, le plafond en charpente sans autres décorations que des zigzags et des enlacements formés par l'ajustement des pièces, donnent à la salle des Ambassadeurs un aspect plus sévère qu'aux autres salles du palais, et plus en harmonie avec sa destination. De la fenêtre du fond, l'on jouit d'une vue merveilleuse sur le ravin du Darro.

Cette description terminée, nous devons encore détruire une illusion : toutes ces magnificences ne sont ni en marbre, ni en albâtre, ni même en pierre, mais tout bonnement en plâtre ! Ceci contrarie beaucoup les idées de luxe féerique que le nom seul de l'Alhambra éveille dans les imaginations les plus positives; mais rien n'est plus vrai : à l'exception des colonnes ordinairement tournées d'un seul morceau et dont la hauteur ne dépasse guère six à huit pieds, de quelques dalles dans le pavage, des vasques des bassins, des petites chapelles à déposer les babouches, il n'y a pas un seul morceau de marbre employé dans la construction intérieure de l'Alhambra. Il en est de même du Généralife : nul peuple d'ailleurs n'a poussé plus loin que les Arabes l'art de mouler, de durcir et de ciseler le plâtre, qui acquiert entre leurs mains la dureté du stuc sans en avoir le luisant désagréable.

La plupart de ces ornements sont donc faits avec des moules, et répétés sans grand travail toutes les fois que la symétrie l'exige. Rien ne serait facile comme de reproduire identiquement une salle de l'Alhambra; il suffirait pour cela de prendre les empreintes de tous les motifs d'ornement. Deux arcades de la salle du Tribunal, qui s'étaient écroulées, ont été refaites par des ouvriers de Grenade avec une perfection qui ne laisse rien à désirer. Si nous étions un peu millionnaire, une de nos fantaisies serait de faire un duplicata de la cour des Lions dans un de nos parcs.

De la salle des Ambassadeurs, l'on va, par un corridor de construction relativement moderne, au *tocador,* ou toilette de la reine. C'est un petit pavillon situé sur le haut d'une tour d'où l'on jouit du plus admirable panorama, et qui servait d'oratoire aux sultanes. A l'entrée, l'on remarque une dalle de marbre blanc percée de petits trous pour laisser passer la fumée des parfums que l'on brûlait sous le plancher. Sur les murs, l'on voit encore des fresques fantasques exécutées par Bartolomé de Ragis, Alonzo Perez et Juan de La

Fuente. Sur la frise s'entrelacent, avec des groupes d'amours, les chiffres d'Isabelle et de Philippe V. Il est difficile de rêver quelque chose de plus coquet et de plus charmant que ce cabinet aux petites colonnes moresques, aux arceaux surbaissés, suspendu sur un abîme azuré dont le fond est papeloné par les toits de Grenade, où la brise apporte les parfums du Généralife, énorme touffe de lauriers-roses épanouie au front de la colline prochaine, et le miaulement plaintif des paons qui se promènent sur les murs démantelés. Que d'heures j'ai passées là, dans cette mélancolie sereine si différente de la mélancolie du Nord, une jambe pendante sur le gouffre, recommandant à mes yeux de bien saisir chaque forme, chaque contour de l'admirable tableau qui se déployait devant eux, et qu'ils ne reverront sans doute plus! Jamais description, jamais peinture ne pourra approcher de cet éclat, de cette lumière, de cette vivacité de nuances. Les tons les plus ordinaires prennent la valeur des pierreries, et tout se soutient dans cette gamme. Vers la fin de la journée, quand le soleil est oblique, il se produit des effets inconcevables : les montagnes étincellent comme des entassements de rubis, de topazes et d'escarboucles; une poussière d'or baigne les intervalles, et si, comme cela est fréquent dans l'été, les laboureurs brûlent le chaume dans la plaine, les flocons de fumée qui s'élèvent lentement vers le ciel empruntent aux feux du couchant des reflets magiques. Je suis étonné que les peintres espagnols aient, en général, si fort rembruni leurs tableaux, et se soient jetés presque exclusivement dans l'imitation du Caravage et des maîtres sombres. Les tableaux de Decamps et de Marilhat, qui n'ont peint que des sites d'Asie ou d'Afrique, donnent de l'Espagne une idée bien plus juste que tous les tableaux rapportés à grands frais de la Péninsule.

ALHAMBRA, COUR DES LIONS.

Nous traverserons, sans nous y arrêter, le jardin de Lindaraja, qui n'est plus qu'un terrain inculte, jonché de décombres, hérissé de broussailles, et nous entrerons un instant dans les bains de la Sultane, revêtus de mosaïques de carreaux de terre vernissée, brodés de filigrane de plâtre à faire honte aux madrépores les plus compliqués. Une fontaine occupe le milieu de la pièce; deux espèces d'alcôves sont pratiquées dans le mur; c'était là que Chaîne des cœurs et Zobéide venaient se reposer sur des carreaux de toile d'or, après avoir savouré les délices et les raffinements d'un bain oriental. On voit encore, à une quinzaine de pieds du sol, les tribunes où balcons où se plaçaient les musiciens et les chanteurs. Les baignoires sont de grandes cuves de marbre blanc d'un seul morceau, placées dans de petits cabinets voûtés, éclairés par des rosaces ou étoiles découpées à jour. Nous ne parlerons pas, de peur de tomber dans des répétitions fastidieuses, de la salle des Secrets, où l'on remarque un effet d'acoustique singulier, et dont les angles sont noircis par le nez des curieux qui vont y chuchoter quelque impertinence fidèlement transportée à l'autre coin ; de la salle des Nymphes, où l'on voit au-dessus de la porte un excellent bas-relief de Jupiter changé en cygne et caressant Léda, d'une liberté de composition et d'une audace de ciseau extraordinaires; des appartements de Charles-Quint, outrageusement dévastés, qui n'ont plus rien de curieux que leurs plafonds chamarrés de l'ambitieuse devise : *Non plus ultra*, et nous nous transporterons dans la cour des Lions, le morceau le plus curieux et le mieux conservé de l'Alhambra.

Les gravures anglaises et les nombreux dessins que l'on a publiés de la cour des Lions n'en donnent qu'une idée fort incomplète et très-fausse; ils manquent presque tous de proportions, et, par la surcharge que nécessite le rendu des détails infinis de l'architecture arabe, font concevoir un monument d'une bien plus grande importance.

La cour des Lions a cent vingt pieds de long, soixante et treize de large, et les galeries qui l'entourent ne dépassent pas vingt-deux pieds de haut. Elles sont formées par cent vingt-huit colonnes de marbre blanc appareillées dans un désordre symétrique de quatre en quatre et de trois en trois; ces colonnes, dont les chapiteaux très-ouvragés conservent des traces d'or et de couleur, supportent des arcs d'une élégance extrême et d'une coupe toute particulière.

En entrant, vous avez en face de vous, formant le fond du parallélogramme, la salle du Tribunal, dont la voûte renferme un monument d'art d'une rareté et d'un prix inestimables. Ce sont des peintures arabes, les seules peut-être qui soient parvenues jusqu'à nous. L'une d'elles représente la cour des Lions même avec la fontaine très-reconnaissable, mais dorée; quelques personnages, que la vétusté de la peinture ne permet pas de distinguer nettement, semblent occupés d'une joute ou d'une passe d'armes. L'autre a pour sujet une espèce de divan où se trouvent rassemblés les rois morts de Grenade, dont on discerne encore fort bien les burnous blancs, les têtes olivâtres, la bouche rouge et les mystérieuses prunelles noires. Ces peintures, à ce que l'on prétend, sont sur cuir préparé, collé à des panneaux de cèdre, et servent à prouver que le précepte du Coran qui défend la représentation des êtres animés n'était pas toujours scrupuleusement observé par les Mores, quand bien même les douze lions de la fontaine ne seraient pas là pour confirmer cette assertion.

A gauche, au milieu de la galerie, dans le sens de la longueur, se trouve la salle des Deux Sœurs, qui fait pendant à la salle des Abencérages. Ce nom de *las Dos Hermanas* lui vient de deux immenses dalles de marbre blanc de Machaël, de grandeur égale et parfaitement semblables, que l'on remarque à son pavé. La voûte ou coupole, que les Espagnols appellent fort expressivement *media naranja* (demi-orange), est un miracle de travail et de patience. C'est quelque chose comme les gâteaux d'une ruche, comme les stalactites d'une grotte, comme les grappes de globules savonneux que les enfants soufflent au moyen d'une paille. Ces myriades de petites voûtes, de dômes de trois ou quatre pieds qui naissent les uns des autres, entre-croisant et brisant à chaque instant leurs arêtes, semblent plutôt le produit d'une cristallisation fortuite que l'œuvre d'une main humaine; le bleu, le rouge et le vert brillent encore dans le creux des moulures d'un éclat presque aussi vif que s'ils venaient d'être posés. Les murailles, comme celles de la salle des Ambassadeurs, sont couvertes, depuis la frise jusqu'à hauteur d'homme, de broderies de stuc d'une délicatesse et d'une complication incroyables. Le bas est revêtu de ces carreaux de terre vernie où des angles noirs, verts et jaunes, forment mosaïque avec le fond blanc. Le milieu de la pièce, selon l'invariable usage des Arabes, dont les habitations ne semblent être que de grandes fontaines enjolivées, est occupé par un bassin et un jet d'eau. Il y en a quatre sous le portique du tribunal, autant sous le portique de l'entrée, un autre dans la salle des Abencérages, sans compter la *Taza de los Leones;* qui, non contente de verser de l'eau par les gueules de ses douze monstres, lance encore vers le ciel un torrent par le champignon qui la surmonte. Toutes ces eaux viennent se rendre, par des rigoles creusées dans le dallage des salles et le pavé de la cour, au pied de la fontaine des Lions, où elles s'engloutissent dans un conduit souterrain. Voilà à coup sûr un genre d'habitation où l'on ne sera pas incommodé par la poussière, et l'on se demande comment ces salles pouvaient être habitables l'hiver. Sans doute on fermait alors les grandes portes de cèdre, on recouvrait le pavé de marbre d'épais tapis, on allumait dans les *braseros* des feux de noyaux et de bois odoriférant, et l'on attendait ainsi le retour de la belle saison, qui ne se fait jamais beaucoup attendre à Grenade.

Nous ne décrivons pas la salle des Abencérages, qui est presque semblable à celle des Deux Sœurs, et n'a rien de particulier que son ancienne porte de bois assemblé en losanges, qui date du temps des Mores. A l'Alcazar de Séville, on en remarque une autre tout à fait du même style.

La *Taza de los Leones* jouit, dans les poésies arabes, d'une réputation merveilleuse, il n'est pas d'éloges dont on ne comble ces superbes animaux; je dois avouer qu'il est difficile de trouver quelque chose qui ressemble moins à des lions que ces produits de la fantaisie africaine : les pattes sont de simples piquets pareils à ces morceaux de bois à peine dégrossis qu'on enfonce dans le ventre des chiens de carton pour les faire tenir en équilibre; les mufles, rayés de barres transversales, sans doute pour figurer les moustaches, ressemblent parfaitement à des museaux d'hippopotame; les yeux sont d'un dessin par trop primitif qui rappelle les informes essais des enfants. Cependant ces douze monstres, en les acceptant, non pas comme lions, mais comme chimères, comme caprice d'ornement, font, avec la vasque qu'ils supportent, un effet pittoresque et plein d'élégance, qui aide à comprendre leur réputation et les éloges contenus dans cette inscription arabe de vingt-quatre vers de vingt-deux syllabes, gravés sur les parois de la coupe où retombent les eaux de la coupe supérieure. Nous demandons pardon à nos lecteurs pour la fidélité un peu barbare de la traduction :

« O toi qui regardes les lions fixés à leur place ! remarque qu'il
« ne leur manque que la vie pour être parfaits. Et toi à qui échoit
« en héritage cet Alcazar et ce royaume, prends-le des nobles
« mains qui l'ont gouverné sans déplaisir et sans résistance. Que
« Dieu te sauve pour l'œuvre que tu viens d'achever, et te préserve
« à jamais des vengeances de ton ennemi ! Honneur et gloire à toi,
« ô Mahomad ! notre roi, orné de hautes vertus à l'aide desquelles
« tu as tout conquis ! Puisse Dieu ne jamais permettre que ce beau
« jardin, image de tes vertus, ait un rival qui le surpasse ! La ma-
« tière qui nuance le bassin de la fontaine est comme de la nacre
« de perle sous l'eau claire qui scintille ; la nappe ressemble à de
« l'argent en fusion, car la limpidité de l'eau et la blancheur de la
« pierre sont sans pareilles ; on dirait une goutte d'essence trans-
« parente sur un visage d'albâtre. Il serait difficile de suivre son
« cours. Regarde l'eau et regarde la vasque, et tu ne pourras dis-
« tinguer si c'est l'eau qui est immobile ou le marbre qui ruisselle.
« Comme le prisonnier d'amour, dont le visage se baigne d'ennui
« et de crainte sous le regard de l'envieux, ainsi l'eau jalouse s'in-
« digne contre la pierre, et la pierre porte envie à l'eau. A ce flot
« inépuisable peut se comparer la main de notre roi, qui est aussi
« libéral et généreux que le lion est fort et vaillant. »

C'est dans le bassin de la fontaine des Lions que tombèrent les têtes des trente-six Abencérages attirés dans un piége par les Zégris. Les autres Abencérages auraient tous éprouvé le même sort sans le dévouement d'un petit page qui courut prévenir, au risque de sa vie, les survivants, et les empêcher d'entrer dans la fatale cour. On vous fait remarquer au fond du bassin de larges taches rougeâtres, accusations indélébiles laissées par les victimes contre la cruauté de leurs bourreaux. Malheureusement les érudits prétendent que les Abencérages et les Zégris n'ont jamais existé. Je m'en rapporte complétement là-dessus aux romances, aux traditions populaires et à la nouvelle de M. de Chateaubriand, et je crois fermement que les empreintes empourprées sont du sang et non de la rouille.

Nous avions établi notre quartier-général dans la cour des Lions; notre ameublement consistait en deux matelas qu'on roulait le jour dans quelque coin, en une lampe de cuivre, une jarre de terre et quelques bouteilles de vin de Jérès que nous mettions rafraîchir dans la fontaine. Nous couchions tantôt dans la salle des Deux Sœurs, tantôt dans celle des Abencérages, et ce n'était pas sans quelque légère appréhension, qu'étendu sur mon manteau, je regardais tomber, par les ouvertures de la voûte, dans l'eau du bassin et sur le pavé luisant, les rayons blancs de la lune tout étonnés de se croiser avec la flamme jaune et tremblotante d'une lampe.

Les traditions populaires réunies par Washington Irving, dans ses *Contes de l'Alhambra*, me revenaient en mémoire; les histoires du *Cheval sans tête* et du *Fantôme velu*, rapportées gravement par le père Echeverria, me paraissaient extrêmement probables, surtout quand la lumière était soufflée. La vraisemblance des légendes paraît beaucoup plus grande la nuit, dans ces ténèbres traversées de reflets incertains qui prêtent à tous les objets vaguement ébauchés des apparences fantastiques ; le doute est fils du jour, la foi est fille de la nuit, et ce qui m'étonne, moi, c'est que saint Thomas ait cru au Christ, après avoir mis le doigt dans sa plaie. Je ne suis pas sûr de n'avoir pas vu les Abencérages se promener le long des galeries au clair de lune, portant leur tête sous le bras : toujours est-il que les ombres des colonnes prenaient des formes diablement suspectes, et que la brise, en passant dans les arcades, ressemblait à s'y méprendre à une respiration humaine.

Un matin, c'était un dimanche, vers quatre ou cinq heures, nous nous sentîmes, tout en dormant, inondés sur nos matelas d'une pluie fine et pénétrante. On avait ouvert les conduits des jets d'eau plus tôt qu'à l'ordinaire, en l'honneur d'un prince de Saxe-Cobourg qui venait visiter l'Alhambra, et qui, disait-on, devait épouser la jeune reine quand elle serait majeure.

A peine étions-nous levés et habillés que le prince arriva avec deux ou trois personnes de sa suite. Il était furieux. Les gardiens, pour le fêter plus dignement, avaient ajusté à toutes les fontaines des mécanismes et des jeux hydrauliques les plus ridicules du monde. L'une de ces inventions avait la prétention de figurer le voyage de la reine à Valence au moyen d'un petit carrosse en fer-blanc et de soldats de plomb que la force de l'eau faisait tourner. Jugez de la satisfaction du prince à ce raffinement ingénieux et constitutionnel. Le *Fray Gerundio,* journal satirique de Madrid, persécutait ce pauvre prince avec un acharnement particulier. Il lui reprochait, entre autres crimes, de débattre trop vivement ses comptes de dépenses dans les auberges, et d'avoir paru au théâtre en habit de majo, un chapeau pointu sur la tête.

Une compagnie de Grenadins et de Grenadines vint passer la journée à l'Alhambra ; il y avait sept ou huit femmes jeunes et jolies, et cinq ou six cavaliers. Ils dansèrent au son de la guitare, jouèrent aux petits jeux et chantèrent en chœur, sur un air délicieux, la chanson de Fray Luis de Léon, qui a obtenu un succès populaire en Andalousie. Comme les jets d'eau étaient épuisés pour avoir commencé trop matin à darder leur fusée d'argent, et que les vasques se trouvaient à sec, les jeunes folles s'assirent en rond sur le rebord d'albâtre du bassin de la salle des Deux Sœurs, de manière à former corbeille, et, renversant en arrière leurs jolies têtes, elles reprenaient toutes ensemble le refrain de la chanson.

Le Généralife est situé à peu de distance de l'Alhambra, sur un mamelon de la même montagne. L'on y va par une espèce de chemin creux qui croise le ravin de los Molinos, qui est tout bordé de figuiers aux énormes feuilles luisantes, de chênes verts, de pistachiers, de lauriers, de cistes d'une incroyable puissance de végétation. Le sol sur lequel on marche se compose d'un sable jaune tout pénétré d'eau, et d'une fécondité extraordinaire. Rien n'est plus ravissant à suivre que ce chemin, qui a l'air d'être tracé à travers une forêt vierge d'Amérique, tant il est obstrué de feuillages et de fleurs, tant on y respire un vertigineux parfum de plantes aromatiques. La vigne jaillit par les fentes des murs lézardés, et suspend à toutes les branches ses vrilles fantasques et ses pampres découpés comme un ornement arabe ; l'aloès ouvre son éventail de lames azurées, l'oranger contourne son bois noueux et s'accroche de ses doigts de racines aux déchirures des escarpements. Tout fleurit, tout s'épanouit dans un désordre touffu et plein de charmants hasards. Une branche de jasmin qui s'égare mêle une étoile blanche aux fleurs écarlates du grenadier ; un laurier, d'un bord du chemin à l'autre, va embrasser un cactus, malgré ses épines. La nature, abandonnée à elle-même, semble se piquer de coquetterie, et vouloir montrer combien l'art, même le plus exquis et le plus savant, reste toujours loin d'elle.

Au bout d'un quart d'heure de marche, on arrive au Généralife, qui n'est en quelque sorte que *la casa de campo*, le pavillon champêtre de l'Alhambra. L'extérieur, comme celui de toutes les constructions orientales, en est fort simple : de grandes murailles sans fenêtres et surmontées d'une terrasse avec une galerie en arcades, le tout coiffé d'un petit belvédère moderne. Il ne reste du Généralife que des arcades et de grands panneaux d'arabesques malheureusement empâtés par des couches de lait de chaux renouvelées avec une obstination de propreté désespérante. Petit à petit, les délicates sculptures, les guillochis merveilleux de cette architecture de fées s'oblitèrent, se bouchent et disparaissent. Ce qui n'est plus aujourd'hui qu'une muraille vaguement vermiculée, était autrefois une dentelle découpée à jour, aussi fine que ces feuilles d'ivoire que la patience des Chinois cisèle pour les éventails. La brosse du badigeonneur a fait disparaître plus de chefs-d'œuvre que la faux du Temps, s'il nous est permis de nous servir de cette expression mythologique et surannée. Dans une salle assez bien conservée, on remarque une suite de portraits enfumés des rois d'Espagne, qui n'ont qu'un mérite chronologique.

Le véritable charme du Généralife, ce sont ses jardins et ses eaux. Un canal, revêtu de marbre, occupe toute la longueur de l'enclos, et roule ses flots abondants et rapides sous une suite d'arcades de feuillage formées par des ifs contournés et taillés bizarrement. Des orangers, des cyprès, sont plantés sur chaque bord ; au pied de l'un de ces cyprès d'une monstrueuse grosseur, et qui remonte au temps des Mores, la favorite de Boabdil, s'il faut en croire la légende, prouva souvent que les verrous et les grilles sont de minces garants de la vertu des sultanes. Ce qu'il y a de certain, c'est que l'if est très-gros et fort vieux.

La perspective est terminée par une galerie-portique à jets d'eau, à colonnes de marbre, comme le patio des Myrtes de l'Alhambra. Le canal fait un coude, et vous pénétrez dans d'autres enceintes ornées de pièces d'eau et dont les murs conservent des traces de fresques du XVIe siècle, représentant des architectures rustiques et des points de vue. Au milieu d'un de ces bassins s'épanouit, comme une immense corbeille, un gigantesque laurier-rose d'un éclat et d'une beauté incomparables. Au moment où je le vis, c'était comme une explosion de fleurs, comme le bouquet d'un feu d'artifice végétal ; une fraîcheur splendide et vigoureuse, presque bruyante, si ce mot peut s'appliquer à des couleurs, à faire paraître blafard le teint de la rose la plus vermeille ! Ses belles fleurs jaillissaient avec toute l'ardeur du désir vers la pure lumière du ciel ; ses nobles feuilles, taillées tout exprès par la nature pour couronner la gloire, lavées par la bruine des jets d'eau, étincelaient comme des émeraudes au soleil. Jamais rien ne m'a fait éprouver un sentiment plus vif de la beauté que ce laurier-rose du Généralife.

Les eaux arrivent aux jardins par une espèce de rampe fort rapide, côtoyée de petits murs en manière de garde-fous, supportant des canaux de grandes tuiles creuses par où les ruisseaux se précipitent à ciel ouvert avec un gazouillement le plus gai et le plus vivant du monde. A chaque palier, des jets abondants partent du milieu de petits bassins et poussent leur aigrette de cristal jusque dans l'épais feuillage du bois de lauriers dont les branches se croisent au-dessus d'eux. La montagne ruisselle de toutes parts ; à chaque pas jaillit une source, et toujours l'on entend murmurer à côté de soi quelque onde détournée de son cours, qui va alimenter une fontaine ou porter la fraîcheur au pied d'un arbre. Les Arabes ont poussé au plus haut degré l'art de l'irrigation ; leurs travaux hydrauliques attestent une civilisation des plus avancées ; ils subsistent encore aujourd'hui, et c'est à eux que Grenade doit d'être le paradis de l'Espagne et de jouir d'un printemps éternel sous une température africaine. Un bras du Darro a été détourné par les Arabes et amené de plus de deux lieues sur la colline de l'Alhambra.

Du belvédère du Généralife, l'on aperçoit nettement la configuration de l'Alhambra avec son enceinte de tours rougeâtres à demi ruinées, et ses pans de murs qui montent et descendent, en suivant les ondulations de la montagne. Le palais de Charles-Quint, que l'on ne découvre pas du côté de la ville, dessine sur les flancs damassés de la Sierra-Nevada, dont l'échine blanche entaille bizarrement le ciel, sa masse robuste et carrée, que le soleil dore d'un reflet blond. Le clocher de Sainte-Marie profile sa silhouette chrétienne au-dessus des créneaux moresques. Quelques cyprès poussent à travers les crevasses des murailles leurs noirs soupirs de feuillage au milieu de toute cette lumière et de tout cet azur, comme une pensée triste dans la joie d'une fête. Les pentes de la colline qui descendent vers le Darro et le ravin de los Molinos disparaissent sous un océan de verdure. C'est un des plus beaux points de vue que l'on puisse imaginer.

De l'autre côté, comme pour faire contraste à tant de fraîcheur, s'élève une montagne inculte, brûlée, fauve, plaquée de tons d'ocre et de terre de Sienne, qu'on appelle *la Silla del Moro,* à cause de quelques restes de constructions qu'elle porte à son sommet. C'est de là que le roi Boabdil regardait les cavaliers arabes jouter dans la Vega contre les chevaliers chrétiens. Le souvenir des Mores est toujours vivant à Grenade On dirait que c'est d'hier qu'ils ont quitté la ville, et, si l'on en juge par ce qui reste d'eux, c'est vraiment dommage. Ce qu'il faut à l'Espagne du Midi, c'est la civilisation africaine et non la civilisation européenne, qui n'est pas en rapport avec l'ardeur du climat et des passions qu'il inspire. Le mécanisme constitutionnel ne peut convenir qu'aux zones tempérées ; au delà de trente degrés de chaleur, les chartes fondent ou éclatent.

Maintenant que nous en avons fini avec l'Alhambra et le Généralife, traversons le ravin du Darro et allons visiter, le long du chemin qui mène au Monte-Sagrado, les tanières des gitanos, assez nombreux à Grenade. Ce chemin est pratiqué dans le flanc de la colline de l'Albaycin, qui surplombe d'un côté. Des raquettes gigantesques, des nopals monstrueux hérissent ces pentes décharnées et blanchâtres de leurs palettes et de leurs lances couleur de vert-de-gris ; sous les racines de ces grandes plantes grasses qui semblent leur servir de chevaux de frise et d'artichauts, sont creusées dans le roc vif les habitations des bohémiens. L'entrée de ces cavernes est blanchie à la chaux ; une corde tendue, sur laquelle glisse un morceau de tapisserie éraillée, leur tient lieu de porter. C'est là-dedans que grouille et pullule la sauvage famille ; les enfants, plus fauves de peau que des cigares de la Havane, jouent tout nus devant le seuil, sans distinction de sexe, et se roulent dans la poussière en poussant des cris aigus et gutturaux. Les gitanos sont ordinairement forgerons, tondeurs de mules, vétérinaires, et surtout maquignons. Ils ont mille recettes pour donner du feu et de la vigueur aux bêtes les plus poussives et les plus fourbues ; un gitano eût fait galoper Rossinante et caracoler le grison de Sancho. Leur vrai métier, au fond, est celui de voleur.

Les gitanas vendent des amulettes, disent la bonne aventure et pratiquent les industries suspectes habituelles aux femmes de leur race ; j'en ai vu peu de jolies, bien que leurs figures fussent remarquables de type et de caractère. Leur teint basané fait ressortir la limpidité de leurs yeux orientaux dont l'ardeur est tempérée par je ne sais quelle tristesse mystérieuse, comme le souvenir d'une patrie absente et d'une grandeur déchue. Leur bouche, un peu épaisse, fortement colorée, rappelle l'épanouissement des bouches africaines ; la petitesse du front, la forme busquée du nez, accusent leur origine commune avec les tziganes de Valachie et de Bohême, et tous les enfants de ce peuple bizarre qui a traversé, sous le nom générique d'Égypte, la société du moyen âge, et dont tant de siècles n'ont pu interrompre la filiation énigmatique. Presque toutes ont dans le port une telle majesté naturelle, une telle franchise d'allure, elles sont si bien assises sur leurs hanches, que, malgré leurs haillons, leur saleté et leur misère, elles semblent avoir la conscience de l'antiquité et de la pureté de leur race vierge de tout mélange, car les bohémiens ne se marient qu'entre eux, et les enfants qui proviendraient d'unions passagères seraient rejetés de la tribu impitoyablement. Une des prétentions des gitanos est d'être bons

Castillans et bons catholiques, mais je crois qu'au fond ils sont quelque peu Arabes et mahométans, ce dont ils se défendent tant qu'ils peuvent, par un reste de terreur de l'inquisition disparue. Quelques rues désertes et à moitié en ruine de l'Albaycin sont aussi habitées par des gitanos plus riches ou moins nomades. Dans une de ces ruelles, nous aperçûmes une petite fille de huit ans, entièrement nue, qui s'exerçait à danser le *zorongo* sur un pavé pointu. Sa sœur, hâve, décharnée, avec des yeux de braise dans une figure de citron, était accroupie à terre à côté d'elle, une guitare sur les genoux, dont elle faisait ronfler les cordes avec le pouce, musique assez semblable au grincement enroué des cigales. La mère, richement habillée et le cou chargé de verroteries, battait la mesure du bout d'une pantoufle de velours bleu que son œil caressait complaisamment. La sauvagerie d'attitude, l'accoutrement étrange et la couleur extraordinaire de ce groupe, en eussent fait un excellent motif de tableau pour Callot ou Salvator Rosa.

Le Monte-Sagrado, qui renferme les grottes des martyrs retrouvés miraculeusement, n'offre rien de bien curieux. C'est un couvent avec une église assez ordinaire, sous laquelle sont creusées les cryptes. Ces cryptes n'ont rien qui puisse produire une vive impression. Elles se composent d'une complication de petits corridors étroits, hauts de sept ou huit pieds et blanchis à la chaux. Dans des enfoncements ménagés à cet effet, l'on a élevé des autels parés avec plus de dévotion que de goût. C'est là que sont enfermés, derrière des grillages, les châsses et les ossements des saints personnages. Je m'attendais à une église souterraine, obscure, mystérieuse, presque effrayante, à piliers trapus, à voûte surbaissée, éclairée par le reflet incertain d'une lampe lointaine, à quelque chose comme les anciennes catacombes, et je ne fus pas peu surpris de l'aspect propre et coquet de cette crypte badigeonnée, éclairée par des soupiraux comme une cave. Nous autres catholiques un peu superficiels, nous avons besoin du pittoresque pour arriver au sentiment religieux. Le dévot ne pense guère aux jeux de l'ombre et de la lumière, aux proportions plus ou moins savantes de l'architecture ; il sait que sous cet autel de forme médiocre sont cachés les os des saints morts pour la foi qu'il professe : cela lui suffit.

La Chartreuse, maintenant veuve de ses moines, comme tous les couvents d'Espagne, est un admirable édifice, et l'on ne saurait trop regretter qu'il ait été détourné de sa destination primitive. Nous n'avons jamais bien compris quel mal pouvaient faire les cénobites cloîtrés dans une prison volontaire et vivant d'austérités et de prières, surtout dans un pays comme l'Espagne, où ce n'est certes pas le terrain qui manque.

On monte par un double perron au portail de l'église, surmonté d'une statue de saint Bruno en marbre blanc, d'un assez bel effet. La décoration de cette église est singulière et consiste en arabesques de plâtre moulé d'une variété et d'une fécondité de motifs vraiment prodigieuses. Il semble que l'intention de l'architecte ait été de lutter, dans un goût tout différent, de légèreté et de complication avec les dentelles de l'Alhambra. Il n'y a pas un endroit large comme la main, dans cet immense vaisseau, qui ne soit fleuri, damassé, feuillé, guilloché, touffu comme un cœur de chou ; il y aurait de quoi faire perdre la tête à qui voudrait en tirer un crayon exact. Le chœur est revêtu de porphyres et de marbres précieux. Quelques tableaux médiocres sont accrochés çà et là le long des murs et font regretter la place qu'ils cachent. Le cimetière est auprès de l'église ; selon l'usage des chartreux, aucune tombe, aucune croix n'y désigne l'endroit où dorment les frères décédés ; les cellules entourent le cimetière et sont pourvues chacune d'un petit jardin. Dans un terrain planté d'arbres, qui servait sans doute de promenade aux religieux, l'on me fit remarquer une espèce de vivier à marges de pierre inclinées, où se traînaient gauchement quelques douzaines de tortues humant le soleil et tout heureuses d'être désormais à l'abri de la marmite. La règle des chartreux leur impose de ne jamais manger de viande, et la tortue est considérée comme poisson par les casuistes. Celles-ci devaient servir à la nourriture des moines. La révolution les a sauvées.

Pendant que nous sommes en train de visiter les couvents, entrons, s'il vous plaît, dans le monastère de Saint-Jean de Dieu. Le cloître en est des plus bizarres et d'un mauvais goût tout à fait prodigieux ; les murailles, peintes à fresque, représentent différentes belles actions de la vie de saint Jean de Dieu, encadrées dans des grotesques et des fantaisies d'ornement qui dépassent ce que les monstres du Japon et les magots de la Chine ont de plus extravagant et de plus curieusement difforme. Ce sont des sirènes qui jouent du violon, des guenuches à leur toilette, des poissons chimériques dans des flots impossibles, des fleurs qui ont l'air d'oiseaux, des oiseaux qui ont l'air de fleurs, des losanges de miroirs, des carreaux de faïence, des lacs d'amour, un fouillis inextricable ! L'église, heureusement d'une autre époque, est presque toute dorée. Le retable, soutenu par des colonnes d'ordre salomonique, produit un effet riche et majestueux. Le sacristain, qui nous servait de guide, voyant que nous étions Français, nous questionna sur notre pays, et nous demanda s'il était vrai, comme on le disait à Grenade, que l'empereur de Russie, Nicolas, eût envahi la France et se fût rendu maître de Paris : telles étaient les nouvelles les plus fraîches. Ces grossières absurdités étaient répandues dans le peuple par les partisans de don Carlos pour faire croire à une réaction absolutiste de la part des puissances de l'Europe, et ranimer par l'espoir d'un prochain secours le courage défaillant des bandes désorganisées.

Dans cette église, je vis un spectacle qui me frappa : c'était une vieille femme qui rampait sur les genoux, de la porte vers l'autel ; elle avait les bras étendus en croix, roides comme des pieux, la tête renversée en arrière, les yeux retournés et ne laissant voir que le blanc, les lèvres bridées sur les dents, la face luisante et plombée ; c'était de l'extase poussée jusqu'à la catalepsie. Jamais Zurbaran n'a rien fait de plus ascétique et d'une ardeur plus fiévreuse. Elle accomplissait une pénitence ordonnée par son confesseur, et en avait encore pour quatre jours.

Le couvent de San-Geronimo, maintenant transformé en caserne, renferme un cloître gothique à deux étages d'arcades d'un caractère et d'une beauté rares. Les chapiteaux des colonnes sont enjolivés de feuillages et d'animaux fantastiques d'un caprice et d'un travail charmants. L'église, profanée et déserte, offre cette particularité, que tous les ornements et les reliefs de l'architecture y sont peints, comme la voûte de la Bourse, en grisaille, au lieu d'être exécutés réellement ; c'est là qu'est enterré Gonzalve de Cordoue, surnommé le Grand Capitaine. On y conservait son épée, qui a été enlevée dernièrement et vendue deux ou trois duros, valeur de l'argent qui garnissait la poignée. C'est ainsi que beaucoup d'objets précieux comme art ou comme souvenir ont disparu sans profit autre pour les voleurs que le plaisir même de mal faire. Il semble que l'on pouvait imiter notre révolution par un autre côté que par son stupide vandalisme. C'est le sentiment que l'on éprouve toutes les fois que l'on visite un couvent dépeuplé, à l'aspect de tant de ruines et de dévastations inutiles, de tant de chefs-d'œuvre de tous genres perdus sans retour, de ce long travail de plusieurs siècles emporté et balayé en un instant. Il n'est donné à personne de préjuger l'avenir ; moi, je doute qu'il nous rende ce que le passé nous avait légué, et que l'on détruit comme si l'on avait quelque chose à mettre à la place. Encore pourrait-on mettre ce quelque chose *à côté,* car la terre n'est pas tellement couverte de monuments qu'on soit forcé d'élever les nouveaux édifices sur les décombres des anciens. Ces réflexions me préoccupaient en parcourant, dans l'Antequerula, l'ancien couvent de Santo Domingo. La chapelle est décorée avec une surcharge de colifichets, de fanfreluches et de dorures inimaginable. Ce ne sont que colonnes torses, volutes, chicorées, incrustations de brèches de couleur, mosaïques de verre, marqueterie de nacre et de burgau, cristaux, miroirs à biseaux, soleils à rayons, transparents, etc., tout ce que le goût tourmenté du xviiie siècle et l'horreur de la ligne droite peuvent inspirer de plus désordonné, de plus contrefait, de plus bossu et de plus baroque. La bibliothèque, qui a été préservée, se compose presque exclusivement d'in-folio et d'in-quarto reliés en vélin blanc, avec le titre écrit à la main en encre noire ou rouge. Ce sont en général des traités de théologie, des dissertations de casuistes et autres productions scolastiques, peu intéressantes pour de simples littérateurs. L'on a formé au couvent de Santo Domingo une collection de tableaux provenant des monastères abolis ou ruinés, qui, à l'exception de quelques belles têtes ascétiques, de quelques scènes de martyrs qui semblent peintes par des bourreaux, tant il y brille une vaste érudition de supplices, n'offre rien de remarquablement supérieur, et prouve que les dévastateurs sont d'excellents experts en fait de peinture, car ils savent fort bien garder pour eux tout ce qu'il y a de bon. Les cours et les cloîtres sont d'une admirable beauté, ornés de fontaines, d'orangers et de fleurs. Comme tout est là merveilleusement disposé pour la rêverie, la méditation et l'étude! et quel dommage que les couvents aient été habités par des moines, et non par des poëtes! Les jardins, abandonnés à eux-mêmes, ont pris un caractère agreste et sauvage. Une végétation luxuriante envahit les allées ; la nature rentre partout en possession de ses droits ; à la place de chaque pierre qui tombe, elle met une touffe d'herbe ou de fleurs. Ce qu'il y a de plus remarquable dans ces jardins, c'est une allée de lauriers énormes, faisant berceau, pavée de marbre blanc et garnie de chaque côté d'un long banc de même matière à dossier renversé. Des jets d'eau espacés entretiennent la fraîcheur sous cette épaisse voûte verte, au bout de laquelle on jouit d'un point de vue magnifique sur la Sierra-Nevada, à travers un charmant mirador moresque, faisant partie d'un reste d'ancien palais arabe enclavé dans le couvent. Ce pavillon communiquait, dit-on, avec l'Alhambra, dont il est assez éloigné, par de longues galeries souterraines. Cette idée est, du reste, fort enracinée à Grenade, où la moindre ruine moresque est toujours gratifiée de cinq ou six lieues de souterrains et d'un trésor caché gardé par un enchantement quelconque.

Nous allions souvent à Santo Domingo nous asseoir à l'ombre des lauriers et nous baigner dans une piscine où les moines, s'il faut en croire les chansons satiriques, s'ébattaient joyeusement avec les jolies filles qu'ils attiraient ou faisaient enlever. Il est à remarquer que c'est dans les pays les plus catholiques que les choses saintes, les prêtres et les moines sont traités le plus légèrement : les couplets et les contes espagnols sur les religieux n'ont rien à envier, pour la licence, aux facéties de Rabebais et de Béroalde de Verville, et, à voir la manière dont sont parodiées dans les vieilles pièces de théâtre les cérémonies de la religion, on ne se douterait guère que l'inquisition ait existé.

A propos de bain, plaçons ici un petit détail qui prouvera que l'art thermal, porté à un si haut degré par les Arabes, est bien déchu à Grenade de son antique splendeur. Notre guide nous conduisit à un établissement de bains assez joliment arrangé, avec des cabinets disposés autour d'un patio ombragé d'un plafond de pampres, et occupé en grande partie par un réservoir d'une eau fort limpide. Jusque-là tout allait bien; mais en quoi pensez-vous que pouvaient être faites les baignoires? en cuivre, en zinc, en pierre, en bois? Pas du tout, vous n'y êtes pas; nous allons vous le dire, car vous ne devineriez jamais. C'étaient d'énormes jarres d'argile comme celles où l'on conserve l'huile; ces baignoires d'un nouveau genre étaient enterrées jusqu'aux deux tiers à peu près de leur hauteur. Avant de nous empoter dans ces cruches, nous les fîmes garnir d'un drap blanc, précaution de propreté qui parut extrêmement bizarre au baigneur, et que nous eûmes besoin de lui recommander plusieurs fois pour nous faire obéir, tant elle l'étonnait. Il s'expliqua ce caprice à lui-même en faisant un geste commisératif des épaules et de la tête, et en disant à demi-voix ce seul mot : *Ingleses !*

Nous nous tenions accroupis dans nos pots, notre tête passant en dehors, à peu près comme des perdrix en terrine, et faisant une mine assez grotesque. C'est seulement alors que je compris l'histoire d'*Ali-Baba* ou des *Quarante voleurs,* qui m'avait toujours paru un peu difficile à croire, et fait douter un instant de la véracité des *Mille et une Nuits.*

Il y a bien encore dans l'Albaycin d'anciens bains moresques, une piscine recouverte d'une voûte trouée de petits soupiraux étoilés, mais ils ne sont pas installés, et l'on n'y aurait que de l'eau froide.

Voici à peu près ce que l'on peut remarquer à Grenade, dans un séjour de quelques semaines. Les distractions y sont rares : le théâtre est fermé pendant l'été ; la place des Taureaux n'est pas régulièrement servie ; il n'y a pas de casinos ni d'établissements publics, et l'on ne trouve de journaux français et étrangers qu'au Lycée, dont les membres donnent à certains jours des séances où on lit des discours, des vers, où l'on chante, où l'on joue des comédies composées ordinairement par quelque jeune poëte de la société.

Chacun est occupé consciencieusement à ne rien faire : la galanterie, la cigarette, la fabrication des quatrains et des octaves, et surtout les cartes, suffisent à remplir agréablement l'existence. On ne voit pas là cette inquiétude furieuse, ce besoin d'agir et de changer de place, qui tourmentent les gens du Nord. Les Espagnols m'ont paru très-philosophes : ils n'attachent presque aucune importance à la vie matérielle, et le comfort leur est tout à fait indifférent. Les mille besoins factices créés par les civilisations septentrionales leur semblent des recherches puériles et gênantes. En effet, n'ayant pas à se défendre continuellement contre le climat, les jouissances du *home* anglais ne leur inspirent aucune envie. Qu'importe que les fenêtres joignent exactement, à des gens qui paieraient un courant d'air, un vent coulis, s'ils pouvaient se le procurer ? Favorisés par un beau ciel, ils ont réduit l'existence à sa plus simple expression ; cette sobriété et cette modération en toutes choses leur procurent une grande liberté, une extrême indépendance ; ils ont le temps de vivre, et nous ne pouvons guère en dire autant. Les Espagnols ne conçoivent pas que l'on travaille d'abord pour se reposer ensuite. Ils aiment beaucoup mieux faire l'inverse, ce qui me paraît effectivement plus sage. Un ouvrier qui a gagné quelques réaux laisse là son ouvrage, met sa belle veste brodée sur son épaule, prend sa guitare, et va danser ou faire l'amour avec les *majas* de sa connaissance jusqu'à ce qu'il ne lui reste plus un seul cuarto ; alors il reprend la besogne. Avec trois ou quatre sous par jour, un Andalou peut vivre splendidement ; pour cette somme, il aura du pain très-blanc, une énorme tranche de pastèque et un petit verre d'anisette ; son logement ne lui coûtera que la peine d'étendre son manteau par terre sous quelque portique ou quelque arche de pont. En général, le travail paraît aux Espagnols une chose humiliante et indigne d'un homme libre, idée très-naturelle et très-raisonnable, à mon avis, puisque Dieu, voulant punir l'homme de sa désobéissance, n'a pas su trouver de plus grand supplice à lui infliger que de gagner son pain à la sueur de son front. Des plaisirs conquis comme les nôtres à force de peines, de fatigues, de tension d'esprit et d'assiduité, leur sembleraient payés beaucoup trop cher. Comme les peuples simples et rapprochés de l'état de nature, ils ont une rectitude de jugement qui leur fait mépriser les jouissances de convention. Pour quelqu'un qui arrive de Paris ou de Londres, ces deux tourbillons d'activité dévorante, d'existences fiévreuses et surexcitées, c'est un spectacle singulier que la vie que l'on mène à Grenade, vie toute de loisir, remplie par la conversation, la sieste, la promenade, la musique et la danse. On est surpris de voir le calme heureux de ces figures, la dignité tranquille de ces physionomies. Personne n'a cet air affairé qu'on remarque aux passants dans les rues de Paris. Chacun va tout à son aise, choisissant le côté de l'ombre, s'arrêtant pour causer avec ses amis et ne trahissant aucune hâte d'arriver. La certitude de ne pouvoir gagner d'argent éteint toute ambition : aucune carrière n'est ouverte aux jeunes gens. Les plus aventureux s'en vont à Manille, à la Havane, ou prennent du service dans l'armée ; mais, vu le piteux état des finances, ils restent quelquefois des années entières sans entendre parler de solde. Convaincus de l'inutilité de leurs efforts, ils ne cherchent pas à tenter des fortunes impossibles, et passent leur temps dans une oisiveté charmante que favorisent la beauté du pays et l'ardeur du climat.

Je ne me suis guère aperçu de la morgue des Espagnols : rien n'est trompeur comme les réputations qu'on fait aux individus et aux peuples. Je les ai trouvés, au contraire, d'une simplicité et d'une bonhomie extrêmes ; l'Espagne est le vrai pays de l'égalité, sinon dans les mots, du moins dans les faits. Le dernier mendiant allume son *papelito* au *puro* du grand seigneur, qui le laisse faire sans la moindre affectation de condescendance ; la marquise enjambe en souriant les corps déguenillés des vauriens endormis en travers de sa porte, et en voyage elle ne fait pas la grimace pour boire au même verre que le *mayoral,* le *zagal* et l'*escopetero* qui la conduisent. Les étrangers ont beaucoup de peine à s'accommoder de cette familiarité, les Anglais surtout, qui se font servir sur des plats des lettres qu'ils prennent avec des pincettes. Un de ces estimables insulaires, allant de Séville à Jérès, envoya dîner son *calesero* à la cuisine. Celui-ci, qui, dans son âme, pensait faire beaucoup d'honneur à un hérétique en s'accoudant à la même table que lui, ne fit pas une observation, et dissimula son courroux aussi soigneusement qu'un traître de mélodrame ; mais, au milieu de la route, à trois ou quatre lieues de Jérès, dans un désert effroyable, plein de fondrières et de broussailles, notre homme jeta fort prodrement l'Anglais à bas de la voiture et lui cria, en fouettant son cheval : « Milord, vous ne m'avez pas trouvé digne de prendre place à votre table ; je vous trouve, moi, don Jose Balbino Bustamente y Orozco, de trop mauvaise compagnie pour être assis sur cette banquette dans ma calesine. Bonsoir ! »

Les servantes et les domestiques sont traités avec une douceur familière bien différente de notre politesse affectée, qui semble à chaque mot leur rappeler l'infériorité de leur position. Un petit exemple prouvera notre assertion. Nous étions allés en partie à la maison de campagne de la señora *** ; le soir, on voulut danser, mais il y avait beaucoup plus de femmes que de cavaliers ; la señora *** fit monter le jardinier et un autre domestique qui dansèrent toute la soirée, sans embarras, sans fausse honte, sans empressement servile, comme s'ils eussent réellement fait partie de la société. Ils invitèrent tour à tour les plus jolies et les plus titrées, qui se rendirent à leur demande avec toute la bonne grâce possible. Nos démocrates sont encore loin de cette égalité pratique, et nos plus farouches républicains se révolteraient à l'idée de figurer, dans un quadrille, en face d'un paysan ou d'un laquais.

Ces remarques souffrent, comme toutes les règles, une infinité d'exceptions. Il y a sans doute beaucoup d'Espagnols actifs, laborieux, sensibles à toutes les recherches de la vie ; mais telle est l'impression générale que reçoit un voyageur après quelque séjour, impression souvent plus juste que celle d'un observateur indigène, moins frappé et moins saisi par la nouveauté des objets.

Notre curiosité satisfaite à l'endroit de Grenade et de ses monuments, à force de rencontrer à chaque bout de rue la perspective de la Sierra-Nevada, nous résolûmes de faire plus intime connaissance avec elle et de tenter une ascension sur le Mulhacen, le pic le plus élevé de la chaîne. Nos amis essayèrent d'abord de nous détourner de ce projet, qui ne laissait pas d'offrir quelque danger ; mais, lorsqu'on nous vit bien résolus, l'on nous indiqua un chasseur, nommé Alexandro Romero, comme connaissant la montagne à fond et capable de nous servir de guide. Il vint nous voir à notre *casa de pupilos,* et sa physionomie mâle et franche nous prévint tout de suite en sa faveur ; il portait un vieux gilet de velours, une ceinture de laine rouge, des guêtres de toile blanche comme celles des Valenciens, qui laissaient voir ses jambes sèches, nerveuses, tannées comme du cuir de Cordoue. Des alpargatas de corde tressée lui servaient de chaussure ; un petit chapeau andalou, roussi à force de coups de soleil, une carabine, une poire à poudre en sautoir, complétaient cet ajustement. Il se chargea des préparatifs de l'expédition, et promit de nous amener le lendemain, à trois heures, les quatre chevaux dont nous avions besoin, un pour mon compagnon de voyage, un autre pour moi, le troisième pour un jeune Allemand qui s'était joint à notre caravane, le quatrième pour notre domestique, préposé à la partie culinaire de l'expédition. Quant à Romero, il devait aller à pied. Nos provisions consistaient en jambon, poulets rôtis, chocolat, pain, citrons, sucre, et principalement en une grande bourse de cuir qu'on appelle *bota,* remplie d'excellent vin de Val-de-Peñas.

A l'heure dite, les chevaux étaient devant notre maison, et Romero faisait bélier à notre porte avec la crosse de sa carabine. Nous nous mîmes en selle encore mal éveillés, et notre cortége partit : notre guide nous précédait en coureur et nous indiquait le chemin. Quoiqu'il fît déjà jour, le soleil n'avait pas encore paru, et les ondulations des collines inférieures, que nous avions dépassées, s'étendaient autour de nous, fraîches, limpides et bleues comme les vagues d'un océan immobile. Grenade s'effaçait au loin dans l'atmosphère vaporeuse. Quand le globe de flamme parut à l'horizon, toutes les cimes devinrent roses comme des jeunes filles à l'aspect d'un amant, et semblèrent témoigner un embarras pudique d'être vues dans leur déshabillé du matin. Jusque-là nous n'avions gravi que des pentes assez douces s'enveloppant les unes dans les autres et n'offrant aucune difficulté. Les croupes de la montagne s'unissent à la plaine par des courbes habilement ménagées, qui forment un premier plateau toujours aisément accessible. Nous étions arrivés sur ce premier plateau. Le guide décida qu'il fallait laisser souffler nos montures, leur donner à manger et déjeuner nous-mêmes. Nous nous établîmes au pied d'une roche, près d'une petite source dont l'eau diamantée scintillait sous une herbe d'émeraude. Romero, aussi adroit qu'un sauvage de l'Amérique, improvisa un feu au moyen d'une poignée de broussailles, et Louis nous fit du chocolat qui, soutenu d'une tranche de jambon et d'une gorgée de vin, composa notre premier repas dans la montagne. Pendant que cuisait notre déjeuner, une superbe vipère passa à côté de nous et parut surprise et mécontente de notre installation sur ses propriétés, ce qu'elle témoigna par un sifflement impoli qui lui valut un bon coup de canne à dard dans le ventre. Un petit oiseau, qui avait observé cette scène d'un air très-attentif, ne vit pas plutôt la vipère hors de combat qu'il accourut les plumes de la gorge hérissées, battant des ailes, l'œil en feu, criant et pépiant dans un état d'exaltation bizarre, reculant toutes les fois qu'un des tronçons de la bête venimeuse se tordait convulsivement, puis revenant bientôt à la charge et lui donnant quelques coups de bec, après lesquels il s'élevait en l'air de trois ou quatre pieds. Je ne sais pas ce que ce serpent pouvait avoir fait pendant sa vie à cet oiseau, et quelle rancune nous avions servie en le tuant, mais jamais je n'ai vu joie plus grande.

L'on se remit en marche. De temps en temps nous rencontrions des files de petits ânes qui descendaient des régions supérieures, chargés de neige qu'ils portaient à Grenade pour la consommation de la journée. Les conducteurs nous saluaient, en passant, du sacramentel : *Vayan ustedes con Dios,* et notre guide leur lançait quelque bouffonnerie sur leur marchandise qui ne les accompagnerait pas à la ville, et qu'ils seraient forcés de vendre au préposé de l'arrosement.

Romero nous précédait toujours, sautant de pierre en pierre avec la légèreté d'un chamois, criant : *Buen camino* (bon chemin). Je serais bien curieux de savoir ce que ce brave homme entendait par mauvais chemin, car il n'y avait aucune apparence de route. A droite et à gauche se creusaient à perte de vue de charmants précipices, très-bleus, très-azurés, très-vaporeux, variant de quinze cents à deux mille pieds de profondeur, différence qui, du reste, nous inquiétait fort peu, quelques douzaines de toises de plus ou de moins ne changeant rien à l'affaire. Je me rappelle en frissonnant un certain passage long de trois ou quatre portées de fusil, large de deux pieds, planche naturelle jetée entre deux gouffres. Comme mon cheval tenait la tête de la file, je dus passer le premier sur cette espèce de corde tendue, qui eût donné à réfléchir aux acrobates les plus déterminés. A certains endroits, le sentier était si étroit que ma monture n'avait que bien juste la place de poser son sabot, et que chacune de mes jambes surplombait sur un abîme différent : je me tenais immobile en selle, droit comme si j'eusse porté une chaise en équilibre au bout du nez. Ce trajet de quelques minutes me parut fort long.

Quand je réfléchis de sang-froid à cette ascension incroyable, je m'étonne comme au souvenir d'un rêve incohérent. Nous avons passé par des chemins où les chèvres auraient hésité à poser le pied, gravi des pentes tellement escarpées que les oreilles de nos chevaux nous touchaient le menton, à travers des rochers, des pierres qui s'écroulaient le long de précipices effroyables, décrivant des zigzags, profitant du moindre accident de terrain, avançant peu, mais toujours, et montant par degrés vers le sommet, but de notre ambition, et que nous avions perdu de vue depuis que nous étions engagés dans la montagne, parce que chaque plateau dérobe aux yeux le plateau supérieur. Chaque fois que nos bêtes s'arrêtaient pour reprendre haleine, nous nous retournions sur nos selles pour contempler l'immense panorama formé par la toile circulaire de l'horizon. Les crêtes surmontées se dessinaient comme dans une grande carte géographique. La Vega de Grenade et toute l'Andalousie se déployaient sous l'aspect d'une mer azurée où quelques points blancs, frappés par le soleil, figuraient les voiles. Les cimes voisines, chauves, fendillées et lézardées de haut en bas, avaient dans l'ombre des teintes de cendre verte, de bleu d'Égypte, de lilas et de gris de perle, et dans la lumière des tons d'écorce d'orange, de peau de lion, d'or bruni, les plus chauds et les plus admirables du monde. Rien ne donne l'idée d'un chaos, d'un univers encore aux mains du Créateur, comme une chaîne de montagnes vue de haut. On dirait qu'un peuple de Titans a essayé de bâtir là une de ces tours d'énormités, une de ces prodigieuses *Lylacqs* qui alarment Dieu; qu'ils en ont entassé les matériaux, commencé les terrasses gigantesques, et qu'un souffle inconnu a renversé et agité comme une tempête leurs ébauches de temples et de palais. On se croirait au milieu des décombres d'une Babylone antédiluvienne, dans les ruines d'une ville préadamite. Ces blocs énormes, ces entassements pharaoniens réveillent l'idée d'une race de géants disparus, tant la vieillesse du monde est lisiblement écrite en rides profondes sur le front chenu et la face rechignée de ces montagnes millénaires.

Nous avions atteint la région des aigles. De loin en loin, nous apercevions un de ces nobles oiseaux perché sur une roche solitaire, l'œil tourné vers le soleil, et dans cet état d'extase contemplative qui remplace la pensée chez les animaux. L'un d'eux planait à une grande hauteur et semblait immobile au milieu d'un océan de lumière. Romero ne put résister au plaisir de lui envoyer une balle en manière de carte de visite. Le plomb emporta une des grandes plumes de l'aile, et l'aigle, avec une majesté indicible, continua sa route comme s'il ne lui était rien arrivé. La plume tournoya longtemps avant d'arriver à terre, où elle fut recueillie par Romero, qui en orna son feutre.

Les neiges commençaient à se montrer par minces filets, par plaques disséminées, à l'ombre des roches; l'air se raréfiait; les escarpements devenaient de plus en plus abrupts; bientôt ce fut par nappes immenses, par tas énormes, que la neige s'offrit à nous, et les rayons du soleil n'avaient plus la force de la fondre. Nous étions au-dessus des sources du Genil, que nous apercevions, sous la forme d'un ruban bleu glacé d'argent, se précipiter en toute hâte du côté de sa ville bien-aimée. Le plateau sur lequel nous nous trouvions s'élève environ à neuf mille pieds au-dessus du niveau de la mer, et n'est dominé que par le pic de Veleta et le Mulhacen, qui se haussent encore d'un millier de pieds vers l'abîme insondable du ciel. Ce fut là que Romero décida qu'on passerait la nuit. On ôta les harnais des chevaux, qui n'en pouvaient plus; Louis et le guide arrachèrent des broussailles, des racines et des genévriers pour entretenir notre feu, car, bien que la chaleur fût dans la plaine de trente à trente-cinq degrés, il faisait sur ces hauteurs un frais que le coucher du soleil devait nécessairement changer en froid piquant. Il pouvait être environ cinq heures; mon compagnon et le jeune Allemand voulurent profiter de la fin du jour pour gravir à pied et tout seuls le dernier mamelon. Quant à moi, je préférai rester, et, l'esprit ému de ce spectacle grandiose et sublime, je me mis à griffonner sur mon carnet quelques vers, sinon bien tournés, ayant du moins le mérite d'être les seuls alexandrins composés à une pareille élévation. Mes strophes terminées, je fabriquai pour notre dessert d'excellents sorbets avec de la neige, du sucre, du citron et de l'eau-de-vie. Notre campement était assez pittoresque; les selles de nos chevaux nous servaient de siéges, nos manteaux de tapis, un grand tas de neige nous abritait contre le vent. Au centre brillait un feu de genêts que nous alimentions en y jetant de temps à autre une branche qui se tordait et sifflait en dardant sa séve en jets de toutes couleurs. Par-dessus nous, les chevaux étendaient leur tête maigre, à l'œil doux et morne, et attrapaient quelques bouffées de chaleur.

La nuit approchait à grands pas. Les montagnes les moins élevées s'étaient d'abord successivement éteintes, et, comme un pêcheur qui fuit devant la marée montante, la lumière sautillait de cime en cime en rétrogradant vers les plus hautes pour échapper à l'ombre qui venait du fond des vallées, noyant tout de ses lames bleuâtres. Le dernier rayon qui s'arrêta sur le pic du Mulhacen hésita un instant; puis, ouvrant ses ailes d'or, s'envola comme un oiseau de flamme dans les profondeurs du ciel et disparut. L'obscurité était complète, et la réverbération agrandie de notre foyer envoyait danser des ombres grimaçantes sur les parois des rochers. Eugène et l'Allemand ne reparaissaient pas, et je commençais à m'inquiéter : ils pouvaient être tombés dans un précipice, engloutis dans un tas de neige. Romero et Louis me demandaient déjà de leur signer une attestation comme quoi ils n'avaient ni égorgé ni volé ces deux honnêtes gentilshommes, et que, s'ils étaient morts, c'était leur faute.

En attendant, nous nous rompions la poitrine à pousser les hurlements les plus aigus et les plus sauvages pour leur indiquer la direction de notre wigwam, au cas où ils n'en pussent apercevoir la flamme. Enfin un coup de fusil, répercuté par tous les échos de la montagne, nous apprit que nous avions été entendus et que nos compagnons n'étaient plus qu'à une faible distance. Ils reparurent en effet au bout de quelques minutes, harassés de fatigue et prétendant avoir vu l'Afrique distinctement de l'autre côté de la mer, ce qui est fort possible, car la pureté de l'air est telle dans ce climat que la vue peut s'étendre jusqu'à trente ou quarante lieues. L'on soupa fort joyeusement, et, à force de jouer des airs de cornemuse avec l'outre de vin, on la rendit presque aussi plate que le bissac d'un mendiant de Castille. Il fut convenu que chacun veillerait à son tour pour entretenir le feu, ce qui fut fidèlement exécuté. Seulement le cercle, qui avait d'abord une assez grande circonférence, se rétrécissait de plus en plus. D'heure en heure, le froid augmentait d'intensité, et nous finîmes par nous mettre littéralement dans le feu, au point de brûler nos souliers et nos pantalons. Louis éclatait en lamentations; il regrettait son *gaspacho* (soupe froide à l'ail), sa maison, son lit, et jusqu'à sa femme; il se promettait à lui-même, sur ses grands dieux, de ne jamais retomber dans un second guet-apens d'ascension, prétendant que les montagnes sont plus curieuses d'en bas que d'en haut, et qu'il fallait être enragé pour s'exposer à se rompre les os cent mille fois, et se faire geler le nez et les oreilles en plein mois d'août, en Andalousie, en vue de l'Afrique. Toute la nuit, il ne fit que grogner et gémir de la sorte, et nous ne pûmes venir à bout de lui imposer silence. Romero, qui ne disait rien, n'était pourtant habillé que de toile, et n'avait pour s'envelopper qu'une étroite bande d'étoffe.

Enfin l'aurore parut; nous étions encapuchonnés d'un nuage, et Romero nous conseilla de commencer notre descente, si nous voulions être rentrés avant la nuit à Grenade. Quand il fit assez jour pour distinguer les objets, je remarquai qu'Eugène était rouge comme un homard cuit à point, et simultanément il fit sur moi une observation analogue qu'il ne crut pas devoir me cacher. Le jeune Allemand et Louis s'étaient également cardinalisés ; Romero seul avait gardé son teint de revers de botte, et ses jambes de bronze, quoique nues, n'avaient pas éprouvé la plus petite altération. C'était l'âpreté du froid et la raréfaction de l'air qui nous avaient rougis de cette façon. Monter, ce n'est rien, parce que l'on voit au-dessus de soi, mais descendre avec le gouffre en perspective est une tout autre affaire. Au premier abord, cela nous parut impraticable, et Louis se mit à glapir comme un geai qu'on plume vif. Cependant nous ne pouvions rester perpétuellement sur le Mulhacen, endroit peu habitable s'il en fut, et, Romero en tête, nous commençâmes à descendre. Dépeindre les chemins ou plutôt l'absence de chemins où ce diable d'homme nous fit passer, est impossible sans nous faire accuser de hâblerie ; jamais on n'a disposé pour un *steeple-chase* une pareille suite de casse-cous, et je doute que les plus hardis *gentlemen-riders* aient dépassé nos exploits sur le Mulhacen. Les montagnes russes sont des pentes douces en comparaison. Nous étions presque toujours debout sur les étriers et renversés sur la croupe de nos chevaux pour ne pas décrire d'incessantes paraboles par-dessus leurs têtes. Toutes les lignes de la perspective étaient brouillées à nos yeux ; les ruisseaux nous paraissaient remonter vers leurs sources, les rochers vacillaient et chancelaient sur leurs bases, les objets les plus éloignés nous paraissaient à deux pas, et nous avions perdu tout sentiment de proportion, effet qui se produit dans les montagnes, où l'énormité des masses et la verticalité des plans ne permettent plus d'apprécier les distances par les moyens ordinaires.

Malgré tous ces obstacles, nous arrivâmes à Grenade sans que nos montures eussent fait le moindre faux pas ; seulement, elles ne possédaient plus à elles toutes qu'un seul fer. Les chevaux andalous, et ceux-ci étaient cependant des rosses authentiques, n'ont pas leurs pareils pour la montagne. Ils sont si dociles, si patients, si intelligents, que ce qu'il y a de mieux à faire, c'est de leur laisser la bride sur le cou.

L'on attendait notre retour avec impatience, car l'on avait aperçu de la ville notre feu allumé comme un phare sur le plateau du Mulhacen. Je voulais aller raconter notre périlleuse expédition aux charmantes señoras B***, mais j'étais si fatigué que je m'endormis sur une chaise, tenant mon bas à la main, et ne me réveillai que le lendemain à dix heures, dans la même position. Quelques jours après, nous quittâmes Grenade en poussant un soupir au moins aussi profond que celui du roi Boabdil.

LES TAURÉADORS. MONTES, 1er MATADOR D'ESPAGNE

XII

LES VOLEURS ET LES COSARIOS DE L'ANDALOUSIE. — ALHAMA. — MALAGA. — LES ÉTUDIANTS EN TOURNÉE. — UNE COURSE DE TAUREAUX. — MONTÈS. — LE THÉATRE.

Une nouvelle bien faite pour mettre en rumeur toute une ville espagnole s'était répandue tout à coup dans Grenade, à la grande joie des *aficionados*. Le cirque neuf de Malaga était enfin terminé, après avoir coûté cinq millions de réaux à l'entrepreneur. Pour l'inaugurer solennellement par des exploits dignes des belles époques de l'art, le grand Montès de Chiclana avait été engagé avec sa quadrille, et devait tenir la place trois jours consécutifs; Montès, la première épée d'Espagne, le brillant successeur de Romero et de Pepe Illo. Nous avions déjà assisté à plusieurs courses de taureaux, mais nous n'avions pas eu le bonheur de voir Montès, que ses opinions politiques empêchaient de paraître dans la place de Madrid; et quitter l'Espagne sans avoir vu Montès, c'est quelque chose d'aussi sauvage et d'aussi barbare que de s'en aller de Paris sans avoir entendu mademoiselle Rachel. Bien que par le tracé de notre itinéraire nous dussions nous rendre à Cordoue, nous ne pûmes résister à cette tentation, et nous résolûmes de pousser une pointe sur Malaga, malgré la difficulté de la route et le peu de temps qui nous restait pour la faire.

Il n'y a pas de diligence de Grenade à Malaga, les seuls moyens de transport sont les *galeras* ou les mules : nous choisîmes les mules comme plus sûres et plus promptes, car nous devions prendre les chemins de traverse dans les Alpujarras, afin d'arriver le matin même de la course.

Nos amis de Grenade nous indiquèrent un *cosario* (conducteur de convoi), nommé Lanza, gaillard de belle mine, fort honnête homme et très-intime avec les bandits. Cela semblerait en France une médiocre recommandation, mais il n'en est pas de même au delà des monts. Les muletiers et les conducteurs de *galeras* connaissent les voleurs, passent des marchés avec eux, et moyennant une redevance de tant par tête de voyageur ou par convoi, selon les conditions, ils obtiennent le passage libre, et ne sont pas arrêtés. Ces arrangements sont tenus de part et d'autre avec une scrupuleuse probité, si un tel mot n'est pas trop dépaysé dans de pareilles transactions. Quand le chef de la troupe qui tient le chemin se retire *á indulto* [1], ou pour un motif quelconque cède à un autre son fonds et sa clientèle, il a soin de présenter officiellement à son successeur les *cosarios* qui lui payent la *contribution noire*, afin qu'ils ne soient pas molestés par mégarde ; de cette façon, les voyageurs sont sûrs de n'être pas dépouillés, et les voleurs évitent les risques d'une attaque et d'une lutte souvent périlleuse. Tout le monde y trouve son compte.

Une nuit, entre Alhama et Velez, notre *cosario* s'était assoupi

---

[1] Être reçu *á indulto* se dit d'un brigand qui fait sa soumission volontairement et que l'on amnistie.

sur le cou de la mule en queue de la file, quand tout à coup des cris aigus le réveillent; il voit briller des *trabucos* sur le bord de la route. Plus de doute, le convoi était attaqué. Surpris au dernier point, il se jette à bas de sa monture, relève de la main les gueules des tromblons, et se nomme. « Ah! pardon, señor Lanza, disent les brigands, tout confus de leur méprise, nous ne vous avions pas reconnu ; nous sommes des gens honnêtes, incapables d'une pareille indélicatesse, nous avons trop d'honneur pour vous prendre seulement un cigare. »

Si l'on n'est pas avec un homme connu sur la route, il faut traîner après soi des escortes nombreuses armées jusqu'aux dents, qui coûtent fort cher et offrent moins de certitude, car habituellement les *escopeteros* sont des voleurs à la retraite.

Il est d'usage en Andalousie, lorsqu'on voyage à cheval, et que l'on va aux courses, de revêtir le costume national. Aussi notre petite caravane était-elle assez pittoresque, et faisait-elle fort bonne figure en sortant de Grenade. Saisissant avec joie cette occasion de me travestir en dehors du carnaval, et de quitter pour quelque temps l'affreuse défroque française, j'avais revêtu mon habit de *majo :* chapeau pointu, veste brodée, gilet de velours à boutons de filigrane, ceinture de soie rouge, culotte de tricot, guêtres ouvertes au mollet. Mon compagnon de route portait son costume de velours vert et de cuir de Cordoue. D'autres avaient la *montera,* la veste et la culotte noire ornées d'agréments de soie de même couleur, avec la cravate et la ceinture jaunes. Lanza se faisait remarquer par le luxe de ses boutons d'argent faits de piécettes à la colonne soudées à un crochet, et les broderies en soie plate de sa seconde veste portée sur l'épaule comme le dolman des hussards.

La mule qu'on m'avait assignée pour monture était rasée à mi-corps, ce qui permettait d'étudier sa musculature aussi commodément que sur un écorché. La selle se composait de deux couvertures bariolées pliées en double pour atténuer autant que possible la saillie des vertèbres et la coupe en talus de l'épine dorsale. De chaque côté de ses flancs pendaient, en façon d'étriers, deux espèces d'auges de bois assez semblables à des ratières. Le harnais de tête était si chargé de pompons, de houppes et de fanfreluches, qu'à peine pouvait-on démêler à travers leurs mèches éparses le profil revêche et rechigné du quinteux animal.

C'est en voyage que les Espagnols reprennent leur antique originalité, et se dépouillent de toute imitation étrangère ; le caractère national reparaît tout entier dans ces convois à travers les montagnes qui ne doivent pas différer beaucoup des caravanes dans le désert. L'âpreté des routes à peine tracées, la sauvagerie grandiose des sites, le costume pittoresque des *arrieros,* les harnais bizarres des mules, des chevaux et des ânes marchant par files, tout cela vous transporte à mille lieues de la civilisation. Le voyage devient alors une chose réelle, une action à laquelle vous participez. Dans une diligence, l'on n'est plus un homme, l'on n'est qu'un objet inerte, un ballot ; vous ne différez pas beaucoup de votre malle. On vous jette d'un endroit à un autre, voilà tout. Autant vaut rester chez soi. Ce qui constitue le plaisir du voyageur, c'est l'obstacle, la fatigue, le péril même. Quel agrément peut avoir une excursion où l'on est toujours sûr d'arriver, de trouver des chevaux prêts, un lit moelleux, un excellent souper et toutes les aisances dont on peut jouir chez soi ? Un des grands malheurs de la vie moderne, c'est le manque d'imprévu, l'absence d'aventures. Tout est si bien réglé, si bien engrené, si bien étiqueté, que le hasard n'est plus possible ; encore un siècle de perfectionnement, et chacun pourra prévoir, à partir du jour de sa naissance, ce qui lui arrivera jusqu'au jour de sa mort. La volonté humaine sera complétement annihilée. Plus de crimes, plus de vertus, plus de physionomies, plus d'originalités. Il deviendra impossible de distinguer un Russe d'un Espagnol, un Anglais d'un Chinois, un Français d'un Américain. L'on ne pourra plus même se reconnaître entre soi. car tout le monde sera pareil. Alors un immense ennui s'emparera de l'univers, et le suicide décimera la population du globe, car le principal mobile de la vie sera éteint : la curiosité.

Un voyage en Espagne est encore une entreprise périlleuse et romanesque ; il faut payer de sa personne, avoir du courage, de la patience et de la force ; l'on risque sa peau à chaque pas ; les privations de tous genres, l'absence des choses les plus indispensables à la vie, le danger de routes vraiment impraticables pour tout autre que des muletiers andalous, une chaleur infernale, un soleil à fendre le crâne, sont les moindres inconvénients ; vous avez en outre les *factieux,* les voleurs et les hôteliers, gens de sac et de corde, dont la probité se règle sur le nombre de carabines que vous portez avec vous. Le péril vous entoure, vous suit, vous devance ; vous n'entendez chuchoter autour de vous que des histoires terribles et mystérieuses. Hier les bandits ont soupé dans cette *posada.* Une caravane a été enlevée et conduite dans la montagne par les brigands pour en tirer rançon. Palillos est en embuscade à tel endroit où vous devez passer ! Sans doute il y a dans tout cela beaucoup d'exagération ; cependant, si incrédule qu'on soit, il faut bien en croire quelque chose, lorsque l'on voit à chaque angle de la route des croix de bois chargées d'inscriptions de ce genre : *Aqui mataron á un hombre.* — *Aqui murió de manpairada*...

Nous étions partis de Grenade le soir, et nous devions marcher toute la nuit. La lune ne tarda pas à se lever et à glacer d'argent les escarpements exposés à ses rayons. Les ombres des rochers s'allongeaient et se découpaient bizarrement sur la route que nous suivions, et produisaient des effets d'optique singuliers. Nous entendions tinter dans le lointain, comme des notes d'harmonica, les sonnettes des ânes partis en avant avec nos bagages, ou quelque *mozo de mulas* chanter des couplets d'amour avec ce son guttural et ces portements de voix toujours si poétiques, la nuit, dans les montagnes. C'était charmant, et l'on nous saura gré de rapporter ici deux stances, probablement improvisées, qui nous sont restées gravées dans la mémoire par leur gracieuse bizarrerie :

Son tus labios dos cortinas	Tes lèvres sont deux rideaux
De terciopelo carmesi,	De velours cramoisi;
Entre cortina y cortina,	Entre rideau et rideau,
Niña, dime que si.	Petite, dis-moi oui.
A tame con un cabello	Attache-moi avec un cheveu
A los bancos de tu cama,	Au bois de ton lit,
Aunque el cabello se rompa	Et quand même le cheveu se romprait,
Segura esta que me vaya.	Sois sûre que je ne m'en irai pas.

Nous eûmes bientôt dépassé Cacin, où nous traversâmes à gué un joli torrent de quelques pouces de profondeur, dont les eaux claires papillotaient sur le sable comme des ventres d'ablettes, et se précipitaient comme une avalanche de paillettes d'argent sur le penchant rapide de la montagne.

A partir de Cacin la route devint horriblement mauvaise. Nos mules avaient des pierres jusqu'au ventre et des aigrettes d'étincelles à chaque pied. Nous montions, nous descendions, côtoyant les précipices, traçant des zigzags et des diagonales, car nous étions dans les Alpujarras, inaccessibles solitudes, chaînes escarpées et farouches, d'où les Mores, à ce que l'on dit, ne purent jamais être complétement expulsés et où vivent, cachés à tous les yeux, quelques milliers de leurs descendants.

A un tournant de la route, nous eûmes un instant de belle frayeur. Nous aperçûmes, à la faveur du clair de lune, sept grands gaillards drapés dans de longs manteaux, le chapeau pointu sur la tête, le *trabuco* sur l'épaule, qui se tenaient immobiles au milieu du chemin. L'aventure poursuivie depuis si longtemps se produisait avec tout le romantisme possible. Malheureusement les bandits nous saluèrent fort poliment d'un respectueux : *Vayan Ustedes con Dios.* Ils étaient précisément le contraire de voleurs, étant miquelets, c'est-à-dire gendarmes. O déception amère pour deux jeunes voyageurs enthousiastes qui auraient volontiers payé une aventure au prix de leurs bagages !

Nous devions coucher dans une petite ville nommée Alhama, perchée comme un nid d'aigle sur le sommet d'un rocher à pic. Rien n'est pittoresque comme les angles brusques qu'est obligée de faire, pour se plier aux anfractuosités du terrain, la route qui conduit à cette aire de faucons. Nous y arrivâmes vers deux heures du matin, altérés, affamés, moulus de fatigue. La soif fut éteinte au moyen de trois ou quatre jarres d'eau, la faim apaisée par une omelette aux tomates, où il n'y avait pas trop de plumes pour une omelette espagnole. Un matelas passablement pierreux et ressemblant à un sac de noix fut étendu à terre et se chargea de nous faire reposer. Au bout de deux minutes, je dormis, imité religieusement par mon compagnon, de ce sommeil attribué au juste. Le jour nous surprit dans la même attitude, immobiles comme des lingots de plomb.

Je descendis à la cuisine pour implorer quelque nourriture, et, grâce à mon éloquence, j'obtins des côtelettes, un poulet frit à l'huile, la moitié d'une pastèque, et pour dessert des figues de Barbarie, dont l'hôtesse enlevait l'enveloppe épineuse avec une grande dextérité. La pastèque nous fit grand bien ; cette pulpe rose dans cette écorce verte a quelque chose de frais et de désaltérant qui fait plaisir à voir. A peine y a-t-on mordu qu'on est inondé jusqu'au coude d'une eau légèrement sucrée d'un goût très-agréable, et qui n'a aucun rapport avec le jus de nos cantaloups. Nous avions besoin de ces tranches rafraîchissantes pour modérer l'ardeur des piments et des épices dont sont relevés tous les mets espagnols. Incendiés au dedans, rôtis au dehors, telle était notre situation : il faisait une chaleur atroce. Étendus sur le carreau de briques de notre chambre, nous y dessinions notre empreinte en plaques de sueur ; le seul moyen de se procurer relativement un peu de fraîcheur, c'est de boucher toutes les portes, toutes les fenêtres, et de se tenir dans l'obscurité la plus complète.

Cependant, malgré cette température torride, je jetai bravement ma veste sur le coin de mon épaule, et j'allai faire un tour dans les rues d'Alhama. Le ciel était blanc comme du métal en fusion ; les cailloux du pavé luisaient comme s'ils eussent été cirés et frottés ; les murailles blanchies à la chaux avaient des scintillements micacés ; une lumière impitoyable, aveuglante, pénétrait jusque dans les moindres recoins. Les volets et les portes craquaient de sécheresse ; la terre haletante se fendillait, les branches de vigne se tordaient comme du bois vert dans la flamme. Ajoutez à cela la réverbération des roches voisines, espèce de miroirs ardents qui renvoyaient les rayons du soleil plus brûlants encore. Pour comble de torture, j'avais des souliers à semelles minces à travers lesquelles le pavé me grillait la plante des pieds. Pas un souffle d'air, pas une haleine de vent à faire remuer un duvet. On ne saurait rien imaginer de plus morne, de plus triste et de plus sauvage.

En errant au hasard par ces rues solitaires, aux murailles couleur de craie percées de quelques rares fenêtres bouchées par des volets de bois et d'un aspect tout à fait africain, j'arrivai sans rencontrer, je ne dirai pas une âme, mais seulement un corps sur la place de la ville, qui est d'une grande bizarrerie pittoresque. Un aqueduc l'enjambe de ses arcades de pierre. Un plateau, taillé sur le sommet de la montagne, en forme le sol, qui n'a d'autre pavé que le roc lui-même, ciselé de rainures pour empêcher le pied de glisser. Tout un côté est à pic et donne sur des abîmes au fond desquels on entrevoit dans des massifs d'arbres des moulins que fait tourner un torrent qui semble d'eau de savon à force d'écumer.

L'heure marquée pour le départ approchait, et je retournai à la posada mouillé par ma transpiration comme s'il eût plu à verse, mais satisfait d'avoir fait mon devoir de voyageur par une température à durcir les œufs.

La caravane se remit en marche par des chemins fort abominables, mais très-pittoresques, où les mules seules peuvent tenir pied : j'avais mis la bride sur le cou de ma bête, la jugeant plus capable de se conduire que moi, et m'en rapportant entièrement à elle pour franchir les mauvais pas. Plusieurs discussions assez vives que j'avais déjà soutenues avec elle pour la faire marcher à côté de la monture de mon camarade, m'avaient convaincu de l'inutilité de mes efforts. Le proverbe : *Têtu comme une mule,* est d'une véracité à laquelle je rends hommage. Piquez une mule de l'éperon, elle s'arrête ; frappez-la d'une houssine, elle se couche ; tirez-lui la bride, elle prend le galop : une mule dans la montagne est vraiment intraitable, elle sent son importance et en abuse. Souvent, au beau milieu de la route, elle s'arrête subitement, lève la tête en l'air, tend le cou, contracte ses babines de façon à laisser voir ses gencives et ses longues dents, et pousse des soupirs inarticulés, des sanglots convulsifs, des gloussements affreux, horribles à entendre, et qui ressemblent aux cris d'un enfant qu'on égorgerait. Vous l'assommeriez pendant ses exercices de vocalise sans la faire avancer d'un pas.

Nous marchions à travers un véritable Campo Santo. Les croix de meurtre devenaient d'une fréquence effrayante ; aux bons endroits, l'on en comptait quelquefois trois ou quatre dans un espace de moins de cent pas ; ce n'était plus une route, c'était un cimetière. Il faut avouer cependant que, si l'on avait en France l'habitude de perpétuer le souvenir des morts violentes par des croix, certaines rues de Paris n'auraient rien à envier à la route de Velez-Malaga. Plusieurs de ces monuments sinistres portent des dates déjà anciennes ; toujours est-il qu'ils tiennent l'imagination du voyageur en éveil, le rendent attentif aux moindres bruits, lui font avoir l'œil aux aguets et l'empêchent de s'ennuyer un seul instant ; à chaque coude de la route, l'on se dit, pour peu qu'il se présente une roche de forme suspecte, un bouquet d'arbres hasardeux : Il y a peut-être là un gredin caché qui me couche en joue et va faire de moi le prétexte d'une nouvelle croix pour l'édification des passants et des voyageurs futurs !

Les défilés franchis, les croix devinrent un peu plus rares ; nous cheminions à travers des sites de montagnes d'un aspect grandiose et sévère, coupées à leurs cimes par de grands archipels de vapeur, dans un pays entièrement désert, où l'on ne rencontrait d'autre habitation que la hutte de jonc d'un aguador ou d'un vendeur d'eau-de-vie. Cette eau-de-vie est incolore et se boit dans des verres allongés que l'on remplit d'eau, qu'elle blanchit comme pourrait le faire de l'eau de Cologne.

Le temps était lourd, orageux, d'une chaleur suffocante ; quelques larges gouttes, les seules qui fussent tombées depuis quatre mois de cet implacable ciel de lapis-lazuli, tachetaient le sable altéré et le faisaient ressembler à une peau de panthère ; cependant la pluie ne se décida pas, et la voûte céleste reprit son immuable sérénité. Le temps fut si constamment bleu pendant mon séjour en Espagne, que je retrouve sur mon carnet une note ainsi conçue : « Vu un nuage blanc, » comme une chose tout à fait digne de remarque. — Nous autres hommes du Nord, dont l'horizon encombré de brouillards offre un spectacle toujours varié de formes et de couleurs, où le vent bâtit avec les nuées des montagnes, des îles, des palais qu'il ruine sans cesse pour les reconstruire ailleurs, nous ne pouvons nous faire une idée de la profonde mélancolie qu'inspire cet azur uniforme comme l'éternité, et qu'on retrouve toujours suspendu au-dessus de sa tête. Dans un petit village que nous traversâmes, tout le monde était sorti sur les portes afin de jouir de la pluie, comme chez nous l'on rentre pour s'en garantir.

La nuit était venue sans crépuscule, presque subitement, comme elle arrive dans les pays chauds, et nous ne devions plus être fort loin de Velez-Malaga, lieu de notre couchée. Les montagnes s'adoucissaient en pentes moins abruptes, et mouraient en petites plaines caillouteuses traversées par des ruisseaux de quinze à vingt pas de large et d'un pied de profondeur, bordés de roseaux gigantesques. Les croix funèbres recommençaient à se montrer en plus grand nombre que jamais, et leur blancheur les faisait parfaitement distinguer dans la vapeur bleue de la nuit. Nous en comptâmes trois dans une distance de vingt pas. Aussi l'endroit est-il merveilleusement désert et propice aux guets-apens.

Il était onze heures quand nous entrâmes dans Velez-Malaga, dont les fenêtres flamboyaient joyeusement, et qui retentissait du bruit des chansons et des guitares. Les jeunes filles, assises sur les balcons, chantaient des couplets que les *novios* accompagnaient d'en bas; à chaque stance éclataient des rires, des cris, des applaudissements à n'en plus finir. D'autres groupes dansaient au coin des rues la cachucha, le fandango, le jaleo. Les guitares bourdonnaient sourdement comme des abeilles, les castagnettes babillaient et claquaient du bec : tout était joie et musique. On dirait que la seule affaire sérieuse des Espagnols soit le plaisir; ils s'y livrent avec une franchise, un abandon et un entrain admirables. Nul peuple n'a moins l'air d'être malheureux ; l'étranger a vraiment peine à croire, lorsqu'il traverse la Péninsule, à la gravité des événements politiques, et ne peut guère s'imaginer que ce soit là un pays désolé et ravagé par dix ans de guerre civile. Nos paysans sont loin de l'insouciance heureuse, de l'allure joviale et de l'élégance de costume des *majos* andalous. Comme instruction, ils leur sont fort inférieurs. Presque tous les paysans espagnols savent lire, ont la mémoire meublée de poésies qu'ils récitent ou chantent sans altérer la mesure, montent parfaitement à cheval, sont habiles au maniement du couteau et de la carabine. Il est vrai que l'admirable fertilité de la terre et la beauté du climat les dispensent de ce travail abrutissant qui, dans les contrées moins favorisées, réduit l'homme à l'état de bête de somme ou de machine, et lui enlève ces dons de Dieu, la force et la beauté.

Ce ne fut pas sans une satisfaction intime que j'attachai ma mule aux barreaux de la posada.

Notre souper fut des plus simples ; toutes les servantes et tous les garçons de l'hôtellerie étaient allés danser, et il fallut nous contenter d'un simple *gaspacho*. Le gaspacho mérite une description particulière, et nous allons en donner ici la recette, qui eût fait dresser les cheveux sur la tête de feu Brillat-Savarin. L'on verse de l'eau dans une soupière, à cette eau l'on ajoute un filet de vinaigre, des gousses d'ail, des oignons coupés en quatre, des tranches de concombre, quelques morceaux de piment, une pincée de sel, puis l'on taille du pain qu'on laisse tremper dans cet agréable mélange, et l'on sert froid. Chez nous, des chiens un peu bien élevés refuseraient de compromettre leur museau dans une pareille mixture. C'est le mets favori des Andalous, et les plus jolies femmes ne craignent pas d'avaler, le soir, de grandes écuelles de cet infernal potage. Le gaspacho passe pour très-rafraîchissant, opinion qui nous paraît un peu hasardée, et, si étrange qu'il paraisse la première fois qu'on en goûte, on finit par s'y habituer, et même par l'aimer. Par une compensation toute providentielle, nous eûmes, pour arroser ce maigre repas, une grande carafe pleine d'un excellent vin blanc de Malaga sec que nous vidâmes consciencieusement jusqu'à la dernière perle, et qui répara nos forces qu'avait épuisées une traite de neuf heures dans des chemins invraisemblables et par une température de four à plâtre.

A trois heures, le convoi se remit en marche ; le temps était couvert ; une brume chaude ouatait l'horizon, un air humide faisait pressentir le voisinage de la mer, qui ne tarda pas à dessiner sur le bord du ciel sa barre d'un bleu dur. Quelques flocons d'écume moutonnaient çà et là, et les vagues venaient mourir par grandes volutes régulières sur un sable fin comme la sciure de buis. De hautes falaises se dressaient à notre droite. Tantôt les rochers nous laissaient le passage libre, tantôt ils nous barraient le chemin, et nous les gravissions en les contournant. Le tracé direct n'est pas employé souvent dans les routes espagnoles ; les obstacles seraient si difficiles à faire disparaître, qu'il vaut mieux les tourner que les surmonter. La fameuse devise : *Linea recta brevissima,* serait ici de toute fausseté.

Le soleil en se levant dissipa les vapeurs comme une vaine fumée ; le ciel et la mer recommencèrent cette lutte d'azur où l'on ne peut dire lequel emporte l'avantage ; les falaises reprirent leurs teintes mordorées, gorge-de-pigeon, améthyste et topaze brûlée ; le sable se remit à poudroyer, et l'eau à papilloter sous l'intensité de la lumière. Bien loin, bien loin, presque à la ligne de l'horizon, cinq voiles de bateaux pêcheurs palpitaient au vent comme des ailes de colombe.

De distance en distance apparaissaient sur les pentes moins rapides de petites maisons blanches comme du sucre, avec des toits plats et une espèce de péristyle formé d'une treille soutenue à chaque extrémité par un pilier carré et au milieu par un pylone massif de tournure assez égyptienne. Les boutiques d'*aguardiente* se multipliaient, toujours en roseau, mais déjà plus coquettes, avec des comptoirs blanchis à la chaux et barbouillés de quelques raies rouges. La route, désormais d'un tracé certain, commençait à se border d'une ligne de cactus et d'aloès, interrompue çà et là par des jardins et des maisons devant lesquelles des femmes raccommodaient des filets, et jouaient des enfants tout nus qui criaient en nous voyant passer sur nos mules: *Toro, toro!* L'on nous prenait, à cause de nos habits de majo, pour des maîtres de *ganaderias* ou pour des *toreros* de la quadrille de Montès.

Les chariots traînés par des bœufs, les files d'ânes, se suivaient à intervalles plus rapprochés. Le mouvement qui a toujours lieu aux abords d'une grande ville se faisait déjà sentir. De tous côtés débouchaient des convois de mules portant des spectateurs pour l'ouverture du cirque ; nous en avions rencontré beaucoup dans la montagne, venant de trente ou quarante lieues à la ronde. Les aficionados sont, pour la véhémence et la furie, autant au-dessus des dilettanti qu'une course de taureaux est supérieure comme intérêt à une représentation d'Opéra ; rien ne les arrête, ni la chaleur, ni la difficulté, ni le péril du voyage : pourvu qu'ils arrivent et qu'ils aient leurs places près de la *barrera*, à pouvoir frapper de la main la croupe du taureau, ils se croient amplement payés de leurs fatigues. Quel est l'auteur tragique ou comique qui peut se vanter d'exercer une attraction pareille ? Cela n'empêche pas des moralistes doucereux et sentimentaux de prétendre que le goût de ce *barbare divertissement,* comme ils l'appellent, diminue tous les jours en Espagne.

On ne peut rien imaginer de plus pittoresque et de plus étrange que les environs de Malaga. Il semble qu'on soit transporté en Afrique : la blancheur éclatante des maisons, le ton indigo foncé de la mer, l'intensité éblouissante du jour, tout vous fait illusion. De chaque côté de la chaussée se hérissent des aloès énormes, agitant leurs coutelas ; de gigantesques cactus aux palettes vert-de-grisées, aux tronçons difformes, se tordent hideusement comme des boas monstrueux, comme des échines de cachalots échoués ; çà et là un palmier s'élance comme une colonne épanouissant son chapiteau de feuillage à côté d'un arbre d'Europe tout surpris d'un pareil voisinage, et qui semble inquiet de voir ramper à ses pieds les formidables végétations africaines.

Une élégante tour blanche se dessina sur le bleu du ciel : c'était le phare de Malaga ; nous étions arrivés. Il pouvait être à peu près huit heures du matin ; la ville était en pleine activité : les matelots allaient et venaient, chargeant et déchargeant les navires ancrés dans le port, avec une animation rare dans une ville espagnole ; les femmes, coiffées et drapées dans de grands châles écarlates qui encadraient merveilleusement leurs figures moresques, marchaient rapidement, traînant après elles quelque marmot tout nu ou en chemise. Les hommes, embossés dans leur cape ou la veste sur l'épaule, hâtaient le pas, et, chose curieuse, toute cette foule allait du même côté, c'est-à-dire vers la place des Taureaux. Mais ce qui me frappa le plus parmi cette cohue bariolée, ce fut la rencontre de six nègres galériens qui traînaient un chariot. Ils étaient d'une taille gigantesque, avec des faces monstrueuses, si sauvages, si peu humaines, empreintes d'un tel cachet de bestialité féroce, que je restai saisi d'effroi à leur aspect comme devant un attelage de tigres. L'espèce de robe de toile qui leur servait de vêtement leur donnait l'air encore plus diabolique et plus fantastique. Je ne sais ce qui pouvait les avoir conduits aux galères, mais je les y aurais fait mettre pour le seul crime d'avoir de pareilles figures.

Nous nous arrêtâmes au *Parador des Trois-Rois*, maison relativement très-confortable, ombragée par une belle vigne dont les pampres enlaçaient les grilles du balcon, ornée d'une grande salle où l'hôtesse trônait derrière un comptoir surchargé de porcelaines, à peu près comme dans un café de Paris. Une très-jolie servante, charmant échantillon de la beauté des femmes de Malaga, célèbre en Espagne, nous conduisit à nos chambres, et nous fit éprouver un moment de vive anxiété en nous disant que toutes les places pour la course étaient prises, et que nous aurions beaucoup de peine à nous en procurer. Heureusement notre *cosario* Lanza nous trouva deux *asientos de preferencia* (places marquées), du côté du soleil, il est vrai ; mais cela nous était bien égal : nous avions depuis longtemps fait le sacrifice de notre fraîcheur, et une couche de hâle de plus sur notre figure bistrée et jaunie ne nous importait guère. Les courses devaient durer trois jours consécutifs. Les billets du premier jour étaient cramoisis, ceux du second verts, ceux du troisième bleus, pour éviter toute confusion et empêcher les amateurs de se représenter deux fois avec la même carte.

Pendant notre déjeuner survint une troupe d'étudiants en tournée : ils étaient quatre et ressemblaient plus à des modèles de Ribera ou de Murillo qu'à des élèves en théologie, tant ils étaient déguenillés, déchaux et malpropres. Ils chantaient des couplets bouffons en s'accompagnant du tambour de basque, du triangle et des castagnettes ; celui qui touchait le *pandero* était un virtuose dans son genre ; il faisait résonner la peau d'âne avec ses genoux, ses coudes, ses pieds, et, quand tous ces moyens de percussion ne lui suffisaient pas, il allongeait le disque orné de plaques de cuivre sur la tête de quelque *muchacho* ou de quelque vieille femme. L'un d'eux, l'orateur de la troupe, faisait la quête en débitant avec une extrême volubilité toute sorte de plaisanteries pour exciter les largesses de l'assemblée. « *Un realito!* » criait-il en prenant les postures les plus suppliantes, « pour que je puisse finir mes études, devenir curé, et vivre sans rien faire! » Quand il avait obtenu la petite pièce d'argent, il la plaquait contre son front à côté des autres déjà extorquées, absolument comme les almées qui, après la danse, couvrent leur visage en sueur des sequins et des piastres que leur ont jetés les osmanlis en extase.

La course était indiquée pour cinq heures, mais l'on nous conseilla de nous rendre au cirque vers une heure, parce que les couloirs ne tarderaient pas à s'encombrer de monde, et que nous ne pourrions pas parvenir à nos stalles, bien que marquées et réservées. Nous déjeunâmes donc à la hâte, et nous nous dirigeâmes vers la place des Taureaux, précédés de notre guide Antonio, garçon efflanqué et serré à outrance par une large ceinture rouge qui faisait ressortir encore sa maigreur, dont il attribuait plaisamment la cause à des chagrins d'amour.

Les rues regorgeaient d'une foule qui s'épaississait en approchant du cirque; les aguadors, les débitants de *cebada* glacée, les marchands d'éventails et de parasols en papier, les vendeurs de cigares, les conducteurs de calesines, faisaient un vacarme effroyable; une rumeur confuse planait sur la ville comme un brouillard de bruit.

Après d'assez longs détours dans les rues étroites et compliquées de Malaga, nous arrivâmes enfin à la bienheureuse place, qui n'a rien de remarquable à l'extérieur. Un détachement de soldats avait beaucoup de peine à contenir la foule qui voulait envahir le cirque; quoiqu'il fût tout au plus une heure, les gradins étaient déjà garnis du haut jusqu'en bas, et ce ne fut qu'avec force coups de coude et force invectives échangées que nous parvînmes à nos stalles.

Le cirque de Malaga est d'une grandeur vraiment antique et peut contenir douze ou quinze mille spectateurs dans son vaste entonnoir, dont l'arène forme le fond, et dont l'acrotère s'élève à la hauteur d'une maison de cinq étages. Cela donne une idée de ce que pouvaient être les arènes romaines et de l'attrait de ces jeux terribles où des hommes luttaient corps à corps contre des bêtes féroces sous les yeux d'un peuple entier.

On ne saurait imaginer un coup d'œil plus étrange et plus splendide que celui que présentaient ces immenses gradins couverts d'une foule impatiente, et cherchant à tromper les heures de l'attente par toute sorte de bouffonneries et d'*andaluzades* de l'originalité la plus piquante. Les habits modernes étaient en fort petit nombre, et ceux qui les portaient étaient accueillis avec des rires, des huées et des sifflets; aussi le spectacle y gagnait-il beaucoup : les couleurs vives des vestes et des ceintures, les draperies écarlates des femmes, les éventails bariolés de vert et de jonquille, ôtaient à la foule cet aspect lugubre et noir qu'elle a toujours chez nous, où les teintes sombres dominent.

Les femmes étaient en assez grand nombre, et j'en remarquai beaucoup de jolies. La Malagueña se distingue par la pâleur dorée de son teint uni, où la joue n'est pas plus colorée que le front, l'ovale allongé de son visage, le vif incarnat de sa bouche, la finesse de son nez et l'éclat de ses yeux arabes, qu'on pourrait croire teints de *henné,* tant les paupières en sont déliées et prolongées vers les tempes. Je ne sais si l'on doit attribuer cet effet aux plis sévères de la draperie rouge qui encadre leurs figures, elles ont un air sérieux et passionné qui sent tout à fait son Orient, et que ne possèdent pas les Madrilègnes, les Grenadines et les Sévillanes, plus mignonnes, plus gracieuses, plus coquettes, et toujours un peu préoccupées de l'effet qu'elles produisent. Je vis là d'admirables têtes, des types superbes dont les peintres de l'école espagnole n'ont pas assez profité, et qui offriraient à un artiste de talent une série d'études précieuses et entièrement neuves. Dans nos idées, il semble étrange que des femmes puissent assister à un spectacle où la vie de l'homme est en péril à chaque instant, où le sang coule en larges mares, où de malheureux chevaux effondrés se prennent les pieds dans leurs entrailles ; on se les figurerait volontiers comme des mégères au regard hardi, au geste forcené, et l'on se tromperait fort : jamais plus doux visage de madone, paupières plus veloutées, sourires plus tendres, ne se sont inclinés sur un enfant Jésus. Les chances diverses de l'agonie du taureau sont suivies attentivement par de pâles et charmantes créatures dont un poëte élégiaque serait tout heureux de faire une Elvire. Le mérite des coups est discuté par des bouches si jolies, qu'on voudrait ne les entendre parler que d'amour. De ce qu'elles voient d'un œil sec des scènes de carnage qui feraient trouver mal nos sensibles Parisiennes, l'on aurait tort d'inférer qu'elles sont cruelles et manquent de tendresse d'âme : cela ne les empêche pas d'être bonnes, simples de cœur, et compatissantes aux malheureux ; mais l'habitude est tout, et le côté sanglant des courses, qui frappe le plus les étrangers, est ce qui occupe le moins les Espagnols, attentifs à la valeur des coups et à l'adresse déployée par les *toreros,* qui ne courent pas d'aussi grands risques que l'on pourrait se l'imaginer d'abord.

Il n'était encore que deux heures, et le soleil inondait d'un déluge de feu tout le côté des gradins sur lesquels nous étions assis. Comme nous portions envie aux privilégiés qui se rafraîchissaient dans le bain d'ombre projetée par les loges supérieures ! Après avoir fait trente lieues à cheval dans la montagne, rester toute une journée sous un soleil d'Afrique, par une chaleur de 38 degrés, voilà qui est un peu beau de la part d'un pauvre critique qui, cette fois, avait payé sa place et ne voulait pas la perdre.

Les *asientos de sombra* (places à l'ombre) nous lançaient toutes sortes de sarcasmes ; ils nous envoyaient les marchands d'eau pour nous empêcher de prendre feu ; ils nous priaient d'allumer leurs cigares aux charbons de notre nez, et nous faisaient proposer un peu d'huile pour compléter la friture. Nous répondions tant bien que mal, et quand l'ombre, en tournant avec l'heure, livrait l'un d'eux aux morsures du soleil, c'étaient des éclats de rire et des bravos sans fin.

Grâce à quelques potées d'eau, à plusieurs douzaines d'oranges et à deux éventails toujours en mouvement, nous nous préservâmes de l'incendie, et nous n'étions pas encore cuits tout à fait, ni frappés d'apoplexie, lorsque les musiciens vinrent s'asseoir dans leur tribune, et que le piquet de cavalerie se mit en devoir de faire évacuer l'arène fourmillant de *muchachos* et de *mozos,* qui se fondirent je ne sais comment dans la masse générale, quoiqu'il n'y eût pas mathématiquement de quoi placer une personne de plus ; mais la foule en certaines circonstances est d'une élasticité merveilleuse.

Un immense soupir de satisfaction s'exhala de ces quinze mille poitrines soulagées du poids de l'attente. Les membres de l'ayuntamiento furent salués d'applaudissements frénétiques, et, lorsqu'ils entrèrent dans leur loge, l'orchestre se mit à jouer les airs nationaux : *Yo que soy contrabandista,* la marche de *Riego,* que toute l'assemblée chantait simultanément, en battant des mains et en frappant des pieds.

Nous n'avons point la prétention de raconter ici les détails d'une course de taureaux. Nous avons eu l'occasion d'en faire une relation consciencieuse pendant notre séjour à Madrid ; nous ne voulons rapporter que les faits principaux, les coups remarquables de cette course, où les mêmes combattants tinrent la place trois jours sans se reposer, où vingt-quatre taureaux furent tués, où quatre-vingt-seize chevaux restèrent sur l'arène, sans autre accident pour les combattants qu'un coup de corne qui effleura le bras d'un *capeador,* blessure qui n'avait rien de dangereux, et ne l'empêcha pas de reparaître le lendemain dans le cirque.

A cinq heures précises, les portes de l'arène s'ouvrirent, et la troupe qui devait opérer fit processionnellement le tour du cirque. En tête marchaient les trois *picadores,* Antonio Sanchez, José Trigo, tous deux de Séville, Francisco Briones, de Puerto-Réal, le poing sur la hanche, la lance sur le pied, avec une gravité de triomphateurs romains montant au Capitole. La selle de leurs chevaux portait écrit en clous dorés le nom du propriétaire du cirque : *Antonio-Maria Alvarez.* Les *capeadores* ou *chulos,* coiffés du tricorne, embossés dans leurs manteaux de couleurs éclatantes, venaient ensuite ; les *banderilleros,* en costume de Figaro, suivaient de près. En queue du cortége s'avançaient, isolés dans leur majesté, les deux *matadores, les épées,* comme on dit en Espagne, Montès de Chiclana et José Parra de Madrid. Montès était avec sa fidèle quadrille, chose très-importante pour la sécurité de la course ; car, dans ces temps de dissensions politiques, il arrive souvent que les *toreros* christinos ne vont pas au secours des *toreros* carlistes en danger, et réciproquement. La procession se terminait significativement par l'attelage des mules destinées à enlever les taureaux et les chevaux morts.

La lutte allait commencer. L'alguazil, en costume bourgeois, qui devait porter au garçon de combat les clefs du *toril,* et montait fort maladroitement un cheval fougueux, fit précéder la tragédie d'une farce assez réjouissante : il perdit d'abord son chapeau, puis les étriers. Son pantalon sans sous-pieds qui remontait jusqu'aux genoux de la façon la plus grotesque ; et, la porte ayant été malicieusement ouverte au taureau avant qu'il eût eu le temps de se retirer de l'arène, sa frayeur, portée au comble, le rendit encore plus ridicule par les contorsions qu'il faisait sur sa bête. Cependant il ne fut pas renversé, au grand désappointement de la canaille ; le taureau, ébloui par les torrents de lumière qui inondaient l'arène, ne l'aperçut pas tout d'abord et le laissa sortir sans coup de corne. Ce fut donc au milieu d'un éclat de rire immense, homérique, olympien, que la course commença ; mais le silence ne tarda pas à se rétablir, le taureau ayant fendu en deux le cheval du premier *picador* et désarçonné le second.

Nous n'avions de regards que pour Montès, dont le nom est populaire dans toutes les Espagnes, et dont les prouesses font le sujet de mille récits merveilleux. Montès est né à Chiclana, dans les environs de Cadix. C'est un homme de quarante à quarante-trois ans, d'une taille un peu au-dessus de la moyenne, l'air sérieux, la démarche mesurée, le teint d'une pâleur olivâtre, et n'ayant de remarquable que la mobilité de ses yeux, qui seuls semblent vivre dans son masque impassible; il paraît plus souple que robuste, et doit ses succès plutôt à son sang-froid, à la justesse de son coup d'œil, à sa connaissance approfondie de l'art qu'à sa force musculaire. Dès les premiers pas que fait un taureau sur la place, Montès sait s'il a la vue courte ou longue, s'il est *clair* ou *obscur*, c'est-à-dire s'il attaque franchement ou a recours à la ruse, s'il est de *muchas piernas* ou *aplomado*, léger ou pesant, s'il fermera les yeux en donnant la *cogida* ou s'il les tiendra ouverts. Grâce à ces observations, faites avec la rapidité de la pensée, il est toujours en mesure pour la défense. Cependant, comme il pousse aux dernières limites la témérité froide, il a reçu dans sa carrière bon nombre de coups de corne, comme l'atteste la cicatrice qui lui sillonne la joue, et plusieurs fois il a été emporté de la place grièvement blessé.

Il était ce jour-là revêtu d'un costume de soie vert-pomme brodé d'argent, d'une élégance et d'un luxe extrêmes, car Montès est riche, et s'il continue à descendre dans l'arène, c'est par amour de l'art et besoin d'émotion, sa fortune se montant à plus de 50,000 duros, somme considérable si l'on songe aux dépenses de costume que les *matadores* sont obligés de faire, un habit complet coûtant de 1,500 francs à 2,000 francs, et aux voyages perpétuels qu'ils font d'une ville à l'autre, accompagnés de leurs quadrilles.

Montès ne se contente pas, comme les autres épées, de tuer le taureau lorsque le signal de sa mort est donné. Il surveille la place, dirige le combat, vient au secours des *picadores* ou des *chulos* en péril. Plus d'un *torero* doit la vie à son intervention. Un taureau, ne se laissant pas distraire par les capes qu'on agitait devant lui, fouillait le ventre d'un cheval qu'il avait renversé, et tâchait d'en faire autant au cavalier abrité sous le cadavre de sa monture. Montès prit la bête farouche par la queue, et lui fit faire trois ou quatre tours de valse à son grand déplaisir et aux applaudissements frénétiques du peuple entier, ce qui donna le temps de relever le *picador*. Quelquefois il se plante tout debout devant le taureau, les bras croisés, l'œil fixe, et le monstre s'arrête subitement, subjugué par ce regard clair, aigu et froid comme une lame d'épée. Alors ce sont des cris, des hurlements, des vociférations, des trépignements, des explosions de bravos dont on ne peut se faire une idée ; le délire s'empare de toutes les têtes, un vertige général agite sur les bancs les quinze mille spectateurs, ivres d'*aguardiente,* de soleil et de sang ; les mouchoirs s'agitent, les chapeaux sautent en l'air, et Montès, seul calme dans cette foule, savoure en silence sa joie profonde et contenue, et salue légèrement comme un homme capable de bien d'autres prouesses. Pour de pareils applaudissements, je conçois qu'on risque sa vie à chaque minute ; ils ne sont pas trop payés. O chanteurs au gosier d'or, danseuses au pied de fée, comédiens de tous genres, empereurs et poëtes, qui vous imaginez avoir excité l'enthousiasme, vous n'avez pas entendu applaudir Montès !

Quelquefois les spectateurs eux-mêmes le supplient de daigner exécuter un de ces tours d'adresse dont il sort toujours vainqueur. Une jolie fille lui crie en lui jetant un baiser : « Allons, señor Montès, allons, Paquirro (c'est son prénom), vous qui êtes si galant, faites quelque petite chose, *una cosita,* pour une dame. » Et Montès saute par-dessus le taureau en lui appuyant le pied sur la tête, ou bien il lui secoue sa cape devant le mufle, et par un mouvement brusque, s'en enveloppe de façon à former une draperie élégante, aux plis irréprochables ; puis il fait un saut de côté et laisse passer la bête lancée trop fort pour se retenir.

La manière de tuer de Montès est remarquable par la précision, la sûreté et l'aisance de ses coups ; avec lui, toute idée de danger s'évanouit ; il a tant de sang-froid, il est si maître de lui-même, il paraît si certain de sa réussite, que le combat ne semble plus qu'un jeu ; peut-être même l'émotion y perd-elle. Il est impossible de craindre pour sa vie ; il frappera le taureau où il voudra, quand il voudra, comme il voudra. Les chances du duel sont par trop inégales ; un *matador* moins habile produit quelquefois un effet plus saisissant par les risques et les chances qu'il court. Ceci paraîtra sans doute d'une barbarie bien raffinée ; mais les *aficionados*, tous ceux qui ont vu des courses et qui se sont passionnés pour un taureau franc et brave, nous comprendront assurément. Un fait qui se passa le dernier jour des courses prouvera la vérité de notre assertion, et fit voir un peu durement à Montès jusqu'à quel point le public espagnol poussait l'esprit d'impartialité envers les hommes et envers les bêtes.

Un magnifique taureau noir venait d'être lâché dans la place. A la manière brusque dont il était sorti du *toril,* les connaisseurs en avaient conçu la plus haute opinion. Il réunissait toutes les qualités d'un taureau de combat : ses cornes étaient longues, aiguës, les pointes bien tournées ; les jambes sèches, fines et nerveuses, promettaient une grande légèreté ; son large fanon, ses flancs développés, indiquaient une force immense. Aussi portait-il dans le troupeau le nom de Napoléon, comme le seul nom qui pût qualifier sa supériorité incontestable. Sans la moindre hésitation, il fondit sur le *picador* posté auprès des *tablas;* le renversa avec son cheval, qui resta mort sur le coup, puis s'élança sur le second, qui ne fut pas plus heureux, et qu'on eut à peine le temps de faire passer pardessus les barrières, tout moulu et tout froissé de sa chute. En moins d'un quart d'heure, sept chevaux éventrés gisaient sur le sable; les *chulos* n'agitaient que de bien loin leurs capes de couleur, et ne perdaient pas de vue les palissades, sautant de l'autre côté dès que Napoléon faisait mine d'approcher. Montès lui-même paraissait troublé, et même une fois il avait posé le pied sur le rebord de la charpente des *tablas,* prêt à les franchir en cas d'alerte et de poursuite trop vive, ce qu'il n'avait pas fait dans les deux courses précédentes. La joie des spectateurs se traduisait en exclamations bruyantes, et les compliments les plus flatteurs pour le taureau s'élançaient de toutes les bouches. Une nouvelle prouesse de l'animal vint porter l'enthousiasme au dernier degré d'exaspération.

Un *sobresaliente* (doublure) de *picador,* car les deux chefs d'emploi étaient hors de combat, attendait, la lance baissée, l'assaut du terrible Napoléon, qui, sans s'inquiéter de sa piqûre à l'épaule, prit le cheval sous le ventre, d'un premier coup de tête lui fit tomber les jambes de devant sur le rebord des *tablas,* et, d'un second lui soulevant la croupe, l'envoya avec son maître de l'autre côté de la barrière, dans le couloir de refuge qui circule tout autour de la place.

Un si bel exploit fit éclater des tonnerres de bravos. Le taureau était maître de la place qu'il parcourait en vainqueur, s'amusant, faute d'adversaires, à retourner et à jeter en l'air les cadavres des chevaux qu'il avait décousus. La provision de victimes était épuisée, et il n'y avait plus dans l'écurie du cirque de quoi remonter les *picadores.* Les *banderilleros* se tenaient enfourchés sur les *tablas,* n'osant descendre harceler de leurs flèches ornées de papier ce redoutable lutteur, dont la rage n'avait pas besoin, à coup sûr, d'excitations. Les spectateurs, impatientés de cette espèce d'entr'acte, criaient : *Las banderillas! las banderillas! Fuego al alcalde!* le feu à l'alcade qui ne donne pas l'ordre! Enfin, sur un signe du gouverneur de la place, un *banderillero* se détacha du groupe, planta deux flèches dans le cou de la bête furieuse, et se sauva de toute sa vitesse, mais pas assez promptement encore, car la corne lui effleura le bras et lui fendit la manche. Alors, malgré les vociférations et les huées du peuple, l'alcade donna l'ordre de la mort, et fit signe à Montès de prendre sa *muleta* et son épée, en dépit de toutes les règles de la tauromachie qui exigent qu'un taureau ait reçu au moins quatre paires de *banderillas* avant d'être livré à l'estoc du *matador.*

Montès, au lieu de s'avancer comme d'habitude au milieu de l'arène, se posa à une vingtaine de pas de la barrière, pour avoir un refuge en cas de malheur; il était fort pâle, et, sans se livrer à aucune de ces gentillesses, coquetteries du courage qui lui ont valu l'admiration de l'Espagne, il déploya la *muleta* écarlate, et appela le taureau qui ne se fit pas prier pour venir. Montès exécuta trois ou quatre passes avec la *muleta,* tenant son épée horizontale à la hauteur des yeux du monstre, qui tout à coup tomba comme foudroyé et expira après un bond convulsif. L'épée lui était entrée dans le front et avait piqué la cervelle, coup défendu par les lois de la tauromachie, le *matador* devant passer le bras entre les cornes de l'animal et lui donner l'estocade entre la nuque et les épaules, ce qui augmente le danger de l'homme et donne quelque chance à son bestial adversaire.

Quand on eut compris le coup, car ceci s'était passé avec la rapidité de la pensée, un hourra d'indignation s'éleva des *tendidos* aux *palcos;* un ouragan d'injures et de sifflets éclata avec un tumulte et un fracas inouïs. « Boucher, assassin, brigand, voleur, galérien, bourreau! » étaient les termes les plus doux. « A Ceuta Montès! au feu Montès! les chiens à Montès! mort à l'alcade! » tels étaient les cris qui retentissaient de toutes parts. Jamais je n'ai vu une fureur pareille, et j'avoue en rougissant que je la partageais. Les vociférations ne suffirent bientôt plus; l'on commença à jeter sur le pauvre diable des éventails, des chapeaux, des bâtons, des jarres pleines d'eau et des fragments de bancs arrachés. Il y avait encore un taureau à tuer, mais sa mort passa inaperçue à travers cette horrible bacchanale, et ce fut José Parra, la seconde épée, qui l'expédia en deux estocades assez bien portées. Quant à Montès, il était livide, son visage verdissait de rage, ses dents imprimaient des marques sanglantes sur ses lèvres blanches, quoiqu'il affichât un grand calme et s'appuyât avec une grâce affectée sur la garde de son épée, dont il avait essuyé dans le sable la pointe rougie contre les règles.

A quoi tient la popularité? Jamais personne n'aurait pu imaginer, la veille et l'avant-veille, qu'un artiste aussi sûr, aussi maître de son public que Montès, pût être si rigoureusement puni d'une infraction sans doute commandée par la plus impérieuse nécessité, vu l'agilité, la vigueur et la furie extraordinaires de l'animal. La course achevée, il monta en calesine, suivi de sa quadrille, et partit en jurant ses grands dieux qu'il ne remettrait plus les pieds à Malaga. Je ne sais s'il aura tenu parole et se sera souvenu plus longtemps de l'insulte du dernier jour que des triomphes et des ovations du commencement. Maintenant je trouve que le public de Malaga a été injuste envers le grand Montès de Chiclana, dont toutes les estocades avaient été superbes, et qui avait fait preuve, dans les occasions dangereuses, d'un sang-froid héroïque et d'une adresse admirable, si bien que le peuple, enchanté, lui avait fait don de tous les taureaux qu'il avait frappés, et lui avait permis de leur couper l'oreille en signe de propriété, pour qu'ils ne pussent être réclamés ni par l'hôpital ni par l'entrepreneur.

Étourdis, enivrés, saturés d'émotions violentes, nous retournâmes à notre *parador*, n'entendant par les rues que nous suivions que des éloges pour le taureau et des imprécations contre Montès.

Le soir même, malgré ma fatigue, je me fis conduire au théâtre, voulant passer sans transition des sanglantes réalités du cirque aux émotions intellectuelles de la scène. Le contraste était frappant : là, le bruit, la foule; ici, l'abandon et le silence. La salle était presque vide, quelques rares spectateurs diapraient çà et là les banquettes désertes. L'on donnait cependant les Amants de Teruel, drame de Juan-Eugenio Hartzembusch, l'une des plus remarquables productions de l'école moderne espagnole. C'est une touchante et poétique histoire d'amants qui se gardent une invincible fidélité à travers mille séductions et mille obstacles : ce sujet, malgré des efforts souvent heureux de la part de l'auteur pour varier une situation toujours la même, paraîtrait trop simple à des spectateurs français; les morceaux de passion sont traités avec beaucoup de chaleur et d'entraînement, quoique déparés quelquefois par une certaine exagération mélodramatique à laquelle l'auteur s'abandonne trop aisément. L'amour de la sultane de Valence pour l'amant d'Isabel, Juan-Diego-Martinez Garcès de Marsilla, qu'elle fait apporter dans le harem endormi par un narcotique, la vengeance de cette même sultane lorsqu'elle se voit méprisée, les lettres coupables de la mère d'Isabel trouvées par Rodrigue d'Azagra, qui s'en fait un moyen pour épouser la fille et menace de les montrer au mari trompé, sont des ressorts un peu forcés, mais qui amènent des scènes touchantes et dramatiques. La pièce est écrite en prose et en vers. Autant qu'un étranger peut juger du style d'une langue qu'il ne sait jamais dans toutes ses finesses, les vers d'Hartzembusch m'ont paru supérieurs à sa prose. Ils sont libres, francs, animés, variés de coupe, assez sobres de ces amplifications poétiques auxquelles la facilité de leur prosodie entraîne trop souvent les Méridionaux. Son dialogue en prose semble imité des mélodrames modernes français et pèche par la lourdeur et l'emphase. *Les Amants de Teruel,* avec tous leurs défauts, sont une œuvre littéraire et bien supérieure à ces traductions arrangées ou dérangées de nos pièces du boulevard qui inondent aujourd'hui les théâtres de la Péninsule. On y sent l'étude des anciennes romances et des maîtres de la scène espagnole, et il serait à désirer que les jeunes poëtes d'au delà des monts entrassent dans cette voie plutôt que de perdre leur temps à mettre d'affreux mélodrames en castillan plus ou moins légitime.

Un *saynète* assez comique suivait la pièce sérieuse. Il s'agissait d'un vieux garçon qui prenait une jolie servante, « pour tout faire, » comme diraient les *Petites Affiches* parisiennes. La drôlesse amenait d'abord, à titre de frère, un grand diable de Valencien, haut de six pieds, avec des favoris énormes, une *navaja* démesurée, et pourvu d'une faim insatiable et d'une soif inextinguible ; puis un cousin non moins farouche, extrêmement hérissé de tromblons, de pistolets et autres armes destructives, lequel cousin était suivi d'un oncle contrebandier porteur d'un arsenal complet et d'une mine équivalente, le tout à la grande terreur du pauvre vieux, déjà repentant de ses velléités égrillardes. Ces variétés de sacripants étaient rendues par les acteurs avec une vérité et une verve admirables. A la fin survenait un neveu militaire et sage qui délivrait son coquin d'oncle de cette bande de brigands installés chez lui, qui caressaient sa servante tout en buvant son vin, fumaient ses cigares, et mettaient sa maison au pillage. L'oncle promettait de ne se faire servir dorénavant que par de vieux domestiques mâles. Les *saynètes* ressemblent à nos vaudevilles ; mais l'intrigue en est moins compliquée, et souvent ils consistent en quelques scènes détachées, comme les intermèdes des comédies italiennes.

Le spectacle se termina par un *baile nacional* exécuté par deux couples de danseurs et de danseuses d'une manière assez satisfaisante. Les danseuses espagnoles, bien qu'elles n'aient pas le fini, la correction précise, l'élévation des danseuses françaises, leur sont, à mon avis, bien supérieures par la grâce et le charme ; comme elles travaillent peu et ne s'assujettissent pas à ces terribles exercices d'assouplissement qui font ressembler une classe de danse à une salle de torture, elles évitent cette maigreur de cheval entraîné qui donne à nos ballets quelque chose de trop macabre et de trop anatomique ; elles conservent les contours et les rondeurs de leur sexe ; elles ont l'air de femmes qui dansent et non pas de danseuses, ce qui est bien différent. Leur manière n'a pas le moindre rapport avec celle de l'école française. Dans celle-ci, l'immobilité et la perpendicularité du buste sont expressément recommandées ; le corps ne participe presque pas aux mouvements des jambes. En Espagne, les pieds quittent à peine la terre; point de ces grands ronds de jambe, de ces écarts qui font ressembler une femme à un compas forcé, et qu'on trouve là-bas d'une indécence révoltante. C'est le corps qui danse, ce sont les reins qui se cambrent, les flancs qui ploient, la taille qui se tord avec une souplesse d'almée ou de couleuvre. Dans les poses renversées, les épaules de la danseuse vont presque toucher la terre ; les bras, pâmés et morts, ont une flexibilité, une mollesse d'écharpe dénouée ; on dirait que les mains peuvent à peine soulever et faire babiller les castagnettes d'ivoire aux cordons tressés d'or ; et cependant, au moment venu, des bonds de jeune jaguar succèdent à cette langueur voluptueuse, et prouvent que ces corps, doux comme la soie, enveloppent des muscles d'acier. Les almées moresques suivent encore aujourd'hui le même système : leur danse consiste dans les ondulations harmonieusement lascives du torse, des hanches et des reins, avec des renversements de bras par-dessus la tête. Les traditions arabes se sont conservées dans les pas nationaux, surtout en Andalousie.

Les danseurs espagnols, quoique médiocres, ont un air cavalier, galant et hardi, que je préfère de beaucoup aux grâces équivoques et fades des nôtres. Ils n'ont l'air occupés ni d'eux-mêmes ni du public ; ils n'ont de regards, de sourires que pour leur danseuse, dont ils paraissent toujours passionnément épris, et qu'ils semblent disposés à défendre contre tous. Ils possèdent une certaine grâce féroce, une certaine allure insolemment cambrée qui leur est toute particulière. En essuyant leur fard, ils pourraient faire d'excellents *banderilleros,* et sauter des planches du théâtre sur le sable de l'arène.

La *malagueña*, danse locale de Malaga, est vraiment d'une poésie charmante. Le cavalier paraît d'abord, le *sombrero* sur les yeux, embossé dans sa cape écarlate comme un hidalgo qui se promène et cherche les aventures. La dame entre, drapée dans sa mantille, son éventail à la main, avec les façons d'une femme qui va faire un tour à l'*Alameda*. Le cavalier tâche de voir la figure de cette mystérieuse sirène; mais la coquette manœuvre si bien de l'éventail, l'ouvre et le ferme si à propos, le tourne et le retourne si promptement à la hauteur de son joli visage, que le galant, désappointé, recule de quelques pas et s'avise d'un autre stratagème. Il fait parler des castagnettes sous son manteau. A ce bruit, la dame prête l'oreille; elle sourit, son sein palpite, la pointe de son petit pied de satin marque la mesure malgré elle; elle jette son éventail, sa mantille, et paraît en folle toilette de danseuse, étincelante de paillettes et de clinquants, une rose dans les cheveux, un grand peigne d'écaille sur la tête. Le cavalier se débarrasse de son masque et de sa cape, et tous deux exécutent un pas d'une originalité délicieuse.

En m'en revenant le long de la mer, qui réfléchissait dans son miroir d'acier bruni le pâle visage de la lune, je songeais à ce contraste si frappant de la foule du cirque et de la solitude du théâtre, de cet empressement de la multitude pour le fait brutal et de son indifférence aux spéculations de l'esprit. Poëte, je me mis à envier le gladiateur; je regrettai d'avoir quitté l'action pour la rêverie. La veille, au même théâtre, l'on avait joué une pièce de Lope de Vega qui n'avait pas attiré plus de monde que l'œuvre du jeune écrivain : ainsi le génie antique et le talent moderne ne valent pas un coup d'épée de Montès !

Les autres théâtres d'Espagne ne sont, d'ailleurs, guère plus suivis que celui de Malaga, pas même le théâtre *del Principe* de Madrid, où se trouvent cependant un bien grand acteur, Julian Roméa, et une excellente actrice, Mathilde Diez. L'antique veine dramatique espagnole semble être tarie sans retour, et pourtant jamais fleuve n'a coulé à plus larges flots dans un lit plus vaste ; jamais il n'y eut fécondité plus prodigieuse, plus inépuisable. Nos vaudevillistes les plus abondants sont encore loin de Lope de Vega, qui n'avait pas de collaborateurs et dont les œuvres sont si nombreuses qu'on n'en sait pas le chiffre exact, et qu'il en existe à peine un exemplaire complet. Calderon de la Barca, sans compter ses comédies de cape et d'épée, où il n'a pas de rival, a fait des multitudes d'*autos sacramentales*, espèces de mystères catholiques où la profondeur bizarre de la pensée, la singularité de conception, s'unissent à une poésie enchanteresse et de l'élégance la plus fleurie. Il faudrait des catalogues in-folio pour désigner, seulement par leurs titres, les pièces de Lope de Rueda, de Montalban, de Guevara, de Quevedo, de Tirso, de Rojas, de Moreto, de Guilhen de Castro, de Diamante et de tant d'autres. Ce qui s'est écrit de pièces de théâtre en Espagne, pendant le XVIe et le XVIIe siècle, dépasse l'imagination ; autant vaudrait compter les feuilles des forêts et les grains de sable de la mer : elles sont presque toutes en vers de huit pieds mêlés d'assonances, imprimées en deux colonnes in-quarto sur papier à chandelle, avec une grossière gravure au frontispice, et forment des cahiers de six à huit feuilles. Les boutiques de librairie en regorgent ; on en voit des milliers suspendues pêle-mêle au milieu des romances et des légendes versifiées des étalagistes en plein vent ; l'on pourrait sans exagération appliquer à la plupart des auteurs dramatiques espagnols l'épigramme faite sur un poëte romain trop fécond, que l'on brûla après sa mort sur un bûcher formé de ses propres œuvres. C'est une fertilité d'invention, une abondance d'événements, une complication d'intrigues dont on ne peut se faire une idée. Les Espagnols, bien avant Shakspeare, ont inventé le drame ; leur théâtre est romantique dans toute l'acception du mot ; à part quelques puérilités d'érudition, leurs pièces ne relèvent ni des Grecs ni des Latins, et, comme le dit Lope de Vega dans son *Arte nuevo de hacer comedias en este tiempo :*

> .....Cuando he de escribir una comedia,
> Encierro los preceptos con seis llaves.

Les auteurs dramatiques espagnols ne paraissent pas s'être beaucoup préoccupés de la peinture des caractères, bien que l'on trouve à chaque scène des traits d'observation très-piquants et très-fins ; l'homme n'y est pas étudié philosophiquement, et l'on ne rencontre guère, dans leurs drames, de ces figures épisodiques si fréquentes dans le grand tragique anglais, silhouettes découpées sur le vif, qui ne concourent qu'indirectement à l'action, et n'ont d'autre but que de représenter une facette de l'âme humaine, une individualité originale, ou de refléter la pensée du poëte. Chez eux, l'auteur laisse rarement apercevoir sa personnalité, excepté à la fin du drame, quand il demande pardon de ses fautes au public.

Le principal mobile des pièces espagnoles est le point d'honneur :

> Los casos de la honra son mejores,
> Porque mueven con fuerza á toda gente ;
> Con ellas las acciones virtuosas
> Que la virtud es donde quiera amada,

dit encore Lope de Vega, qui s'y connaissait et qui ne se fit pas faute de suivre son précepte. Le point d'honneur jouait dans les comédies espagnoles le rôle de la fatalité dans les tragédies grecques. Ses lois inflexibles, ses nécessités cruelles, faisaient naître aisément des scènes dramatiques et d'un haut intérêt. *El pundonor,* espèce de religion chevaleresque avec sa jurisprudence, ses subtilités et ses raffinements, est bien supérieur à l'ἀνάγκη, à la fatalité antique, dont les coups aveugles tombent au hasard sur les coupables et sur les innocents. L'on est souvent révolté, en lisant les tragiques grecs, de la situation du héros, également criminel s'il agit ou s'il n'agit pas ; le point d'honneur castillan est toujours parfaitement logique et d'accord avec lui-même. Il n'est d'ailleurs que l'exagération de toutes les vertus humaines poussées au dernier degré de susceptibilité. Dans ses fureurs les plus horribles, dans ses vengeances les plus atroces, le héros garde une attitude noble et solennelle. C'est toujours au nom de la loyauté, de la foi conjugale, du respect des aïeux, de l'intégrité du blason, qu'il tire du fourreau sa grande épée à coquille de fer, souvent contre ceux qu'il aime de toute son âme, et qu'une nécessité impérieuse l'oblige d'immoler. De la lutte des passions aux prises avec le point d'honneur résulte l'intérêt de la plupart des pièces de l'ancien théâtre espagnol, l'intérêt profond, sympathique, vivement senti par les spectateurs, qui, dans la même situation, n'eussent pas agi autrement que le personnage. Avec une donnée si fertile, si profondément dans les mœurs de l'époque, il ne faut pas s'étonner de la facilité prodigieuse des anciens dramaturges de la Péninsule. Une autre source non moins abondante d'intérêt, ce sont les actions vertueuses, les dévouements chevaleresques, les renonciations sublimes, les fidélités inaltérables, les passions surhumaines, les délicatesses idéales, résistant aux intrigues les mieux ourdies, aux embûches les plus compliquées. Dans ce cas, le poëte semble avoir pour but de proposer aux spectateurs un modèle achevé de la perfection humaine. Tout ce qu'il peut trouver de qualités, il l'entasse sur la tête de son prince ou de sa princesse ; il les fait plus soucieux de leur pureté que la blanche hermine, qui aime mieux mourir que d'avoir une tache sur sa fourrure de neige.

Un profond sentiment du catholicisme et des mœurs féodales respire dans tout ce théâtre, vraiment national d'origine, de fond et de forme. La division en trois journées, suivie par les auteurs espagnols, est assurément la plus raisonnable et la plus logique. L'exposition, le nœud et le dénoûment, telle est la distribution naturelle de toute action dramatique bien entendue, et nous ferions bien de l'adopter, au lieu de l'antique coupe en cinq actes, dont deux sont si souvent inutiles, le second et le quatrième.

Il ne faudrait pas cependant s'imaginer que les anciennes pièces espagnoles fussent exclusivement sublimes. Le grotesque, cet élément indispensable de l'art du moyen âge, s'y glisse sous la forme du *gracioso* et du *bobo* (niais), qui égaye le sérieux de l'action par des plaisanteries et des jeux de mots plus ou moins hasardés, et produit, à côté du héros, l'effet de ces nains difformes, à pourpoint bariolé, jouant avec des lévriers plus grands qu'eux, qu'on voit figurer auprès de quelque roi ou de quelque prince dans les vieux portraits des galeries.

Moratin, l'auteur de *El sí de las Niñas,* de *El Café,* dont on peut voir le tombeau au Père-Lachaise de Paris, est le dernier reflet de l'art dramatique espagnol, comme le vieux peintre Goya, mort à

Bordeaux en 1828, a été le dernier descendant reconnaissable encore du grand Velasquez.

Maintenant on ne représente plus guère sur les théâtres d'Espagne que des traductions de mélodrames et de vaudevilles français. A Jaën, au cœur de l'Andalousie, on joue *le Sonneur de Saint-Paul ;* à Cadix, à deux pas de l'Afrique, *le Gamin de Paris.* Les *saynètes,* autrefois si gais, si originaux, d'une si haute saveur locale, ne sont plus que des imitations empruntées au répertoire du théâtre des Variétés. Sans parler de don Martinez de la Rosa, de don Antonio Gil y Zarate, qui appartiennent déjà à une époque moins récente, la Péninsule compte cependant plusieurs jeunes gens de talent et d'espérance ; mais l'attention publique, en Espagne comme en France, est détournée par la gravité des événements. Hartzembusch, l'auteur des *Amants de Teruel ;* Castro y Orozco, à qui l'on doit *Fray Luis de Léon* ou *le Siècle et le Monde ;* Zorilla, qui a fait représenter avec succès le drame *el Rey y el Zapatero ;* Breton de los Herreros, le duc de Rivas, Larra, qui s'est tué par amour ; Espronceda, dont les journaux viennent d'annoncer la mort, et qui portait dans ses compositions une énergie passionnée et farouche, quelquefois digne de Byron, son modèle, sont, — hélas ! pour les deux derniers il faut dire étaient, — des littérateurs pleins de mérite, des poëtes ingénieux, élégants et faciles, qui pourraient prendre place à côté des anciens maîtres, s'il ne leur manquait ce qui nous manque à tous, la certitude, un point de départ assuré, un fonds d'idées communes avec le public. Le point d'honneur et l'héroïsme des vieilles pièces n'est plus compris ou semble ridicule, et la croyance moderne n'est pas encore assez formulée pour que les poëtes puissent la traduire.

Il ne faut donc pas trop blâmer la foule qui, en attendant, envahit le cirque et va chercher les émotions où elles se trouvent ; après tout, ce n'est pas la faute du peuple, si les théâtres ne sont pas plus attrayants ; tant pis pour nous, poëtes, si nous nous laissons vaincre par les gladiateurs. En somme, il est plus sain pour l'esprit et le cœur de voir un homme de courage tuer une bête féroce en face du ciel, que d'entendre un histrion sans talent chanter un vaudeville obscène, ou débiter de la littérature frelatée devant une rampe fumeuse.

CORDOUE. GRANDE MOSQLÉE.

XIII

ECIJA. — CORDOUE. — L'ARCHANGE RAPHAEL. — LA MOSQUÉE.

Nous ne connaissions encore que les galères à brancards, il nous restait à tâter un peu de la galère à quatre roues. Un de ces aimables véhicules partait justement pour Cordoue, déjà encombré d'une famille espagnole; nous complétâmes la charge. Figurez-vous une charrette assez basse, munie de ridelles à claire-voie et n'ayant pour fond qu'un filet de sparterie dans lequel on entasse les malles et les paquets sans grand souci des angles sortants ou rentrants. Là-dessus, l'on jette deux ou trois matelas, ou, pour parler plus exactement, deux sacs de toile où flottent quelques touffes de laine peu cardée; sur ces matelas s'étendent transversalement les pauvres voyageurs dans une position assez semblable (pardonnez-nous la trivialité de la comparaison) à celle des veaux que l'on porte au marché. Seulement ils n'ont pas les pieds liés, mais leur situation n'en est guère meilleure. Le tout est recouvert d'une grosse toile tendue sur des cerceaux, dirigé par un *mayoral* et traîné par quatre mules.

La famille avec laquelle nous faisions route était celle d'un ingénieur assez instruit et parlant bien français : elle était accompagnée d'un grand scélérat de figure hétéroclite, autrefois brigand dans la bande de José Maria, et maintenant surveillant des mines. Ce drôle suivait la galère à cheval, le couteau dans la ceinture, la carabine à l'arçon de la selle. L'ingénieur paraissait faire grand cas de lui ; il vantait sa probité, sur laquelle son ancien métier ne lui inspirait aucune inquiétude ; il est vrai qu'en parlant de José Maria, il me dit à plusieurs reprises que c'était un brave et honnête homme. Cette opinion, qui nous paraîtrait légèrement paradoxale à l'endroit d'un voleur de grand chemin, est partagée en Andalousie par les gens les plus honorables. L'Espagne est restée arabe sur ce point, et les bandits y passent facilement pour des héros, rapprochement moins bizarre qu'il ne semble d'abord, surtout dans les contrées du Midi, où l'imagination est si impressionnable ; le mépris de la mort, l'audace, le sang-froid, la détermination prompte et hardie, l'adresse et la force, cette espèce de grandeur qui s'attache à l'homme en révolte contre la société, toutes ces qualités, qui agissent si puissamment sur les esprits encore peu civilisés, ne sont-elles pas celles qui font les grands caractères, et le peuple a-t-il si tort de les admirer chez ces natures énergiques, bien que l'emploi en soit condamnable ?

Le chemin de traverse que nous suivions montait et descendait d'une façon assez abrupte à travers un pays bossué de collines et sillonné d'étroites vallées dont le fond était occupé par des lits de torrents à sec et tout hérissés de pierres énormes qui nous causaient d'atroces soubresauts, et arrachaient des cris aigus aux femmes et aux enfants. Chemin faisant, nous remarquâmes quelques effets de soleil couchant d'une poésie et d'une couleur admirables. Les montagnes prenaient dans l'éloignement des teintes pourpres et violettes, glacées d'or, d'une chaleur et d'une intensité extraordinaires; l'absence complète de végétation imprimait à ce paysage, uniquement composé de terrains et de ciels, un caractère de nudité grandiose et d'âpreté farouche dont l'équivalent n'existe nulle part, et que les peintres n'ont jamais rendu. L'on fit halte quelques heures, à l'entrée de la nuit, dans un petit hameau de trois ou quatre maisons, pour laisser reposer les mules et nous permettre de prendre quelque nourriture. Imprévoyants comme des voyageurs français, quoiqu'un séjour de cinq mois en Espagne eût dû nous rendre plus sages, nous n'avions emporté de Malaga aucune provision; aussi fûmes-nous obligés de souper de pain sec et de vin blanc qu'une femme de la *posada* voulut bien nous aller chercher, car les garde-manger et les celliers espagnols ne partagent pas cette horreur que la nature a, dit-on, pour le vide, et ils logent le néant en toute sécurité de conscience.

Vers une heure du matin, l'on se remit en route, et, malgré les cahots effroyables, les enfants de l'employé des mines qui roulaient sur nous, et les chocs que recevaient nos têtes vacillantes en heurtant les ridelles, nous ne tardâmes pas à nous endormir. Quand le soleil vint nous chatouiller le nez avec un rayon comme un épi d'or, nous étions près de Caratraca, village insignifiant, qui n'est pas marqué sur la carte et n'a de particulier que des sources d'eaux sulfureuses très-efficaces pour les maladies de la peau, ce qui attire dans cet endroit perdu une population assez suspecte et d'un commerce malsain. On y joue un jeu d'enfer; et, quoiqu'il fût encore de très-bonne heure, les cartes et les onces d'or allaient déjà leur train. C'était quelque chose de hideux à voir que ces malades aux physionomies terreuses et verdâtres, encore enlaidies par la rapacité, allongeant avec lenteur leurs doigts convulsifs pour saisir leur proie. Les maisons de Caratraca, comme toutes celles des villages d'Andalousie, sont passées au lait de chaux; ce qui, joint à la teinte vive des tuiles, aux guirlandes de pampres, aux arbustes qui les entourent, leur donne un air de fête et d'aisance bien différent des idées que l'on se fait dans le reste de l'Europe de la malpropreté espagnole, idées généralement fausses, qui ne peuvent être venues qu'à propos de quelques misérables hameaux de la Castille, dont nous possédons l'équivalent et au delà en Bretagne et en Sologne.

Dans la cour de l'auberge, mes regards furent attirés par des fresques grossières représentant des courses de taureaux avec une naïveté toute primitive; autour des peintures se lisaient des *coplas* en l'honneur de Paquirro Montès et de sa quadrille. Le nom de Montès est tout à fait populaire en Andalousie, comme chez nous celui de Napoléon; son portrait orne les murs, les éventails, les tabatières, et les Anglais, grands exploiteurs de la vogue, quelle qu'elle soit, répandent de Gibraltar des milliers de foulards où les traits du célèbre *matador* sont reproduits par l'impression en rouge, en violet, en jaune, et accompagnés de légendes flatteuses.

Instruits par notre famine de la veille, nous achetâmes quelques provisions à notre hôte, et particulièrement un jambon qu'il nous fit payer un prix exorbitant. L'on parle beaucoup des voleurs de grand chemin : ce n'est pas sur le chemin qu'est le danger; c'est au bord, dans l'auberge où l'on vous égorge, où l'on vous dépouille en toute sûreté sans que vous ayez le droit de recourir aux armes défensives, et de tirer votre coup de carabine au garçon qui vous apporte votre compte. Je plains les bandits de tout mon cœur; de pareils hôteliers ne leur laissent pas grand'chose à faire, et ne leur livrent les voyageurs que comme des citrons dont on a exprimé le jus. Dans les autres pays, l'on vous fait payer cher une chose qu'on vous fournit; en Espagne, vous payez l'absence de tout au poids de l'or.

Notre sieste achevée, on attela les mules à la galère; chacun reprit sa place sur les matelas, l'*escopetero* enfourcha son petit cheval montagnard, le *mayoral* fit provision de menus cailloux pour lancer aux oreilles de ses bêtes, et l'on se remit en marche. La contrée que nous traversions était sauvage sans être pittoresque : des collines pelées, rugueuses, écorchées, décharnées jusqu'aux os, des lits de torrents pierreux, espèces de cicatrices imprimées au sol par le ravage des pluies d'hiver; des bois d'oliviers dont le feuillage pâle, enfariné par la poussière, ne faisait naître aucune idée de verdure ou de fraîcheur; çà et là, au flanc déchiré des ravins de craie et de tuf, quelque touffe de fenouil blanchie par la chaleur; sur la poudre du chemin les traces des serpents et des vipères, et par-dessus tout cela un ciel brûlant comme une voûte de four, et pas un souffle d'air, pas une haleine de vent! Le sable gris soulevé par les sabots des mules retombait sans tourbillonner. Un soleil à faire chauffer le fer à blanc frappait sur la toile de notre galère, où nous mûrissions comme des melons sous cloche. De temps à autre nous descendions et nous faisions une traite à pied, en nous tenant dans l'ombre du cheval ou de la charrette, et nous regrimpions les jambes dégourdies à notre place, en écrasant un peu les enfants et la mère, car nous ne pouvions arriver à notre coin qu'en rampant à quatre pattes sous le dôme surbaissé formé par les cerceaux de la galère. A force de franchir des fondrières et des ravins, de couper à travers champs pour abréger, nous perdîmes la vraie route. Notre *mayoral,* espérant se reconnaître, continua, comme s'il eût su parfaitement où il allait; car les *cosarios* et guides ne conviennent qu'ils sont égarés qu'à la dernière extrémité, et lorsqu'ils vous ont fait faire cinq à six lieues en dehors de la bonne voie. Il est juste de dire que rien n'était plus aisé que de se tromper sur ce chemin fabuleux, à peine battu, et dont de profonds ravins interrompaient à chaque instant le tracé. Nous nous trouvions dans de grands champs clair-semés d'oliviers aux troncs contournés et rabougris, aux attitudes effrayantes, sans aucune trace d'habitation humaine, sans apparence d'être vivant; depuis le matin, nous n'avions rencontré qu'un *muchacho* à moitié nu, poussant devant lui, à travers un flot de poussière, une demi-douzaine de cochons noirs. La nuit vint. Pour surcroît de malheur, ce n'était pas nuit de lune, et nous n'avions pour nous guider que la tremblotante lueur des étoiles.

A chaque instant, le *mayoral* quittait son siége et descendait tâter la terre avec ses mains pour sentir s'il ne rencontrerait pas une ornière, une trace de roue qui pût le remettre sur la voie; mais ses recherches furent inutiles, et, bien à contre-cœur, il se vit obligé de nous dire qu'il était égaré et ne savait pas où il était : il n'y concevait rien, il avait fait la route vingt fois et serait allé à Cordoue les yeux fermés. Tout cela nous paraissait assez louche, et l'idée nous vint que nous étions peut-être exposés à quelque guet-apens. La situation n'était pas autrement agréable; nous nous trouvions pris de nuit dans un pays perdu, loin de tout secours humain, au milieu d'une contrée réputée pour cacher plus de voleurs à elle seule que toutes les Espagnes réunies. Ces réflexions se présentèrent sans doute également à l'employé des mines et à son ami, l'ancien associé de José Maria, qui devait se connaître en pareille matière, car ils chargèrent silencieusement leurs carabines à balles, en firent autant de deux autres, placées dans la galère, et nous en remirent une à chacun sans dire un mot, ce qui était fort éloquent. De cette façon, le *mayoral* restait sans armes, et, lorsqu'il aurait eu des intelligences avec les bandits, il se trouvait ainsi réduit à l'impuissance. Cependant, après avoir erré au hasard pendant deux ou trois heures, nous aperçûmes une lumière bien loin, qui scintillait sous les branches comme un ver luisant ; nous en fîmes tout de suite notre étoile polaire, et nous nous dirigeâmes vers elle le plus directement possible, au risque de verser à chaque pas. Quelquefois une anfractuosité du terrain la dérobait à notre vue : alors tout nous semblait éteint dans la nature ; puis la lueur reparaissait, et nos espérances avec elle. Enfin, nous arrivâmes assez près d'une ferme pour distinguer la fenêtre, ciel où brillait notre étoile sous la forme d'une lampe de cuivre. Des chariots à bœufs, des instruments aratoires dispersés çà et là nous rassurèrent tout à fait, car nous aurions pu tomber dans quelque coupe-gorge, dans quelque *posada de barateros*. Les chiens, ayant éventé notre présence, aboyaient à pleine gueule, de sorte que toute la ferme fut bientôt en rumeur. Les paysans sortirent le fusil à la main pour reconnaître la cause de cette alerte nocturne, et, ayant vu que nous étions d'honnêtes voyageurs fourvoyés, ils nous proposèrent poliment d'entrer nous reposer dans la ferme.

C'était l'heure du souper de ces braves gens. Une vieille ridée, tannée, momifiée en quelque sorte, et dont la peau faisait des plis à toutes les jointures comme une botte à la hussarde, préparait dans une jatte de terre rouge un *gaspacho* gigantesque. Cinq ou six lévriers de la plus haute taille, minces de râble, larges de poitrine, supérieurement coiffés, dignes de la meute d'un roi, suivaient les mouvements de la vieille avec l'attention la plus soutenue et l'air le plus mélancoliquement admiratif qu'on puisse imaginer. Mais ce délicieux régal n'était pas pour eux ; en Andalousie, ce sont les hommes et non les chiens qui mangent la soupe de croûtes de pain détrempées dans l'eau. Des chats que l'absence d'oreilles et de queue, car en Espagne on leur retranche ces superfluités ornementales, rendait semblables à des chimères japonaises, regardaient aussi, mais de plus loin, ces appétissants préparatifs. Une écuelle dudit *gaspacho,* deux tranches de notre jambon et quelques grappes d'un raisin blond comme l'ambre, nous composèrent un souper qu'il nous fallut disputer aux familiarités envahissantes des lévriers, qui, sous prétexte de nous lécher, nous arrachaient littéralement la viande de la bouche. Nous nous levions et nous mangions debout, notre assiette à la main ; mais les diables de bêtes se dressaient sur les pattes de derrière, nous jetaient les pattes de devant aux épaules, et se trouvaient ainsi à hauteur du morceau convoité. S'ils ne l'emportaient pas, ils lui donnaient au moins deux ou trois tours de langue, et en prélibaient ainsi la première et la plus délicate saveur. Ces lévriers nous parurent descendre en droite ligne d'un chien fameux dont Cervantes n'a pourtant pas écrit l'histoire dans ses dialogues. Cet illustre animal tenait dans une *fonda* espagnole l'emploi de laveuse de vaisselle, et comme on reprochait à la servante que les assiettes n'étaient pas propres, elle jura ses grands dieux qu'elles avaient pourtant été lavées par sept eaux, *por siete aguas. Siete Aguas* était le nom du chien, ainsi désigné parce qu'il léchait si exactement les plats, qu'on eût dit qu'ils avaient passé sept fois dans l'eau ; il fallait que ce jour-là il se fût négligé. Les lévriers de la ferme étaient assurément de cette race.

L'on nous donna pour guide un jeune garçon qui connaissait parfaitement les chemins et nous conduisit sans encombre à Ecija, où nous parvînmes vers les dix heures du matin.

L'entrée d'Ecija est assez pittoresque ; l'on y arrive par un pont au bout duquel s'élève une porte en arcade d'un effet triomphal. Ce pont traverse une rivière qui n'est autre que le Genil de Grenade, et qu'obstruent des ruines d'arches antiques et des barrages pour les moulins ; quand on l'a franchi, l'on débouche dans une place plantée d'arbres, ornée de deux monuments d'un goût baroque. L'un consiste en une statue de la sainte Vierge dorée et posée sur une colonne dont le socle évidé forme comme une espèce de chapelle, enjolivée de pots de fleurs artificielles, d'*ex-voto,* de couronnes de moelle de roseau, et de tous les colifichets de la dévotion méridionale. L'autre est un saint Christophe gigantesque, aussi de métal doré, la main appuyée sur un palmier, canne proportionnée à sa grandeur, et portant sur l'épaule, avec les contractions de muscles les plus prodigieuses et des efforts à soulever une maison, un tout petit Enfant Jésus d'une délicatesse et d'une mignonnerie charmantes. Ce colosse, attribué au sculpteur florentin Torregiani, qui écrasa d'un coup de poing le nez de Michel-Ange, est juché sur une colonne d'ordre salomonique (c'est le nom qu'on donne ici aux colonnes torses), de granit rose tendre, dont la spirale se termine à mi-chemin en volutes et en fleurons extravagants. J'aime beaucoup les statues ainsi posées ; elles produisent plus d'effet, se voient de plus loin et à leur avantage. Les socles ordinaires ont quelque chose de massif et d'épaté qui ôte de la légèreté aux figures qu'ils supportent.

Ecija, bien qu'en dehors de l'itinéraire des touristes et généralement peu connue, est cependant une ville très-intéressante, d'une physionomie toute particulière et très-originale. Les clochers qui forment les angles les plus aigus de sa silhouette ne sont ni byzantins, ni gothiques, ni renaissance ; ils sont chinois, ou plutôt japonais ; vous les prendriez pour les tourelles de quelque *miao* dédié à Kong-fu-Tzée, Bouddha ou Fo, car ils sont revêtus entièrement de carreaux de porcelaine ou de faïence coloriés des teintes les plus vives et couverts de tuiles vernissées, vertes et blanches, disposées en damier et de l'aspect le plus étrange du monde. Le reste de l'architecture n'est pas moins chimérique, et l'amour du contourné y est poussé à ses dernières limites. Ce ne sont que dorures, incrustations, brèches et marbres de couleur chiffonnés comme des étoffes, que guirlandes de fleurs, lacs d'amour, anges bouffis, tout cela enluminé, fardé, d'une richesse folle et d'un mauvais goût sublime.

La *calle de los Caballeros,* où demeure la noblesse et qui renferme les plus beaux hôtels, est vraiment quelque chose de miraculeux dans ce genre ; l'on a peine à croire que l'on soit dans une rue réelle, entre des maisons habitées par des êtres possibles. Les balcons, les grilles, les frises, rien n'est droit, tout se tortille, se contourne, s'épanouit en fleurons, en volutes, en chicorées. Vous ne trouverez pas une superficie d'un pouce carré qui ne soit guillochée, festonnée, dorée, brodée ou peinte ; tout ce que le genre désigné chez nous sous le nom de *rococo* a laissé de plus rocailleux et de plus désordonné, avec une épaisseur et un entassement de luxe que le bon goût français, même aux pires époques, a toujours su éviter. Ce pompadour-hollando-chinois amuse et surprend en Andalousie. Les maisons ordinaires sont crépies à la chaux, d'une blancheur éblouissante qui se détache merveilleusement sur l'azur foncé du ciel, et nous firent songer à l'Afrique par leurs toits plats, leurs petites fenêtres et leurs *miradores,* idée que nous rappelait suffisamment une chaleur de trente-sept degrés Réaumur, température habituelle du lieu dans les étés frais. Ecija est surnommée la poêle de l'Andalousie, et jamais surnom ne fut mieux mérité : située dans un bas-fond, elle est entourée de collines sablonneuses qui l'abritent du vent et lui renvoient les rayons du soleil comme des miroirs concentriques. L'on y vit à l'état de friture ; ce qui ne nous empêcha pas de la parcourir vaillamment en tous sens en attendant notre déjeuner. La *Plaza-Mayor* présente un coup d'œil fort original avec ses maisons à piliers, ses rangées de fenêtres, ses arcades et ses balcons en saillie.

Notre *parador* était assez confortable, et l'on nous y servit un repas presque humain que nous savourâmes avec une sensualité bien permise après tant de privations. Une longue sieste dans une grande chambre bien close, bien obscure, bien arrosée, acheva de nous reposer, et quand, vers trois heures, nous remontâmes dans la galère, nous avions la mine sereine et tout à fait résignée.

La route d'Ecija à la Carlotta, où nous devions coucher, traverse un pays peu intéressant, d'un aspect aride et poussiéreux, ou du moins que la saison faisait paraître tel, et qui n'a pas laissé grande trace dans notre souvenir. De distance en distance apparaissaient quelques plants d'oliviers et quelques touffes de chênes verts, et les aloès montraient leur feuillage bleuâtre d'un effet toujours si caractéristique. La chienne de l'employé des mines (car nous avions des quadrupèdes dans notre ménagerie, sans compter les enfants) fit lever quelques perdrix dont deux ou trois furent abattues par mon compagnon de voyage. Voilà l'incident le plus remarquable de cette étape.

La Carlotta, où nous nous arrêtâmes pour passer la nuit, est un hameau sans importance. L'auberge occupe un ancien couvent métamorphosé d'abord en caserne, comme cela a presque toujours lieu dans les temps de révolution, la vie militaire étant celle qui s'enchâsse et s'emménage le plus facilement dans les bâtiments disposés pour la vie monacale. De longs cloîtres en arcades formaient galerie couverte sur les quatre faces des cours. Au milieu de l'une d'elles bâillait la bouche noire d'un puits énorme, très-profond, qui nous promettait le délicieux régal d'une eau bien claire et bien froide. En me penchant sur la margelle, je vis que l'intérieur était tout tapissé de plantes du plus beau vert qui avaient poussé dans l'interstice des pierres. Pour trouver quelque verdure et quelque fraîcheur, il fallait effectivement aller regarder dans les puits, car la chaleur était telle qu'on eût pu la croire produite par le voisinage d'un incendie. La température des serres où l'on élève des végétations tropicales peut seule en donner une idée. L'air même brûlait, et les bouffées de vent semblaient charrier des molécules ignées. J'essayai de sortir pour aller faire un tour dans le village, mais la vapeur d'étuve qui m'accueillit dès la porte me fit rebrousser chemin. Notre souper se composa de poulets démembrés étendus pêle-mêle sur une couche de riz aussi relevé de safran qu'un pilau turc, et d'une salade (*ensalada*) de feuillages verts nageant dans un déluge d'eau vinaigrée, étoilée çà et là de quelques flots d'huile empruntée sans doute à la lampe. Ce somptueux repas terminé, l'on nous conduisit à nos chambres qui étaient déjà tellement habitées, que nous allâmes achever la nuit au milieu de la cour, dans notre manteau, une chaise renversée nous servant d'oreiller. Là, du moins, nous n'étions exposés qu'aux moustiques ; en mettant des gants et en voilant notre figure d'un foulard, nous en fûmes quittes pour cinq ou six coups d'aiguillon. Ce n'était que douloureux, et non dégoûtant.

Nos hôtes avaient des figures légèrement patibulaires ; mais depuis longtemps nous n'y prenions plus garde, accoutumés que nous étions à des physionomies plus ou moins rébarbatives. Un fragment de leur conversation, que nous surprîmes, nous montra que leurs sentiments étaient assortis à leur physique. Ils demandaient à l'*escopetero*, croyant que nous n'entendions pas l'espagnol, s'il n'y avait pas un coup à faire contre nous, en allant nous attendre quelques lieues plus loin. L'ancien associé de José Maria leur répondit d'un air parfaitement noble et majestueux : « Je ne le souffrirai pas, puisque ces jeunes gentilshommes sont de ma compagnie ; d'ailleurs, ils s'attendent à être volés et n'ont avec eux que la somme strictement nécessaire pour le voyage, leur argent étant en lettres de change sur Séville. En outre, ils sont grands et forts tous les deux ; quant à l'employé des mines, c'est mon *ami*, et nous avons quatre carabines dans la galère. » Ce raisonnement persuasif convainquit notre hôte et ses acolytes, qui se contentèrent pour cette fois des moyens de détroussement ordinaires permis aux aubergistes de toutes les contrées.

Malgré toutes les histoires effrayantes sur les brigands rapportées par les voyageurs et les naturels du pays, nos aventures se bornèrent là, et ce fut l'incident le plus dramatique de notre longue pérégrination à travers des contrées réputées les plus dangereuses de l'Espagne, à une époque certainement favorable à ce genre de rencontres ; le brigand espagnol a été pour nous un être purement chimérique, une abstraction, une simple poésie. Jamais nous n'avons aperçu l'ombre d'un *trabuco*, et nous étions devenus, à l'endroit du voleur, d'une incrédulité égale pour le moins à celle du jeune gentleman anglais dont Mérimée raconte l'histoire, lequel, tombé entre les mains d'une bande qui le détroussait, s'obstinait à n'y voir que des comparses de mélodrame apostés pour lui faire pièce.

Nous quittâmes la Carlotta vers les trois heures de l'après-midi, et le soir nous fîmes halte dans une misérable cabane de bohémiens, dont le toit était formé de simples branches d'arbre coupées et jetées, comme une espèce de chaume grossier, sur des perches transversales. Après avoir bu quelques verres d'eau, je m'étalai tranquillement devant la porte, sur le sein de notre mère commune, et, tout en regardant l'abîme azuré du ciel, où semblaient voltiger, comme des essaims d'abeilles d'or, de larges étoiles dont les scintillements formaient un tourbillon lumineux pareil à celui que produisent autour du corps des libellules leurs ailes invisibles à force de rapidité, je ne tardai pas à m'endormir d'un profond sommeil, comme si j'eusse été couché dans le lit le plus moelleux du monde. Je n'avais cependant pour oreiller qu'une pierre enveloppée dans ma cape, et quelques cailloux de dimension honnête s'estampaient en creux dans mes reins. Jamais nuit plus belle et plus sereine n'emmaillotta le globe dans son manteau de velours bleu. A minuit environ, la galère se remit en marche, et, quand l'aurore parut, nous n'étions plus qu'à une demi-lieue de Cordoue.

L'on croirait peut-être, à la description de ces haltes et de ces étapes, qu'une grande distance sépare Cordoue de Malaga, et que nous avons fait un chemin énorme dans ce voyage qui n'a pas duré moins de quatre jours et demi. La distance parcourue n'est que d'une vingtaine de lieues d'Espagne, à peu près trente lieues de France ; mais la voiture était pesamment chargée, le chemin abominable, sans relais disposés pour changer de mules. Joignez à cela une chaleur intolérable qui aurait asphyxié bêtes et gens, si l'on se fût risqué dehors aux heures où le soleil a toute sa force. Cependant ce voyage si lent et si pénible nous a laissé un bon souvenir ; la rapidité excessive des moyens de transport ôte tout charme à la route : vous êtes emporté comme dans un tourbillon, sans avoir le temps de rien voir. Si l'on arrive tout de suite, autant vaut rester chez soi. Pour moi, le plaisir du voyage est d'aller et non d'arriver.

Un pont sur le Guadalquivir, assez large à cet endroit, sert d'entrée à Cordoue du côté d'Ecija. Tout auprès l'on remarque les ruines d'anciennes arches d'un aqueduc arabe. La tête du pont est défendue par une grande tour carrée, crénelée et soutenue par des casemates de construction plus récente. Les portes de la ville n'étaient pas encore ouvertes ; une cohue de chariots à bœufs majestueusement coiffés de tiares en sparterie jaune et rouge, de mulets et d'ânes blancs chargés de paille hachée, de paysans à chapeaux en pain de sucre, vêtus de *capas* de laine brune retombant par devant et par derrière comme une chape de prêtre, et qui se mettent en passant la tête par un trou pratiqué au milieu de l'étoffe, attendaient l'heure avec le flegme et la patience ordinaires aux Espagnols, qui ne paraissent jamais pressés. Un pareil rassemblement à une barrière de Paris eût fait un vacarme horrible, et se serait répandu en invectives et en injures ; là, point d'autre bruit que le frisson d'un grelot de cuivre au collier d'une mule, et le tintement argentin de la sonnette d'un âne-colonel changeant de position ou reposant sa tête sur le cou d'un confrère à longues oreilles.

Nous profitâmes de ce temps d'arrêt pour examiner à loisir l'aspect extérieur de Cordoue. Une belle porte en manière d'arc de triomphe, d'ordre ionique, et d'un si grand goût qu'on aurait pu la croire romaine, formait à la ville des califes une entrée fort majestueuse, à laquelle cependant j'aurais préféré une de ces belles arcades moresques évasées en cœur, comme on en voit à Grenade. La mosquée-cathédrale s'élevait au-dessus de l'enceinte et des toits de la ville plutôt comme une citadelle que comme un temple, avec ses hautes murailles denticulées de créneaux arabes, et le lourd dôme catholique accroupi sur sa plate-forme orientale. Il faut l'avouer, ces murailles sont badigeonnées d'une sorte de jaune assez abominable. Sans être de ceux qui aiment précisément les édifices moisis, lépreux et noirs, nous avons une horreur particulière pour cette infâme couleur potiron qui charme à un si haut degré les prêtres, les fabriques et les chapitres de tous les pays, puisqu'ils ne manquent jamais d'en empâter les merveilleuses cathédrales qui leur sont livrées. Les édifices doivent être peints et l'ont toujours été, même aux époques les plus pures ; seulement il faudrait mieux choisir la nuance et la nature de l'enduit.

Enfin l'on ouvrit les portes, et nous eûmes l'agrément préalable d'être visités assez minutieusement à la douane, après quoi l'on nous laissa libres de nous rendre en compagnie de nos malles au *parador* le plus voisin.

Cordoue a l'aspect plus africain que toute autre ville d'Andalousie; ses rues ou plutôt ses ruelles, dont le pavé tumultueux ressemble au lit de torrents à sec, toutes jonchées de la paille courte qui s'échappe de la charge des ânes, n'ont rien qui rappelle les mœurs et les habitudes de l'Europe. L'on y marche entre d'interminables murailles couleur de craie, aux rares fenêtres treillissées de grilles et de barreaux, et l'on n'y rencontre que quelque mendiant à figure rébarbative, quelque dévote encapuchonnée de noir, ou quelque *majo* qui passe avec la rapidité de l'éclair sur son cheval brun, harnaché de blanc, arrachant des milliers d'étincelles aux cailloux du pavé. Les Mores, s'ils pouvaient y revenir, n'auraient pas grand'chose à faire pour s'y réinstaller. L'idée que l'on a pu se former, en pensant à Cordoue, d'une ville aux maisons gothiques, aux flèches brodées à jour, est entièrement fausse. L'usage universel du crépi à la chaux donne une teinte uniforme à tous les monuments, remplit les rides de l'architecture, efface les broderies et ne permet pas de lire leur âge. Grâce à la chaux, le mur fait il y a cent ans ne peut se distinguer du mur achevé d'hier. Cordoue, autrefois le centre de la civilisation arabe, n'est plus aujourd'hui qu'un amas de petites maisons blanches par-dessus lesquelles jaillissent quelques figuiers d'Inde à la verdure métallique, quelque palmier épanoui comme un crabe de feuillage, et que divisent en îlots d'étroits corridors par où deux mulets auraient peine à passer de front. La vie semble s'être retirée de ce grand corps, animé jadis par l'active circulation du sang moresque; il n'en reste plus maintenant que le squelette blanchi et calciné. Mais

Cordoue a sa mosquée, monument unique au monde et tout à fait neuf, même pour les voyageurs qui ont eu déjà l'occasion d'admirer, à Grenade ou à Séville, les merveilles de l'architecture arabe.

Malgré ses airs moresques, Cordoue est pourtant bonne chrétienne et placée sous la protection spéciale de l'archange Raphaël. Du balcon de notre *parador*, nous voyions s'élever un monument assez bizarre en l'honneur de ce patron céleste; nous eûmes envie de l'examiner de plus près. L'archange Raphaël, du haut de sa colonne, l'épée à la main, les ailes déployées, scintillant de dorure, semble une sentinelle veillant éternellement sur la ville confiée à sa garde. La colonne est de granit gris avec un chapiteau corinthien de bronze doré, et repose sur une petite tour ou lanterne de granit rose, dont le soubassement est formé par des rocailles où sont groupés un cheval, un palmier, un lion et un monstre marin des plus fantastiques; quatre statues allégoriques complètent cette décoration. Dans le socle se trouve enchâssé le cercueil de l'évêque Pascal, personnage célèbre par sa piété et sa dévotion au saint archange.

Sur un cartouche se lit l'inscription suivante:

Yo te juro por Jesu Cristo crucificado
Que soy Rofaël angel, á quien Dios tiene puesto
Por guarda de esta ciudad.

Mais me direz-vous, comment a-t-on su que l'archange Raphaël était précisément le patron de la vieille ville d'Abdérame, lui et pas un autre? Nous vous répondrons au moyen d'une romance ou complainte imprimée avec permission à Cordoue, chez don Raphaël Garcia Rodriguez, rue de la Librairie. Ce précieux document porte en tête une vignette sur bois représentant l'archange les ailes ouvertes, l'auréole autour de la tête, son bâton de voyage et son poisson à la main, majestueusement campé entre deux glorieux pots de jacinthes et de pivoines, le tout accompagné d'une inscription ainsi conçue : *Véridique relation et curieuse légende du seigneur saint Raphaël, archange, avocat de la peste et gardien de la cité de Cordoue.*

L'on y raconte comme quoi le bienheureux archange apparut à don Andrès Roëlas, gentilhomme et prêtre de Cordoue, et lui tint dans sa chambre un discours dont la première phrase est précisément celle que l'on a gravée sur la colonne. Ce discours, que les légendaires ont conservé, dura plus d'une heure et demie, le prêtre et l'archange étant assis face à face, chacun sur une chaise. Cette apparition eut lieu le 7 mai de l'an du Christ 1578, et c'est pour en conserver le souvenir qu'on a élevé ce monument.

Une esplanade entourée de grilles s'étend autour de cette construction et permet de la contempler sur toutes les faces. Les statues, ainsi placées, ont quelque chose d'élégant et de svelte qui me plaît beaucoup et qui dissimule admirablement la nudité d'une terrasse, d'une place publique ou d'une cour trop vaste. La statuette posée sur une colonne de porphyre, dans la cour du palais des Beaux-Arts de Paris peut donner une petite idée du parti qu'on pourrait tirer pour l'ornementation de cette manière d'ajuster les figures qui prennent ainsi un aspect monumental qu'elles n'auraient pas sans cela. Cette réflexion nous était déjà venue devant la sainte Vierge et le saint Christophe d'Ecija.

L'extérieur de la cathédrale nous avait peu séduits, et nous avions peur d'être cruellement désenchantés. Les vers de Victor Hugo :

> Cordoue aux maisons vieilles
> A sa mosquée, où l'œil se perd dans les merveilles,

nous semblaient d'avance trop flatteurs, mais nous fûmes bientôt convaincus qu'ils n'étaient que justes.

Ce fut le calife Abdérame Ier qui jeta les fondements de la mosquée de Cordoue vers la fin du VIIIe siècle; les travaux furent menés avec une telle activité, que la construction était terminée au commencement du IXe : vingt et un ans suffirent pour terminer ce gigantesque édifice ! Quand on songe qu'il y a mille ans, une œuvre si admirable et de proportions si colossales était exécutée en si peu de temps par un peuple tombé depuis dans la plus sauvage barbarie, l'esprit s'étonne et se refuse à croire aux prétendues doctrines de progrès qui ont cours aujourd'hui : l'on se sent même tenté de se ranger à l'opinion contraire, lorsqu'on visite des contrées occupées jadis par des civilisations disparues. J'ai toujours beaucoup regretté, pour ma part, que les Mores ne soient pas restés maîtres de l'Espagne, qui certainement n'a fait que perdre à leur expulsion. Sous leur domination, s'il faut en croire les exagérations populaires, si gravement recueillies par les historiens, Cordoue comptait deux cent mille maisons, quatre-vingt mille palais et neuf cents bains ; douze mille villages lui servaient comme de faubourgs. Maintenant elle n'a pas quarante mille habitants, et paraît presque déserte.

Abdérame voulait faire de la mosquée de Cordoue un but de pèlerinage, une Mecque occidentale, le premier temple de l'islamisme après celui où repose le corps du prophète. Je n'ai pas encore vu la *casbah* de la Mecque, mais je doute qu'elle égale en magnificence et en étendue la mosquée espagnole. On y conservait l'un des originaux du Coran, et, relique plus précieuse encore, un os du bras de Mahomet.

Les gens du peuple prétendent même que le sultan de Constantinople paye encore un tribut au roi d'Espagne pour que l'on ne dise pas la messe dans l'endroit consacré spécialement au prophète. Cette chapelle est appelée ironiquement par les dévots le *Zancarron*, terme de mépris qui signifie «mâchoire d'âne, mauvaise carcasse. »

La mosquée de Cordoue est percée de sept portes qui n'ont rien de monumental ; car sa construction même s'y oppose et ne permet pas le portail majestueux commandé impérieusement par le plan sacramentel des cathédrales catholiques, et dans son extérieur rien ne vous prépare à l'admirable coup d'œil qui vous attend. Nous passerons, s'il vous plaît, par le *patio de los Naranjeros,* immense et magnifique cour plantée d'orangers monstrueux, contemporains des rois mores, entourée de longues galeries en arcades dallées de marbre, et sur l'un des côtés de laquelle se dresse un clocher d'un goût médiocre, maladroite imitation de la Giralda, comme nous le pûmes voir plus tard à Séville. Sous le pavé de cette cour, il existe, dit-on, une immense citerne. Du temps des Ommyades, l'on pénétrait de plain-pied du *patio de los Naranjeros* dans la mosquée même ; car l'affreux mur qui arrête la perspective de ce côté n'a été bâti que postérieurement.

La plus juste idée que l'on puisse donner de cet étrange édifice, c'est de dire qu'il ressemble à une grande esplanade fermée de murs et plantée de colonnes en quinconce. L'esplanade a quatre cent vingt pieds de large et quatre cent quarante de long. Les colonnes sont au nombre de huit cent soixante; ce n'est, dit-on, que la moitié de la mosquée primitive.

L'impression que l'on éprouve en entrant dans cet antique sanctuaire de l'islamisme est indéfinissable et n'a aucun rapport avec les émotions que cause ordinairement l'architecture : il vous semble plutôt marcher dans une forêt plafonnée que dans un édifice; de quelque côté que vous vous tourniez, votre œil s'égare à travers des allées de colonnes qui se croisent et s'allongent à perte de vue, comme une végétation de marbre spontanément jaillie du sol; le mystérieux demi-jour qui règne dans cette futaie ajoute encore à l'illusion. L'on compte dix-neuf nefs dans le sens de la largeur, trente-six dans l'autre sens; mais l'ouverture des arcades transversales est beaucoup moindre. Chaque nef est formée de deux rangs d'arceaux superposés, dont quelques-uns se croisent et s'entrelacent comme des rubans, et produisent l'effet le plus bizarre. Les colonnes, toutes d'un seul morceau, n'ont guère plus de dix à douze pieds jusqu'au chapiteau d'un corinthien arabe plein de force et d'élégance, qui rappelle plutôt le palmier d'Afrique que l'acanthe de Grèce. Elles sont de marbres rares, de porphyre, de jaspe, de brèche verte et violette, et autres matières précieuses; il y en a même quelques-unes d'antiques et qui proviennent, à ce qu'on prétend, des ruines d'un ancien temple de Janus. Ainsi, trois religions ont célébré leurs rites sur cet emplacement. De ces trois religions, l'une a disparu sans retour dans le gouffre du passé avec la civilisation qu'elle représentait; l'autre a été refoulée hors de l'Europe, où elle n'a plus qu'un pied, jusqu'au fond de la barbarie orientale; la troisième, après avoir atteint son apogée, minée par l'esprit d'examen, s'affaiblit de jour en jour, même aux contrées où elle régnait en souveraine absolue; et peut-être la vieille mosquée d'Abdérame durera-t-elle encore assez pour voir une quatrième croyance s'installer à l'ombre de ses arceaux, et célébrer avec d'autres formes et d'autres chants le nouveau dieu, ou plutôt le nouveau prophète, car Dieu ne change jamais.

Au temps des califes, huit cents lampes d'argent remplies d'huiles aromatiques éclairaient ces longues nefs, faisaient miroiter le porphyre et le jaspe poli des colonnes, accrochaient une paillette de lumière aux étoiles dorées des plafonds, et trahissaient dans l'ombre les mosaïques de cristal et les légendes du Coran entrelacées d'arabesques et de fleurs. Parmi ces lampes se trouvaient les cloches de Saint-Jacques de Compostelle, conquises par les Mores; renversées et suspendues à la voûte avec des chaînes d'argent, elles illuminaient le temple d'Allah et de son prophète, tout étonnées d'être devenues lampes musulmanes de cloches catholiques qu'elles étaient. Le regard pouvait alors se jouer en toute liberté sous les longues colonnades et découvrir, du fond du temple, les orangers en fleur et les fontaines jaillissant du *patio* dans un torrent de lumière rendue plus éblouissante encore par le contraste du demi-jour de l'intérieur. Malheureusement cette magnifique perspective est obstruée aujourd'hui par l'église catholique, masse énorme enfoncée lourdement au cœur de la mosquée arabe. Des retables, des chapelles, des sacristies, empâtent et détruisent la symétrie générale. Cette église parasite, monstrueux champignon de pierre, verrue architecturale poussée au dos de l'édifice arabe, a été construite sur les dessins de Hernan Ruiz, et n'est pas sans mérite en elle-même; on l'admirerait partout ailleurs, mais la place qu'elle occupe est à jamais regrettable. Elle fut élevée, malgré la résistance de l'*ayuntamiento*, par le chapitre, sur un ordre surpris à l'empereur Charles-Quint, qui n'avait pas vu la mosquée. Il dit, l'ayant visitée quelques années plus tard : « Si j'avais su cela, je n'aurais jamais permis que l'on touchât à l'œuvre ancienne ; vous avez mis ce qui se voit partout à la place de ce qui ne se voit nulle part. » Ces justes reproches firent baisser la tête au chapitre ; mais le mal était fait. On admire dans le chœur une immense menuiserie sculptée en bois d'acajou massif et représentant des sujets de l'Ancien Testament, œuvre de don Pedro Duque Cornejo, qui employa dix ans de sa vie à ce prodigieux travail, comme on peut le voir sur la tombe du pauvre artiste, couché sur une dalle à quelques pas de son œuvre. A propos de tombe, nous en avons remarqué une assez singulière, enclavée dans le mur, elle était en forme de malle et fermée de trois cadenas. Comment le cadavre enfermé si soigneusement fera-t-il au jour du jugement dernier pour ouvrir les serrures de pierre de son cercueil, et comment en retrouvera-t-il les clefs au milieu du désordre général ?

Jusqu'au milieu du xviiie siècle, l'ancien plafond d'Abdérame, en bois de cèdre et de mélèze, s'était conservé avec ses caissons, ses soffites, ses losanges et toutes ses magnificences orientales ; on l'a remplacé par des voûtes et des demi-coupoles d'un goût médiocre. L'ancien dallage a disparu sous un pavé de brique qui a exhaussé le sol, noyé les fûts des piliers, et rendu plus sensible encore le défaut général de l'édifice, trop bas pour son étendue.

Toutes ces profanations n'empêchent pas la mosquée de Cordoue d'être encore un des plus merveilleux monuments du monde ; et, comme pour nous faire sentir plus amèrement les mutilations du reste, une portion que l'on appelle le *Mirah* a été conservée comme par miracle dans une intégrité scrupuleuse.

Le plafond de bois sculpté et doré avec sa *media naranja* constellée d'étoiles, les fenêtres découpées et garnies de grillages qui tamisent doucement le jour, la galerie de colonnettes à trèfles, les plaques de mosaïques en verres de couleur, les versets du Coran en lettres de cristal doré, qui serpentent à travers les ornements et les arabesques les plus gracieusement compliqués, forment un ensemble d'une richesse, d'une beauté, d'une élégance féerique, dont l'équivalent ne se rencontre que dans les *Mille et une Nuits*, et qui n'a rien à envier à aucun art. Jamais lignes ne furent mieux choisies, couleurs mieux combinées : les gothiques mêmes, dans leurs plus fins caprices, dans leurs plus précieuses orfévreries, ont quelque chose de souffreteux, d'émacié, de malingre, qui sent la barbarie et l'enfance de l'art. L'architecture du *Mirah* montre au contraire une civilisation arrivée à son plus haut développement, un art à son période culminant : au delà, il n'y a plus que la décadence. La proportion, l'harmonie, la richesse et la grâce, rien n'y manque. De cette chapelle, l'on entre dans un petit sanctuaire excessivement orné, dont le plafond est fait d'un seul bloc de marbre creusé en conque et ciselé avec une délicatesse infinie. C'était là probablement le saint des saints, l'endroit formidable et sacré où la présence de Dieu est plus sensible qu'ailleurs.

Une autre chapelle, appelée *Capilla de los reyes moros*, où les califes faisaient leurs prières séparés de la foule des croyants, offre aussi des détails curieux et charmants ; mais elle n'a pas eu le même bonheur que le *Mirah*, et ses couleurs ont disparu sous une ignoble chemise de chaux.

Les sacristies regorgent de trésors : ce ne sont qu'ostensoirs étincelants de pierreries, châsses d'argent d'un poids énorme, d'un travail inouï, et grandes comme de petites cathédrales, chandeliers, crucifix d'or, chapes brodées de perles : un luxe plus que royal et tout à fait asiatique.

Comme nous nous apprêtions à sortir, le bedeau qui nous servait de guide nous conduisit mystérieusement dans un recoin obscur, et nous fit remarquer pour curiosité suprême un crucifix qu'on prétend avoir été creusé avec son ongle, par un prisonnier chrétien, sur une colonne de porphyre au pied de laquelle il était enchaîné. Pour constater l'authenticité de l'histoire, il nous montra la statue du pauvre captif placée à quelques pas de là. Sans être plus voltairien qu'il ne le faut en fait de légende, je ne puis m'empêcher de penser qu'autrefois l'on avait des ongles diablement durs, ou que le porphyre était bien tendre. Ce crucifix n'est d'ailleurs pas le seul ; il en existe un second sur une autre colonne, mais beaucoup moins bien formé. Le bedeau nous fit voir aussi une énorme défense d'ivoire suspendue au milieu d'une coupole par des chaînes de fer, et qui semblait la trompe de chasse de quelque géant sarrasin, de quelque Nemrod d'un monde disparu ; cette défense appartient, dit-on, à l'un des éléphants employés à porter les matériaux pendant la construction de la mosquée. Satisfaits de ses explications et de sa complaisance, nous lui donnâmes quelques piécettes, générosité qui parut déplaire beaucoup à l'ancien ami de José Maria, qui nous avait accompagnés, et lui arracha cette phrase un peu hérétique : « Ne vaudrait-il pas mieux donner cet argent à un brave bandit qu'à un méchant sacristain ? »

En sortant de la cathédrale, nous nous arrêtâmes quelques instants devant un joli portail gothique qui sert de façade à l'hospice des Enfants trouvés. On l'admirerait partout ailleurs, mais ce voisinage formidable l'écrase.

La cathédrale visitée, rien ne nous retenait plus à Cordoue, dont le séjour n'est pas des plus récréatifs. Le seul divertissement que puisse y prendre un étranger est d'aller se baigner au Guadalquivir, ou se faire raser dans une des nombreuses boutiques de barbier qui avoisinent la mosquée, opération qu'accomplit avec beaucoup de dextérité, à l'aide d'un rasoir énorme, un petit frater juché sur le dossier du grand fauteuil de chêne où l'on vous fait asseoir.

La chaleur était intolérable, car elle se compliquait d'un incendie. La moisson venait de finir, et c'est l'usage en Andalousie de brûler le chaume lorsque les gerbes sont rentrées, afin que les cendres fertilisent la terre. La campagne flambait à trois ou quatre lieues à la ronde, et le vent, qui se grillait les ailes en passant sur cet océan de flamme, nous apportait des bouffées d'air chaud comme celui qui s'échappe des bouches de poêles : nous étions dans la position de ces scorpions que les enfants entourent d'un cercle de copeaux auxquels ils mettent le feu, et qui sont forcés de faire une sortie désespérée, ou de se suicider en retournant leur aiguillon contre eux-mêmes. Nous préférâmes le premier moyen.

La galère dans laquelle nous étions venus nous ramena par le même chemin jusqu'à Ecija, où nous demandâmes une calesine pour nous rendre à Séville. Le conducteur, nous ayant vus tous les deux, nous trouva trop grands, trop forts et trop lourds pour nous emmener, et fit toutes sortes de difficultés. Nos malles étaient, disait-il, d'un poids si excessif, qu'il faudrait quatre hommes pour les soulever, et qu'elles feraient immédiatement rompre sa voiture.

Nous détruisîmes cette dernière objection en plaçant tout seuls et avec la plus grande aisance les malles ainsi calomniées sur l'arrière de la calesine. Le drôle n'ayant plus d'objections à faire, se décida enfin à partir.

Des terrains plats ou vaguement ondulés, plantés d'oliviers, dont la couleur grise est encore affadie par la poussière, des steppes sablonneuses où s'arrondissent de loin en loin, comme des verrues végétales, des touffes de verdure noirâtre, voilà les seuls objets qui s'offrent à vos regards pendant plusieurs lieues.

A la Luisiana, toute la population était étendue devant les portes et ronflait à la belle étoile. Notre voiture faisait lever des files de dormeurs qui se rangeaient contre le mur en grommelant et en nous prodiguant toutes les richesses du vocabulaire andalou. Nous soupâmes dans une *posada* d'assez mauvaise mine, plus garnie de fusils et de tromblons que d'ustensiles de ménage. Des chiens monstrueux suivaient tous nos mouvements avec obstination, et ne semblaient attendre qu'un signe pour nous déchirer à belles dents. L'hôtesse avait l'air extrêmement surprise de la tranquillité vorace avec laquelle nous dépêchions notre omelette aux tomates. Elle semblait trouver ce repas superflu, et regretter une nourriture qui ne nous profiterait pas. Cependant, malgré les apparences sinistres du lieu, nous ne fûmes pas égorgés, et l'on eut la clémence de nous laisser continuer notre route.

Le sol devenait de plus en plus sablonneux, et les roues de la calessine s'enfonçaient jusqu'aux moyeux dans des terrains mouvants. Nous comprîmes alors pourquoi notre voiturin s'inquiétait si fort de notre pesanteur spécifique. Pour soulager le cheval, nous mîmes pied à terre, et vers minuit, après avoir suivi un chemin qui escaladait en zigzag les plans escarpés d'une montagne, nous arrivâmes à Carmona, lieu de notre couchée. Des fours, où l'on brûlait de la chaux, jetaient sur cette rampe de rochers de longs reflets rougeâtres qui produisaient des effets à la Rembrandt d'une puissance et d'un pittoresque admirables.

La chambre que l'on nous donna était ornée de mauvaises lithographies coloriées représentant différents épisodes de la révolution de Juillet, la prise de l'Hôtel de ville, etc. Cela nous fit plaisir, et nous attendrit presque : c'était comme un petit morceau de France encadré et suspendu au mur. Carmona, que nous eûmes à peine le temps de regarder en remontant dans la voiture, est une petite ville blanche comme de la crème, à laquelle les campaniles et les tours d'un ancien couvent de religieuses carmélites donnent une tournure assez pittoresque : voilà tout ce que nous en pouvons dire.

A partir de Carmona, les plantes grasses, les cactus et les aloès, qui nous avaient abandonnés, reparurent plus hérissés et plus féroces que jamais. Le paysage était moins nu, moins aride, plus accidenté ; la chaleur avait perdu un peu de son intensité. Bientôt nous atteignîmes Alcala de los Panaderos, célèbre par la bonté de son pain, ainsi que l'indique son nom, et ses courses de *novillos* (jeunes taureaux), où se rendent les *aficionados* de Séville pendant les vacances de la place. Alcala de los Panaderos est très-bien située au fond d'une petite vallée où serpente une rivière ; elle a pour abri un coteau où s'élèvent encore les ruines d'un ancien palais moresque. Nous approchions de Séville. En effet, la Giralda ne tarda pas à montrer à l'horizon d'abord sa lanterne à jour, ensuite sa tour carrée ; quelques heures après nous passions sous la porte de Carmona, dont l'arc encadrait un fond de lumière poudroyante où se croisaient, dans des flots de vapeur dorée, des galères, des ânes, des mules et des chariots à bœufs, les uns allant, les autres venant. Un superbe aqueduc, d'une physionomie romaine, élevait à gauche de la route ses arcades de pierre ; de l'autre côté s'alignaient des maisons de plus en plus rapprochées ; nous étions à Séville.

XIV

SÉVILLE. — LA CRISTINA. — LA TORRE DEL ORO. — ITALICA. — LA CA-
THÉDRALE. — LA GIRALDA. — EL POBLO SEVILLANO. — LA CARIDAD ET
DON JUAN DE MARANA.

Il existe sur Séville un proverbe espagnol très-souvent cité :

> Quien no ha visto á Sevilla
> No ha visto á maravilla.

Nous avouons en toute humilité que ce proverbe nous paraîtrait plus juste, appliqué à Tolède, à Grenade, qu'à Séville, où nous ne trouvons rien de particulièrement merveilleux, si ce n'est la cathédrale.

Séville est située sur le bord du Guadalquivir, dans une large plaine, et c'est de là que lui vient son nom d'*Hispalis,* qui veut dire terre plate en carthaginois, s'il faut en croire Arias Montano et Samuel Bochart. C'est une ville vaste, diffuse, toute moderne, gaie, riante, animée, et qui doit, en effet, sembler charmante à des Espagnols. On ne saurait trouver un contraste plus parfait avec Cordoue. Cordoue est une ville morte, un ossuaire de maisons, une catacombe à ciel ouvert, sur qui l'abandon tamise sa poussière blanchâtre; les rares habitants qui se montrent au détour des ruelles ont l'air d'apparitions qui se sont trompées d'heure. Séville, au contraire, a toute la pétulance et le bourdonnement de la vie : une folle rumeur plane sur elle à tout instant du jour ; à peine prend-elle le temps de faire sa sieste. Hier l'occupe peu, demain encore moins, elle est toute au présent ; le souvenir et l'espérance sont le bonheur des peuples malheureux, et Séville est heureuse : elle jouit, tandis que sa sœur Cordoue, dans le silence et la solitude, semble rêver gravement d'Abdérame, du grand capitaine et de toutes ses splendeurs évanouies, phares brillants dans la nuit du passé, et dont elle n'a plus que la cendre.

Le badigeon, au grand désappointement des voyageurs et des antiquaires, règne en souverain à Séville ; les maisons mettent trois, quatre fois par an des chemises de chaux, ce qui leur donne un air de soin et de propreté, mais dérobe aux investigations les restes des sculptures arabes et gothiques qui les ornaient anciennement. Rien n'est moins varié que ces réseaux de rues, où l'œil n'aperçoit que deux teintes : l'indigo du ciel et le blanc de craie des murailles ; sur lesquelles se découpent les ombres azurées des bâtiments voisins ; car dans les pays chauds les ombres sont bleues au lieu d'être grises, de façon que les objets semblent éclairés d'un côté par le clair de lune et de l'autre par le soleil ; cependant l'absence de toute teinte sombre produit un ensemble plein de vie et de gaieté. Des portes fermées par des grilles laissent apercevoir à l'intérieur des *patios* ornés de colonnes, de pavés en mosaïques, de fontaines, de pots de fleurs, d'arbustes et de tableaux. Quant à l'architecture extérieure, elle n'a rien de remarquable ; la hauteur des constructions dépasse rarement deux ou trois étages, et à peine compterait-on une douzaine de façades intéressantes pour l'art. Le pavé est en petits cailloux comme celui de toutes les villes d'Espagne, mais il est rayé, en manière de trottoir, de bandes de pierres plates assez larges sur lesquelles la foule marche à la file ; le pas est toujours cédé aux femmes, en cas de rencontre, avec cette exquise politesse naturelle aux Espagnols même de la plus basse classe. Les femmes de Séville justifient leur réputation de beauté ; elles se ressemblent presque toutes, ainsi que cela arrive dans les races pures et d'un type marqué : leurs yeux fendus jusqu'aux tempes, frangés de longs cils bruns, ont un effet de blanc et de noir inconnu en France. Lorsqu'une femme ou jeune fille passe près de vous, elle abaisse lentement ses paupières, puis elle les relève subitement, vous décoche en face un regard d'un éclat insoutenable, fait un tour de prunelle et baisse de nouveau les cils. La bayadère Amany, lorsqu'elle dansait le pas des Colombes, peut seule donner une idée de ces œillades incendiaires que l'Orient a léguées à l'Espagne ; nous n'avons pas de termes pour exprimer ce manége de prunelles ; *ojear* manque à notre vocabulaire. Ces coups d'œil d'une lumière si vive et si brusque, qui embarrassent presque les étrangers, n'ont cependant rien de précisément significatif, et se portent indifféremment sur le premier objet venu : une jeune Andalouse regardera avec ces yeux passionnés une charrette qui passe, un chien qui court après sa queue, des enfants qui jouent au taureau. Les yeux des peuples du Nord sont éteints et vides à côté de ceux-là ; le soleil n'y a jamais laissé son reflet.

Des dents dont les canines sont très-pointues, et qui ressemblent pour l'éclat à celles des jeunes chiens de Terre-Neuve, donnent au sourire des jeunes femmes de Séville quelque chose d'arabe et de sauvage d'une originalité extrême. Le front est haut, bombé, poli ; le nez mince, tendant un peu à l'aquilin ; la bouche très-colorée.

Malheureusement le menton termine quelquefois par une courbe trop brusque un ovale divinement commencé. Des épaules et des bras un peu maigres sont les seules imperfections que l'artiste le plus difficile pourrait trouver aux Sévillanes. La finesse des attaches, la petitesse des mains et des pieds, ne laissent rien à désirer. Sans aucune exagération poétique, on trouverait aisément à Séville des pieds de femme à tenir dans la main d'un enfant. Les Andalouses sont très-fières de cette qualité, et se chaussent en conséquence : de leurs souliers aux brodequins chinois la distance n'est pas grande.

> Con primor se calza el pié
> Digno de regio tapiz,

est un éloge aussi fréquent dans leurs romances que le teint de roses et de lis dans les nôtres.

Ces souliers, ordinairement de satin, couvrent à peine les doigts, et semblent n'avoir pas de quartier, étant garnis au talon d'un petit morceau de ruban de la couleur du bas. Chez nous, une petite fille de sept ou huit ans ne pourrait pas mettre le soulier d'une Andalouse de vingt ans. Aussi ne tarissent-elles pas en plaisanteries sur les pieds et les chaussures des femmes du Nord : avec les souliers de bal d'une Allemande, on a fait une barque à six rameurs pour se promener sur le Guadalquivir; les étriers de bois des *picadores* pourraient servir de pantoufles aux ladys, et mille autres *andaluzades* de ce genre. J'ai défendu de mon mieux les pieds des Parisiennes, mais je n'ai trouvé que des incrédules. Malheureusement les Sévillanes ne sont restées Espagnoles que de pied et de tête, par le soulier et la mantille; les robes de couleurs à la française commencent à être en majorité. Les hommes sont habillés comme des gravures de modes. Quelquefois cependant ils portent de petites vestes blanches de basin avec le pantalon pareil, la ceinture rouge et le chapeau andalou; mais cela est rare, et ce costume est d'ailleurs assez peu pittoresque.

C'est à l'*Alameda del Duque,* où l'on va prendre l'air pendant les entr'actes du théâtre, qui est tout voisin, et surtout à la Cristina, qu'il est charmant de voir, entre sept et huit heures, parader et manéger les jolies Sévillanes par petits groupes de trois ou quatre, accompagnées de leurs galants en exercice ou en expectative. Elles ont quelque chose de leste, de vif, de fringant, et piaffent plutôt qu'elles ne marchent. La prestesse avec laquelle l'éventail s'ouvre et se ferme sous leurs doigts, l'éclat de leur regard, l'assurance de leur allure, la souplesse onduleuse de leur taille, leur donnent une physionomie toute particulière. Il peut y avoir en Angleterre, en France, en Italie, des femmes d'une beauté plus parfaite, plus régulière, mais assurément il n'y en a pas de plus jolies ni de plus piquantes. Elles possèdent à un haut degré ce que les Espagnols appellent *la sal.* C'est quelque chose dont il est difficile de donner une idée en France, un composé de nonchalance et de vivacité, de ripostes hardies et de façons enfantines, une grâce, un piquant, un ragoût, comme disent les peintres, qui peut se rencontrer en dehors de la beauté, et qu'on lui préfère souvent. Ainsi, l'on dit en Espagne à une femme : « Que vous êtes salée, *salada!* » Nul compliment ne vaut celui-là.

La Cristina est une superbe promenade sur les bords du Guadalquivir, avec un salon pavé de larges dalles, entouré d'un immense canapé de marbre blanc garni d'un dossier de fer, ombragé de platanes d'Orient, avec un labyrinthe, un pavillon chinois, et toute sorte de plantations d'arbres du Nord, de frênes, de cyprès, de peupliers, de saules, qui font l'admiration des Andalous, comme des palmiers et des aloès feraient celle des Parisiens.

Aux abords de la Cristina, des bouts de corde soufrés et enroulés à des poteaux tiennent un feu toujours prêt à la disposition des fumeurs, de sorte que l'on est délivré de l'obsession des gamins porteurs d'un charbon qui vous poursuivent en criant : *Fuego* ! et qui rendent insupportable le Prado de Madrid.

A cette promenade, tout agréable qu'elle est, je préfère cependant le rivage même du fleuve, qui offre un spectacle toujours animé et renouvelé sans cesse. Au milieu du courant, où l'eau est le plus profonde, stationnent les bricks et les goëlettes du commerce, à la mâture élancée, aux cordages aériens, dont les traits se dessinent si nettement en noir sur le fond clair du ciel. Des embarcations légères se croisent en tous sens sur le fleuve. Quelquefois une barque emporte une société de jeunes gens et de jeunes femmes qui descendent le fleuve en jouant de la guitare et en chantant des *coplas* dont la folle brise disperse les rimes, et que les promeneurs applaudissent de la rive. La *Torre del Oro*, espèce de tour octogone à trois étages en recul, crénelée à la moresque, dont le pied baigne dans le Guadalquivir auprès du débarcadère, et qui s'élance dans le bleu de l'air du milieu d'une forêt de mâts et de cordages, termine heureusement la perspective de ce côté. Cette tour, que les savants prétendent être de construction romaine, se reliait autrefois à l'Alcazar par des pans de murailles que l'on a démolis pour faire place à la Cristina, et supportait, au temps des Mores, une des extrémités de la chaîne de fer qui barrait le fleuve, et dont l'autre bout allait s'attacher en face à des contre-

encore fort brillantes, bien que par cupidité l'on en ait arraché les pierres les plus précieuses. L'on a trouvé aussi, dans les décombres, quelques fragments de statues d'un assez bon style, et nul doute que des fouilles habilement dirigées n'amenassent des découvertes importantes. Italica est à une lieue et demie environ de Séville, et, avec une calesine, c'est une excursion que l'on peut faire à son aise en une après-dînée, à moins que l'on ne soit un antiquaire forcené, et que l'on ne veuille regarder une à une toutes les vieilles pierres soupçonnées d'inscriptions.

La *puerta de Triana* a aussi des prétentions romaines et tire son nom de l'empereur Trajan. L'aspect en est fort monumental ; elle est d'ordre dorique, à colonnes accouplées, ornée des armes royales et surmontée de pyramides. Elle a son alcade particulier et sert de prison aux chevaliers. Les portes *del Carbon* et *del Aceite* valent la peine d'être examinées. Sur la porte de Jérès se lit l'inscription suivante :

> Hercules me edificó :
> Julio Cesar me cercó
> De muros y torres altas.
> El rey santo me ganó
> Con Garci Perez de Vargas.

Séville est entourée d'une enceinte de murailles crénelées, flanquées par intervalles de grosses tours, dont plusieurs sont tombées en ruine, et de fossés aujourd'hui presque entièrement comblés. Ces murailles, qui ne seraient d'aucune défense contre l'artillerie moderne, produisent avec leurs créneaux arabes, découpés en scie, un effet assez pittoresque. La fondation, comme celle de tous les murs et de tous les camps possibles, en est attribuée à Jules César.

Sur une place qui avoisine la *puerta de Triana,* je vis un spectacle fort singulier. C'était une famille de bohémiens campés en plein air et qui composait un groupe à faire les délices de Callot. Trois pieux ajustés en triangle formaient une espèce de crémaillère rustique, qui soutenait, au-dessus d'un grand feu éparpillé par le vent en langues de flamme et en spirales de fumée, une marmite pleine de nourritures bizarres et suspectes, comme Goya sait en jeter dans les chaudrons des sorcières de Barahona. Auprès de ce foyer improvisé était assise une gitana au profil busqué, basanée, cuivrée, nue jusqu'à la ceinture, ce qui prouvait chez elle une absence complète de coquetterie ; ses longs cheveux noirs tombaient en broussaille sur son dos maigre et jaune et sur son front couleur de bistre. A travers leurs mèches désordonnées brillaient ces grands yeux orientaux faits de nacre et de jais, si mystérieux et si contemplatifs, qu'ils relèvent jusqu'au style la physionomie la plus bestiale et la plus dégradée. Autour d'elle se vautraient, en glapissant, trois ou quatre marmots dans l'état le plus primitif, noirs comme des mulâtres, avec de gros ventres et des membres grêles qui les faisaient ressembler plutôt à des quadrumanes qu'à des bipèdes. Je doute que les petits Hottentots soient plus hideux et plus sales. Cet état de nudité n'est pas rare et ne choque personne. On rencontre souvent des mendiants qui n'ont pour vêtement qu'un lambeau de couverture, un fragment de caleçon très-hasardeux ; à Grenade et à Malaga, j'ai vu vaguer sur les places des gaillards de douze à quatorze ans moins habillés qu'Adam à sa sortie du paradis terrestre. Le faubourg de Triana est fréquent en rencontres de ce genre, car il contient beaucoup de gitanos, gens qui ont les opinions les plus avancées en fait de

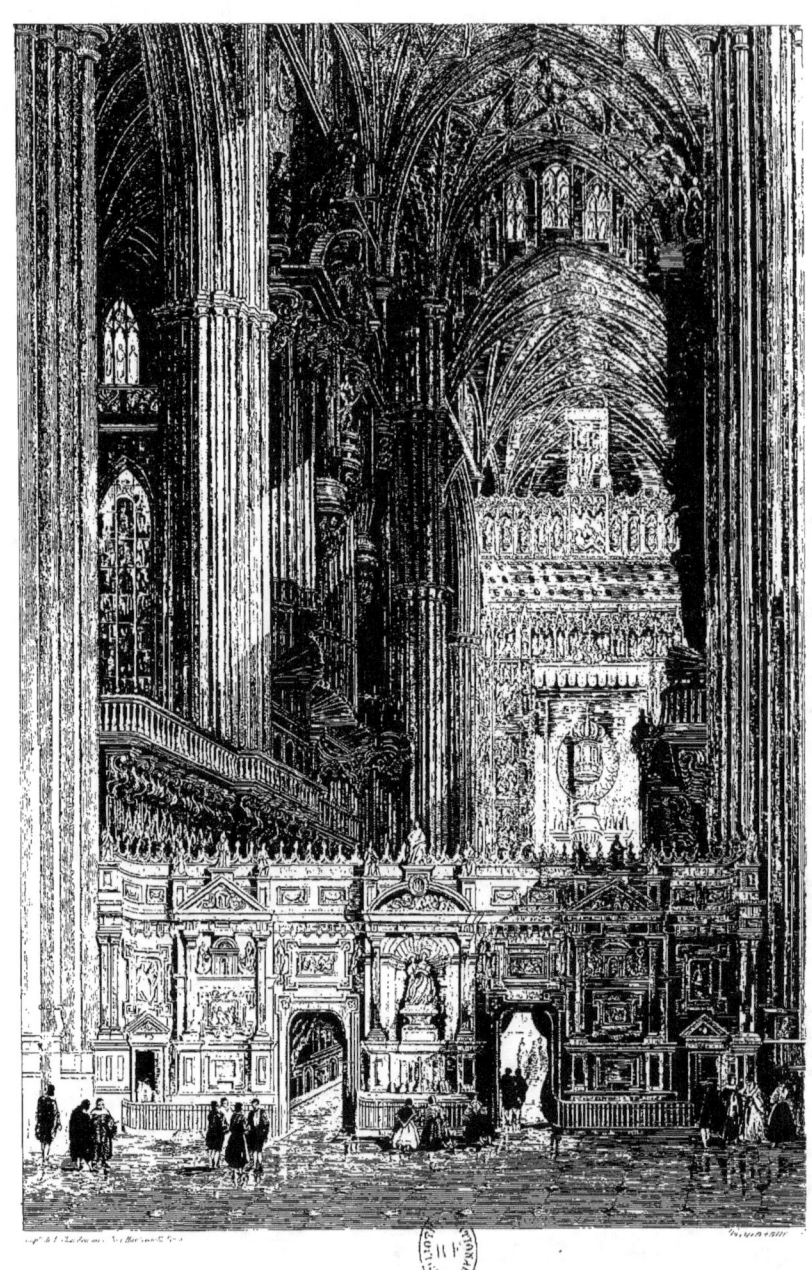

CATHÉDRALE DE SÉVILLE.

désinvolture ; les femmes font de la friture en plein vent, et les hommes s'adonnent à la contrebande, à la tonte des mulets, au maquignonnage, etc., quand ils ne font pas pis.

La Cristina, le Guadalquivir, l'Alameda del Duque, Italica, l'Alcazar more, sont sans doute des choses fort curieuses ; mais la véritable merveille de Séville est sa cathédrale, qui reste en effet un édifice surprenant, même après la cathédrale de Burgos, de Tolède et la mosquée de Cordoue. Le chapitre qui en ordonna la construction résuma son plan dans cette phrase : «Élevons un monument qui fasse croire à la postérité que nous étions fous. » A la bonne heure, voilà un programme large et bien entendu ; ayant ainsi carte blanche, les artistes firent des prodiges, et les chanoines, pour accélérer l'achèvement de l'édifice, abandonnèrent toutes leurs rentes, ne se réservant que le strict nécessaire pour vivre. O trois fois saints chanoines ! dormez doucement sous votre dalle, à l'ombre de votre cathédrale chérie, tandis que votre âme se prélasse au paradis dans une stalle probablement moins bien sculptée que celle de votre chœur !

Les pagodes indoues les plus effrénées et les plus monstrueusement prodigieuses n'approchent pas de la cathédrale de Séville. C'est une montagne creuse, une vallée renversée ; Notre-Dame de Paris se promènerait la tête haute dans la nef du milieu, qui est d'une élévation épouvantable ; des piliers gros comme des tours, et qui paraissent frêles à faire frémir, s'élancent du sol ou retombent des voûtes comme les stalactites d'une grotte de géants. Les quatre nefs latérales, quoique moins hautes, pourraient abriter des églises avec leur clocher. Le *retablo,* ou maître-autel, avec ses escaliers, ses superpositions d'architectures, ses files de statues entassées par étage, est à lui seul un édifice immense ; il monte presque jusqu'à la voûte. Le cierge pascal, grand comme un mât de vaisseau, pèse deux mille cinquante livres. Le chandelier de bronze qui le supporte est une espèce de colonne de la place Vendôme ; il est copié sur le chandelier du temple de Jérusalem, ainsi qu'on le voit figurer sur les bas-reliefs de l'arc de Titus ; tout est dans cette proportion grandiose. Il se brûle par an, dans la cathédrale, vingt mille livres de cire et autant d'huile ; le vin qui sert à la consommation du saint sacrifice s'élève à la quantité effrayante de dix-huit mille sept cent cinquante litres. Il est vrai que l'on dit chaque jour cinq cents messes aux quatre-vingts autels ! Le catafalque qui sert pendant la semaine sainte, et qu'on appelle le *monument,* a près de cent pieds de haut. Les orgues, d'une proportion gigantesque, ont l'air des colonnades basaltiques de la caverne de Fingal, et pourtant les ouragans et les tonnerres qui s'échappent de leurs tuyaux, gros comme des canons de siége, semblent des murmures mélodieux, des gazouillements d'oiseaux et de séraphins sous ces ogives colossales. On compte quatre-vingt-trois fenêtres à vitraux de couleur peints d'après des cartons de Michel-Ange, de Raphaël, de Durer, de Pérégrino, de Tibaldi et de Lucas Cambiaso ; les plus anciens et les plus beaux ont été exécutés par Arnold de Flandre, célèbre peintre verrier. Les derniers, qui datent de 1819, montrent combien l'art a dégénéré depuis ce glorieux seizième siècle, époque climatérique du monde, ou la plante-homme a porté ses plus belles fleurs et ses fruits les plus savoureux. Le chœur, de style gothique, est enjolivé de tourelles, de flèches, de niches découpées à jour, de figurines, de feuillages, immense et minutieux travail qui confond l'imagination et ne peut plus se comprendre de nos jours.

forts en maçonnerie. Le nom de *Torre del Oro* lui vient, dit-on, de ce qu'on y enfermait l'or apporté d'Amérique par les galions.

Nous allions là nous promener tous les soirs et regarder le soleil se coucher derrière le faubourg de Triana, situé de l'autre côté du fleuve. Un palmier du port le plus noble élevait dans l'air son disque de feuilles comme pour saluer l'astre à son déclin. J'ai toujours beaucoup aimé les palmiers et n'ai jamais pu en voir un sans me sentir transporté dans un monde poétique et patriarcal, au milieu des féeries de l'Orient et des magnificences de la Bible.

Le soir, comme pour nous ramener au sentiment de la réalité, en regardant la *calle de la Sierpe*, où demeurait don César Bustamante, notre hôte, dont la femme, née à Jérès, avait les plus beaux yeux et les plus longs cheveux du monde, nous étions accostés par des gaillards très-bien mis, de la tournure la plus convenable, avec lorgnon et chaîne de montre, qui nous priaient de venir nous reposer et prendre des rafraîchissements chez des personnes *muy finas, muy decentes,* qui les avaient chargés de faire leurs invitations. Ces honnêtes gens semblèrent d'abord fort étonnés de nos refus, et, s'imaginant que nous ne les avions pas compris, ils entrèrent dans des détails plus explicites; puis, voyant qu'ils perdaient leur temps, ils se contentèrent de nous offrir des cigarettes et des Murillo, car, il faut vous le dire, l'honneur et aussi la plaie de Séville, c'est Murillo. Vous n'entendez prononcer que ce nom. Le moindre bourgeois, le plus mince abbé, possède au moins trois cents Murillo du meilleur temps. Qu'est-ce que cette croûte? c'est du Murillo genre vaporeux; et cette autre? un Murillo genre chaud; et cette troisième? un Murillo genre froid. Murillo, comme Raphaël, a trois manières, ce qui fait que toute espèce de tableau peut lui être attribuée et laisse une admirable latitude aux amateurs qui forment des galeries. A chaque coin de rue, on se heurte à l'angle d'un cadre : c'est un Murillo de trente francs, qu'un Anglais vient toujours d'acheter trente mille francs. « Regardez, seigneur cavalier, quel dessin ! quel coloris ! C'est la *perla,* la *perlita.* » Que de perles l'on m'a montrées qui ne valaient pas l'enchâssement et la bordure ! que d'originaux qui n'étaient seulement pas des copies ! Cela n'empêche pas Murillo d'être un des plus admirables peintres de l'Espagne et du monde. Mais nous voici loin des bords du Guadalquivir ; revenons-y.

Un pont de bateaux réunit les deux rives et relie les faubourgs à la ville. C'est par là qu'on passe pour aller visiter, près de Santi-Ponce, les restes d'Italica, patrie du poëte Silius Italicus, des empereurs Trajan, Adrien et Théodose ; on y voit un cirque en ruine et cependant d'une forme encore assez distincte. Les caveaux où l'on renfermait les bêtes féroces, les loges des gladiateurs, sont parfaitement reconnaissables, ainsi que les corridors et les gradins. Tout cela est bâti en ciment avec des cailloux noyés dans la pâte. Les revêtements de pierre ont probablement été arrachés pour servir à des constructions plus modernes, car Italica a longtemps été la carrière de Séville. Quelques chambres ont été déblayées et servent d'asile, pendant les heures brûlantes, à des troupeaux de cochons bleus qui se sauvent en grognant entre les jambes des visiteurs, et sont aujourd'hui la seule population de l'ancienne cité romaine. Le vestige le plus entier et le plus intéressant qui reste de toute cette splendeur disparue est une mosaïque de grande dimension, que l'on a entourée de murs et qui représente des Muses et des Néréides. Lorsqu'on la ravive avec de l'eau, ses couleurs sont

L'on reste vraiment atterré en présence de pareilles œuvres, et l'on se demande avec inquiétude si la vitalité se retire chaque siècle du monde vieillissant. Ce prodige de talent, de patience et de génie, porte du moins le nom de son auteur, et l'admiration trouve sur qui se fixer. Sur l'un des panneaux du côté de l'Évangile est tracée cette inscription : *Este coro fizo Nufro Sanchez entallador, que Dios haya, año de* 1475 ; « Nufro Sanchez, sculpteur, que Dieu ait en sa garde, fit ce chœur en 1475. »

Essayer de décrire l'une après l'autre les richesses de la cathédrale serait une insigne folie : il faudrait une année tout entière pour la visiter à fond, et l'on n'aurait pas encore tout vu ; des volumes ne suffiraient pas à en faire seulement le catalogue. Les sculptures en pierre, en bois, en argent, de Juan de Arfé, de Joan Millan, de Montañes, de Roldan ; les peintures de Murillo, de Zurbaran, de Pierre Campana, de Roëlas, de don Luiz de Villegas, des Herrera vieux et jeune, de Juan Valdès, de Goya, encombrent les chapelles, les sacristies, les salles capitulaires. L'on est écrasé de magnificences, rebuté et soûl de chefs-d'œuvre, on ne sait plus où donner de la tête ; le désir et l'impossibilité de tout voir vous causent des espèces de vertiges fébriles ; l'on ne veut rien oublier, et l'on sent à chaque minute un nom qui vous échappe, un linéament qui se trouble dans votre cerveau, un tableau qui en remplace un autre. L'on fait à sa mémoire des appels désespérés, on recommande à ses yeux de ne pas perdre un regard ; le moindre repos, les heures des repas et du sommeil, vous semblent des vols que vous vous faites, car l'impérieuse nécessité vous entraîne ; et bientôt il va falloir partir, le feu flambe déjà sous la chaudière du bateau à vapeur, l'eau siffle et bout, les cheminées dégorgent leur blanche fumée ; demain vous quitterez toutes ces merveilles pour ne plus les revoir sans doute !

Ne pouvant parler de tout, je me bornerai à mentionner le *Saint Antoine de Padoue* de Murillo, qui orne la chapelle du baptistère. Jamais la magie de la peinture n'a été poussée plus loin. Le saint en extase est à genoux au milieu de la cellule, dont tous les pauvres détails sont rendus avec cette réalité vigoureuse qui caractérise l'école espagnole. A travers la porte entr'ouverte, l'on aperçoit un de ces longs cloîtres en arcades si favorables à la rêverie. Le haut du tableau, noyé d'une lumière blonde, transparente, vaporeuse, est occupé par des groupes d'anges d'une beauté vraiment idéale. Attiré par la force de la prière, l'Enfant Jésus descend de nuée en nuée et va se placer entre les bras du saint personnage, dont la tête est baignée d'effluves rayonnantes et se renverse dans un spasme de volupté céleste. Je mets ce tableau divin au-dessus de la *Sainte Élisabeth de Hongrie pansant un teigneux* que l'on voit à l'Académie de Madrid, au-dessus de *Moïse,* au-dessus de toutes les Vierges et des enfants du maître, si beaux et si purs qu'ils soient. Qui n'a pas vu le *Saint Antoine de Padoue* ne connaît pas le dernier mot du peintre de Séville ; c'est comme ceux qui s'imaginent connaître Rubens et qui n'ont pas vu la *Madeleine* d'Anvers.

Tous les genres d'architecture sont réunis à la cathédrale de Séville. Le gothique sévère, le style de la renaissance, celui que les Espagnols appellent *plateresco* ou d'orfévrerie, et qui se distingue par une folie d'ornements et d'arabesques incroyables, le rococo, le grec et le romain, rien n'y manque, car chaque siècle a bâti sa chapelle, son *retablo,* avec le goût qui lui était particulier, et l'édifice n'est même pas tout à fait terminé. Plusieurs des statues qui remplissent les niches des portails, et qui représentent des patriarches, des apôtres, des saints, des archanges, sont en terre cuite seulement et placées là comme d'une manière provisoire. Du côté de la cour de *los Naranjeros,* au sommet du portail inachevé, s'élève la grue de fer, symbole indiquant que l'édifice n'est pas terminé, et sera repris plus tard. Cette potence figure aussi au faîte de l'église de Beauvais ; mais quel jour le poids d'une pierre de taille lentement hissée dans l'air par les travailleurs revenus fera-t-il grincer sa poulie rouillée depuis des siècles? Jamais peut-être ; car le mouvement ascensionnel du catholicisme s'est arrêté, et la séve qui faisait pousser de terre cette floraison de cathédrales ne monte plus du tronc aux rameaux. La foi, qui ne doute de rien, avait écrit les premières strophes de tous ces grands poëmes de pierre et de granit ; la raison, qui doute de tout, n'a pas osé les achever. Les architectes du moyen âge sont des espèces de Titans religieux qui entassent Pélion sur Ossa, non pas pour détrôner le Dieu Tonnant, mais pour admirer de plus près la douce figure de la Vierge-Mère souriant à l'Enfant Jésus. De notre temps, où tout est sacrifié à je ne sais quel bien-être grossier et stupide, l'on ne comprend plus ces sublimes élancements de l'âme vers l'infini, traduits en aiguilles, en flèches, en clochetons, en ogives, tendant au ciel leurs bras de pierre, et se joignant, par-dessus la tête du peuple prosterné, comme de gigantesques mains qui supplient. Tous ces trésors enfouis sans rien rapporter font hausser de pitié les épaules aux économistes. Le peuple aussi commence à calculer combien vaut l'or du ciboire ; lui qui naguère n'osait lever les yeux sur le blanc soleil de l'hostie, il se dit que des morceaux de cristal remplaceraient parfaitement les diamants et les pierreries de l'ostensoir ;

l'église n'est plus guère fréquentée que par les voyageurs, les mendiants et d'horribles vieilles, d'atroces dueñas vêtues de noir, aux regards de chouette, au sourire de tête de mort, aux mains d'araignée, qui ne se meuvent qu'avec un cliquetis d'os rouillés, de médailles et de chapelets, et, sous prétexte de demander l'aumône, vous murmurent je ne sais quelles effroyables propositions de cheveux noirs, de teints vermeils, de regards brûlants et de sourires toujours en fleur. L'Espagne elle-même n'est plus catholique !

La Giralda, qui sert de campanile à la cathédrale et domine tous les clochers de la ville, est une ancienne tour moresque élevée par un architecte arabe nommé Geber ou Guever, inventeur de l'algèbre, à laquelle il a donné son nom. L'effet en est charmant et d'une grande originalité ; la couleur rose de la brique, la blancheur de la pierre dont elle est bâtie, lui donnent un air de gaieté et de jeunesse en contraste avec la date de sa construction qui remonte à l'an 1000, un âge fort respectable auquel une tour peut bien se permettre quelque ride et se passer d'avoir le teint frais. La Giralda, telle qu'elle est aujourd'hui, n'a pas moins de trois cent cinquante pieds de haut et cinquante de large sur chaque face ; les murailles sont lisses jusqu'à une certaine élévation, où commencent des étages de fenêtres moresques avec balcons, trèfles et colonnettes de marbre blanc, encadrés dans de grands panneaux de briques en losange ; la tour se terminait autrefois par un toit de carreaux vernis de différentes couleurs que surmontait une barre de fer ornée de quatre pommes de métal doré d'une prodigieuse grosseur. Ce couronnement fut détruit en 1568 par l'architecte Francisco Ruiz, qui fit monter de cent pieds encore, dans la pure lumière du ciel, la fille du More Guever, pour que sa statue de bronze pût regarder

TOUR DE LA GIRALDA. PORTE DU PARDON.

par-dessus les sierras et causer de plain-pied avec les anges qui passent. Bâtir un clocher sur une tour, c'était se conformer de tout point aux intentions de cet admirable chapitre dont nous avons parlé, et qui désirait passer pour fou aux yeux de la postérité. L'œuvre de Francisco Ruiz se compose de trois étages, dont le premier est percé de fenêtres, dans l'embrasure desquelles sont suspendues les cloches; le second, entouré d'une balustrade découpée à jour, porte sur chacune des faces de sa corniche ces mots : *Turris fortissima nomen Domini;* le troisième est une espèce de coupole ou de lanterne sur laquelle tourne une gigantesque figure de la Foi, de bronze doré, tenant une palme d'une main et un étendard de l'autre, qui sert de girouette et justifie le nom de Giralda porté par la tour. Cette statue est de Barthélemy Morel. On la voit d'excessivement loin, et quand elle scintille à travers l'azur, aux rayons du soleil, elle semble véritablement un séraphin flânant dans l'air.

On monte à la Giralda par une suite de rampes sans degrés, si douces et si faciles, que deux hommes à cheval pourraient aisément gravir de front jusqu'au sommet, où l'on jouit d'une vue admirable. Séville est à vos pieds, étincelante de blancheur, avec ses clochers et ses tours, qui font d'impuissants efforts pour se hausser jusqu'à la ceinture de briques roses de la Giralda. Plus loin s'étend la plaine où le Guadalquivir promène la moire de son cours; l'on aperçoit Santi-Ponce, Algaba et autres villages. Au dernier plan apparaît la chaîne de la Sierra Moréna aux dentelures nettement coupées, malgré l'éloignement, tant est grande la transparence de l'air dans cet admirable pays. De l'autre côté se hérissent les sierras de Gibrain, de Zaara et de Moron, nuancées des plus riches teintes du lapis-lazuli et de l'améthyste ; admirable panorama criblé de lumière, inondé de soleil et d'une splendeur éblouissante.

Une grande quantité de tronçons de colonnes taillées en manière de bornes, et réunies entre elles par des chaînes, à l'exception de quelques espaces laissés libres pour la circulation, entourent la cathédrale. Quelques-unes de ces colonnes sont antiques, et proviennent, soit des ruines d'Italica, soit des débris de l'ancienne mosquée dont l'église actuelle occupe la place, et dont il ne reste plus que la Giralda, quelques pans de mur, un ou deux arcs dont l'un sert de porte à la cour des Orangers. La *Lonja* (bourse) du commerce, grand bâtiment carré d'une régularité parfaite, bâti par ce lourd et pesant Herrera, architecte de l'ennui, à qui l'on doit l'Escurial, le monument le plus triste qui soit au monde, est aussi entourée de bornes semblables. Isolée de tous côtés et présentant quatre façades pareilles, la Lonja est située entre la cathédrale et l'Alcazar. On y conserve les archives d'Amérique, les correspondances de Christophe Colomb, de Pizarre et de Fernand Cortez ; mais tous ces trésors sont gardés par des dragons si farouches, qu'il a fallu nous contenter de l'extérieur des cartons et des dossiers arrangés dans des armoires d'acajou, comme des paquets de mercerie. Il serait facile cependant de mettre sous verre cinq ou six des plus précieux autographes, et de les offrir à la curiosité bien légitime des voyageurs.

L'Alcazar, ou ancien palais des rois mores, quoique fort beau et digne de sa réputation, n'a rien qui surprenne lorsqu'on a déjà vu l'Alhambra de Grenade. Ce sont toujours les petites colonnes de marbre blanc, les chapiteaux peints et dorés, les arcades en cœur, les panneaux d'arabesques entrelacées de légendes du Coran, les portes de cèdre et de mélèze, les coupoles à stalactites, les fontaines brodées de sculptures qui peuvent différer à l'œil, mais dont la description ne peut rendre le détail infini et la délicatesse minutieuse. La salle des Ambassadeurs, dont les magnifiques portes subsistent dans toute leur intégrité, est peut-être plus belle et plus riche que celle de Grenade ; malheureusement l'on a eu l'idée de profiter de l'intervalle des colonnettes qui soutiennent le plafond pour y loger une suite de portraits des rois d'Espagne depuis les temps les plus reculés de la monarchie jusqu'à nos jours. Rien au monde n'est plus ridicule. Les anciens rois, avec leurs cuirasses et leurs couronnes d'or, font encore une figure passable ; mais les derniers, poudrés à blanc, en uniforme moderne, produisent l'effet le plus grotesque ; je n'oublierai jamais une certaine reine avec des lunettes sur le nez et un petit chien sur les genoux, qui doit se trouver là bien dépaysée. Les bains dits de Maria Padilla, maîtresse du roi don Pèdre, qui habita l'Alcazar, sont encore tels qu'ils étaient au temps des Arabes. Les voûtes de la salle des étuves n'ont pas subi la plus légère altération ; Charles-Quint, comme à l'Alhambra de Grenade, a laissé à l'Alcazar de Séville de trop nombreuses traces de son passage. Cette manie de bâtir un palais dans un autre est des plus funestes et des plus communes, et ce qu'elle a détruit de monuments historiques pour leur substituer d'insignifiantes constructions est à jamais regrettable. L'enceinte de l'Alcazar renferme des jardins dessinés dans le vieux goût français, avec des ifs taillés dans les formes les plus bizarres et les plus tourmentées.

Puisque nous sommes en train de visiter les monuments, entrons quelques instants à la manufacture de tabac qui est à deux pas. Ce vaste bâtiment, très-bien approprié à son usage, renferme une grande quantité de machines à râper, à hacher et à triturer le tabac, qui font le bruit d'une multitude de moulins, et sont mises en activité par deux ou trois cents mules. C'est là que se fabrique *el polbo sevillano,* poussière impalpable, pénétrante, d'une couleur jaune d'or, dont les marquis de la régence aimaient à saupoudrer leurs jabots de dentelle : la force et la volatilité de ce tabac sont telles, que l'on éternue dès le seuil des salles dans lesquelles on le prépare. Il se débite par livre et demi-livre dans des boîtes de fer-blanc. L'on nous conduisit aux ateliers où se roulent les cigares en feuilles. Cinq ou six cents femmes sont employées à cette préparation. Quand nous mîmes le pied dans leur salle, nous fûmes assaillis par un ouragan de bruits : elles parlaient, chantaient et se disputaient toutes à la fois. Je n'ai jamais entendu un vacarme pareil. Elles étaient jeunes pour la plupart, et il y en avait de fort jolies. Le négligé extrême de leur toilette permettait d'apprécier leurs charmes en toute liberté. Quelques-unes portaient résolûment à l'angle de leur bouche un bout de cigare avec l'aplomb d'un officier de hussards ; d'autres, ô Muse, viens à mon aide ! d'autres… chiquaient comme de vieux matelots, car on leur laisse prendre autant de tabac qu'elles en peuvent consommer sur place. Elles gagnent de quatre à six réaux par jour. La *cigarera* de Séville est un type, comme la *manola* de Madrid. Il faut la voir, le dimanche ou les jours de courses de taureaux, avec sa basquine frangée d'immenses volants, ses manches garnies de boutons de jais, et le *puro* dont elle aspire la fumée, et qu'elle passe de temps à autre à son galant.

Pour en finir avec toutes ces architectures, allons faire une visite au célèbre hospice de la Caridad, fondé par le fameux don Juan de Marana, qui n'est nullement un être fabuleux, comme on pourrait le croire. Un hospice fondé par don Juan ! Eh, mon Dieu ! oui. Voici comment la chose arriva. Une nuit don Juan, sortant d'une orgie, rencontra un convoi qui se rendait à l'église de Saint-Isidore : pénitents noirs masqués, cierges de cire jaune, quelque chose de plus lugubre et de plus sinistre qu'un enterrement ordinaire. « Quel est ce mort ? Est-ce un mari tué en duel par l'amant de sa femme, un honnête père qui tardait trop à lâcher son héritage ? fit le don Juan échauffé par le vin. — Ce mort, lui répondit un des porteurs du cercueil, n'est autre que le seigneur don Juan de Marana, dont nous allons célébrer le service ; venez et priez avec nous pour lui. » Don Juan, s'étant approché, reconnut à la lueur des torches (car en Espagne on porte les morts la face découverte) que le cadavre avait sa ressemblance, et n'était autre que lui-même. Il suivit sa propre bière dans l'église, et récita les prières avec les moines mystérieux, et le lendemain on le trouva évanoui sur les dalles du chœur. Cet événement lui fit une telle impression, qu'il renonça à sa vie endiablée, prit l'habit religieux et fonda l'hôpital en question, où il mourut presque en odeur de sainteté. La Caridad renferme des Murillo de la plus grande beauté : le *Moïse frappant le rocher*, la *Multiplication des pains*, immenses compositions de la plus riche ordonnance, le *Saint Jean de Dieu* portant un mort et soutenu par un ange, chef-d'œuvre de couleur et de clair-obscur. C'est là que se trouve le tableau de Juan Valdès, connu sous le nom de *los Dos Cadaveres,* bizarre et terrible peinture auprès de laquelle les plus noires conceptions de Young peuvent passer pour de joviales facéties.

La place des Taureaux était fermée à notre grand regret, car les courses de Séville sont, à ce que prétendent les *aficionados,* les plus brillantes de l'Espagne. Cette place offre la singularité de n'être que demi-circulaire, du moins pour ce qui regarde les loges, car l'arène est ronde. On dit qu'un violent orage abattit tout ce côté, qui depuis ne fut pas relevé. Cette disposition ouvre une merveilleuse perspective sur la cathédrale, et forme un des plus beaux tableaux qu'on puisse imaginer, surtout quand les gradins sont peuplés d'une foule étincelante, diaprée des plus vives couleurs. Ferdinand VII avait fondé à Séville un conservatoire de tauromachie, où l'on exerçait les élèves d'abord sur des taureaux de carton, puis sur des *novillos* avec des boules aux cornes, et enfin sur des taureaux sérieux, jusqu'à ce qu'ils fussent dignes de paraître en public. J'ignore si la révolution a respecté cette institution royale et despotique. — Notre espérance déçue, il ne nous restait plus qu'à partir; nos places étaient retenues sur le bateau à vapeur de Cadix, et nous nous embarquâmes au milieu des pleurs, des cris et des hurlements des maîtresses ou femmes légitimes des soldats qui changeaient de garnison et faisaient route avec nous. Je ne sais pas si ces douleurs étaient sincères, mais jamais désespoirs antiques, désolations de femmes juives au jour de captivité, ne se laissèrent aller à de telles violences!

ÉGLISE DE SAN JAGO À XERÈS.

XV

CADIX. — VISITE AU BRICK *LE VOLTIGEUR*. — LES RATEROS. — JÉRÈS. — COURSES DE TAUREAUX EMBOLADOS. — LE BATEAU A VAPEUR. — GIBRALTAR. — CARTHAGÈNE. — VALENCE. — LA LONJA DE SEDA. — LE COUVENT DE LA MERCED. — LES VALENCIENS. — BARCELONE. — RETOUR.

Après les voyages à dos de mulet, à cheval, en charrette, en galère, le bateau à vapeur nous parut quelque chose de miraculeux, dans le goût du tapis magique de Fortunatus ou du bâton d'Abaris. Dévorer l'espace avec la rapidité de la flèche, et cela sans peine, sans fatigue, sans secousse, en se promenant sur le pont et en voyant défiler devant soi les longues bandes du rivage, malgré les caprices du vent et de la marée, est assurément une des plus belles inventions de l'esprit humain. Pour la première fois peut-être, je trouvai que la civilisation avait son bon côté, je n'ai pas dit son beau côté, car tout ce qu'elle produit est malheureusement entaché de laideur, et trahit par là son origine compliquée et diabolique. Auprès d'un navire à voiles, le bateau à vapeur, tout commode qu'il est, paraît hideux. L'un a l'air d'un cygne épanouissant ses ailes blanches au souffle de la brise, et l'autre d'un poêle qui se sauve à toutes jambes, à cheval sur un moulin.

Quoi qu'il en soit, les palettes des roues aidées par le courant nous poussaient rapidement vers Cadix. Séville s'affaissait déjà derrière nous ; mais, par un magnifique effet d'optique, à mesure que les toits de la ville semblaient rentrer en terre pour se confondre avec les lignes horizontales du lointain, la cathédrale grandissait et prenait des proportions énormes, comme un éléphant debout au milieu d'un troupeau de moutons couchés ; et ce n'est qu'alors que je compris bien toute son immensité. Les plus hauts clochers ne dépassaient pas la nef. Quant à la Giralda, l'éloignement donnait à ses briques roses des teintes d'améthyste et d'aventurine qui ne semblent pas compatibles avec l'architecture dans nos tristes climats du Nord. La statue de la Foi scintillait à la cime comme une abeille d'or sur la pointe d'une grande herbe. — Un coude du fleuve déroba bientôt la ville à notre vue.

Les rives du Guadalquivir, du moins en descendant vers la mer, n'ont pas cet aspect enchanteur que leur prêtent les descriptions des poëtes et des voyageurs. Je ne sais pas où ils ont été prendre les forêts d'orangers et de grenadiers dont ils parfument leurs romances. Dans la réalité, on ne voit que des berges peu élevées, sablonneuses, couleur d'ocre, que des eaux jaunes et troublées, dont la teinte terreuse ne peut être attribuée aux pluies, si rares dans ce pays. J'avais déjà remarqué sur le Tage ce manque de limpidité de l'eau, qui vient peut-être de la grande quantité de poussière que le vent y précipite et de la nature friable des terrains traversés. Le bleu si dur du ciel y est aussi pour quelque chose, et par son extrême intensité fait paraître sales les tons de l'eau, toujours moins éclatants. La mer seule peut lutter de transparence et d'azur contre un semblable ciel. Le fleuve allait toujours s'élargissant, les rives décroissaient et s'aplatissaient, et l'aspect général du paysage rappelait assez la physionomie de l'Escaut entre Anvers et Ostende. Ce souvenir flamand en pleine Andalousie est assez bizarre à propos du Guadalquivir au nom moresque ; mais ce rapport se présenta à mon esprit si naturellement, qu'il fallait que la ressemblance fût bien réelle, car je ne pensais guère, je vous le jure, ni à l'Escaut, ni au voyage que j'ai fait en Flandre il y a quelque six ou sept ans. Il y avait, du reste, peu de mouvement sur le fleuve, et ce que l'on apercevait de campagne au delà des rives semblait inculte et désert ; il est vrai que nous étions en pleine canicule, saison pendant laquelle l'Espagne n'est plus guère qu'un vaste tas de cendre sans végétation ni verdure. Pour tous personnages, des hérons et des cigognes, une patte pliée sous le ventre, l'autre plongée à demi dans l'eau, attendaient le passage de quelque poisson dans une immobilité si complète, qu'on les eût pris pour des oiseaux de bois fichés sur une baguette. Des barques avec des voiles latines posées en ciseaux descendaient et remontaient le cours du fleuve sous le même vent, phénomène que je n'ai jamais bien compris, quoiqu'on me l'ait expliqué plusieurs fois. Quelques-uns de ces bateaux portaient une troisième petite voile en forme de triangle isocèle, posée dans l'écartement produit par les pointes divergentes des deux grandes voiles : ce gréement est très-pittoresque.

Vers quatre ou cinq heures du soir, nous passions devant San-Lucar, situé sur la gauche du fleuve. Un grand bâtiment d'architecture moderne, construit avec cette régularité de caserne et d'hôpital qui fait le charme des constructions actuelles, portait à son frontispice une inscription quelconque que nous ne pûmes lire, ce que nous regrettons peu. Cette chose carrée et percée de beaucoup de fenêtres a été bâtie par Ferdinand VII. Ce doit être une douane, un entrepôt ou quelque fabrique dans ce genre. A partir de San-Lucar, le Guadalquivir devient extrêmement large et prend des proportions de bras de mer. Les rivages ne forment plus qu'une ligne de plus en plus étroite entre le ciel et l'eau. C'est grand, mais d'une grandeur un peu sèche, un peu monotone, et nous nous serions ennuyés sans les jeux, les danses, les castagnettes et les tambours de basque des soldats. L'un d'eux, qui avait assisté aux représentations d'une troupe italienne, en contrefaisait les acteurs et surtout les actrices, paroles, chants et gestes, avec beaucoup de gaieté et d'entrain. Ses camarades riaient à se tenir les côtes et paraissaient avoir parfaitement oublié les scènes attendrissantes du départ. Peut-être bien aussi leurs Arianes éplorées avaient-elles déjà essuyé leurs yeux et riaient-elles d'aussi bon cœur. Les passagers du bateau à vapeur prenaient franchement part à cette hilarité et démentaient à qui mieux mieux la réputation de gravité imperturbable qu'ont les Espagnols dans le reste de l'Europe. Le temps de Philippe II, des vêtements noirs, des golilles empesées, du maintien dévot, des mines froides et hautaines, est beaucoup plus passé qu'on ne le pense généralement.

San-Lucar laissé en arrière par une transition presque insensible, on entre dans l'Océan ; la lame s'allonge en volutes régulières, les eaux changent de couleur, et les visages aussi. Les prédestinés à cette étrange maladie que l'on nomme le mal de mer commencent à rechercher les angles solitaires et s'accoudent mélancoliquement sur le bastingage. Pour moi, je me perchai bravement sur la cabine qui avoisine les roues, étudiant ma sensation avec conscience ; car, n'ayant jamais fait de traversée, j'ignorais encore si j'étais dévoué à ces inexprimables tortures. Les premiers balancements m'étonnèrent un peu, mais je me remis bientôt et je repris toute ma sérénité. En débouchant du Guadalquivir, nous avions pris à gauche et nous suivions la côte, d'assez loin toutefois pour ne la distinguer qu'avec peine, car le soir approchait et le soleil descendait majestueusement dans la mer sur un escalier étincelant formé par cinq ou six marches de nuages de la plus riche pourpre.

Il était nuit noire lorsque nous arrivâmes à Cadix. Les lanternes des vaisseaux, des barques à l'ancre dans la rade, les lumières de la ville, les étoiles du ciel, criblaient le clapotis des vagues de millions de paillettes d'or, d'argent, de feu ; dans les endroits tranquilles, la réflexion des fanaux traçait, en s'allongeant dans la mer, de longues colonnes de flammes d'un effet magique. La masse énorme des remparts s'ébauchait bizarrement dans l'épaisseur de l'ombre.

Pour nous rendre à terre, il fallut nous transborder, nous et nos effets, dans de petites barques dont les patrons, avec des vociférations effroyables, se disputaient les voyageurs et les malles à peu près comme autrefois à Paris les cochers de coucous pour Montmorency ou pour Vincennes. Nous eûmes toutes les peines du monde à ne pas être séparés, mon camarade et moi, car l'un nous tirait à gauche, l'autre nous tirait à droite avec une énergie peu rassurante, surtout si l'on songe que ces débats se passaient sur des canots que le moindre mouvement faisait osciller comme une escarpolette sous les pieds des lutteurs. Nous arrivâmes pourtant sans encombre sur le quai, et, après avoir subi la visite de la douane, nichée sous la porte de la ville dans l'épaisseur de la muraille, nous allâmes nous loger dans la calle de San-Francisco.

Comme vous pensez bien, nous étions levés avec le jour. Entrer de nuit dans une ville inconnue est une des choses qui irritent le plus la curiosité du voyageur : on fait les plus grands efforts pour démêler à travers l'ombre la configuration des rues, la forme des édifices, la physionomie des rares passants. De cette façon du moins, l'effet de surprise est ménagé, et le lendemain la ville vous apparaît subitement dans tout son ensemble comme une décoration de théâtre lorsque le rideau se lève.

Il n'existe pas sur la palette du peintre ou de l'écrivain de couleurs assez claires, de teintes assez lumineuses pour rendre l'impression éclatante que nous fit Cadix dans cette glorieuse matinée. Deux teintes uniques vous saisissaient le regard : du bleu et du blanc ; mais du bleu aussi vif que la turquoise, le saphir, le cobalt, et tout ce que vous pourrez imaginer d'excessif en fait d'azur ; mais du blanc aussi pur que l'argent, le lait, la neige, le marbre et le sucre des îles le mieux cristallisé ! Le bleu, c'était le ciel, répété par la mer ; le blanc, c'était la ville. On ne saurait rien imaginer de plus radieux, de plus étincelant, d'une lumière plus diffuse et plus intense à la fois. Vraiment, ce que nous appelons chez nous le soleil n'est à côté de cela qu'une pâle veilleuse à l'agonie sur la table de nuit d'un malade.

Les maisons de Cadix sont beaucoup plus hautes que celles des autres villes d'Espagne, ce qui s'explique par la conformation du terrain, étroit îlot rattaché au continent par un mince filet de terre, et le désir d'avoir une perspective sur la mer. Chaque maison se hausse curieusement sur la pointe du pied pour regarder par-dessus l'épaule de sa voisine, et passer la tête au-dessus de l'épaisse ceinture des remparts. Comme cela ne suffit pas toujours, presque toutes les terrasses portent à leur angle une tourelle, un belvéder, quelquefois coiffé d'une petite coupole ; ces miradores aériens enrichissent d'innombrables dentelures la silhouette de la ville, et produisent l'effet le plus pittoresque. Tout cela est crépi à la chaux, et la blancheur des façades est encore avivée par de longues lignes de vermillon qui séparent les maisons et en marquent les étages : les balcons, très-saillants, sont enveloppés d'une grande cage en verre, garnis de rideaux rouges et remplis de fleurs. Quelques-unes des rues transversales se terminent sur le vide et paraissent aboutir au ciel. Ces échappées d'azur sont d'un inattendu charmant. A part cet aspect gai, vivant et lumineux, Cadix n'a rien de remarquable comme architecture. Sa cathédrale, vaste bâtisse du seizième siècle, quoique ne manquant ni de noblesse ni de beauté, n'a rien qui doive étonner après les prodiges de Burgos, de Tolède, de Cordoue et de Séville : c'est quelque chose dans le goût de la cathédrale de Jaën, de Grenade et de Malaga ; une architecture classique avec des proportions plus effilées et plus sveltes, comme l'entendaient les artistes de la renaissance. Les chapiteaux corinthiens, d'un module plus allongé que le type grec consacré, sont très-élégants. Comme tableaux, comme ornements, du mauvais goût surchargé, de la richesse folle, voilà tout. Je ne dois pas cependant passer sous silence un petit martyr de sept ans crucifié, sculpture en bois peint d'un sentiment parfait et d'une délicatesse exquise. L'enthousiasme, la foi, la douleur, se mêlent dans des proportions enfantines sur ce charmant visage de la manière la plus touchante.

Nous allâmes voir la place des Taureaux, qui est petite et réputée l'une des plus dangereuses de l'Espagne. L'on traverse, pour y arriver, des jardins remplis de palmiers gigantesques et d'espèces variées. Rien n'est plus noble, plus royal, qu'un palmier. Ce grand soleil de feuilles au bout de cette colonne cannelée rayonne si splendidement dans le lapis-lazuli d'un ciel oriental! ce tronc écaillé, mince comme s'il était serré dans un corset, rappelle si bien la taille d'une jeune fille; son port est si majestueux, si élégant! Le palmier et le laurier-rose sont mes arbres favoris; la vue du palmier et du laurier-rose me cause une joie, une gaieté étonnantes. Il me semble que l'on ne peut pas être malheureux à leur ombre.

La place des Taureaux de Cadix n'a pas de *tablas* continues. D'espace en espace sont disposés des espèces de paravents de bois derrière lesquels se retirent les *toreros* trop vivement poursuivis. Cette disposition nous paraît offrir moins de sûreté.

On nous fit remarquer les logettes qui contiennent les taureaux pendant la course; ce sont des espèces de cage en grosses poutres, fermées d'une porte qui se lève comme une vanne de moulin ou une bonde d'étang. Pour exciter leur rage, on les harcèle avec des pointes, on les frotte d'acide nitrique; enfin on cherche tous les moyens de leur envenimer le caractère.

A cause des chaleurs excessives, les courses étaient suspendues; un acrobate français avait disposé au milieu de l'arène ses tréteaux et sa corde pour le spectacle du lendemain. C'est dans cette place que lord Byron a vu la course dont il donne, au premier chant du *Pèlerinage de Child-Harold,* une description poétique, mais qui ne fait pas grand honneur à ses connaissances en tauromachie.

Cadix est serrée par une étroite ceinture de remparts qui lui étreignent la taille comme un corset de granit; une seconde ceinture d'écueils et de rochers la met à l'abri des assauts et des vagues, et pourtant, il y a quelques années, une tempête effroyable creva et renversa en plusieurs endroits ces formidables murailles qui ont plus de vingt pieds d'épaisseur, et dont des tranches immenses gisent encore çà et là le long du rivage. Sur les glacis de ces remparts, garnis de distance en distance de guérites de pierre, on peut faire en promenant le tour de la ville, dont une seule porte donne du côté de la terre ferme, et dans la pleine mer ou dans la rade, voir aller, venir, décrire des courbes gracieuses, se croiser, changer de bordée et se jouer comme des albatros, les canots, les felouques, les balancelles, les bateaux pêcheurs, qui à l'horizon ne semblent plus que des plumes de colombe emportées dans le ciel par une folle brise; plusieurs de ces barques, comme les anciennes galères grecques, ont à la proue, de chaque côté du taille-mer, deux grands yeux peints de couleurs naturelles, qui paraissent veiller à la marche et donnent à cette partie de l'embarcation une vague apparence de profil humain. Rien n'est plus animé, plus vivant et plus gai que ce coup d'œil.

Sur le môle, du côté de la porte de la douane, le mouvement est d'une activité sans pareille. Une foule bigarrée, où chaque pays du monde a ses représentants, se presse à toute heure au pied des colonnes surmontées de statues qui décorent le quai. Depuis la peau blanche et les cheveux roux de l'Anglais jusqu'au cuir bronzé et à la laine noire de l'Africain, en passant par les nuances intermédiaires café, cuivre et jaune d'or, toutes les variétés de l'espèce humaine se trouvent rassemblées là. Dans la rade, un peu au loin, se prélassent les trois-mâts, les frégates, les bricks, hissant chaque matin, au son du tambour, le pavillon de leur nation respective; les navires marchands, les bateaux à vapeur, dont les cheminées éructent de la vapeur bicolore, s'approchent davantage du bord à cause de leur plus faible tonnage et forment les premiers plans de ce grand tableau naval.

J'avais une lettre de recommandation pour le commandant du brick français le *Voltigeur*, en station dans la rade de Cadix. Sur sa présentation, M. Lebarbier de Tinan m'avait gracieusement invité à dîner, ainsi que deux autres jeunes gens, à son bord, pour le lendemain, vers cinq heures. A quatre heures, nous étions sur le môle, cherchant une barque et un patron pour faire le trajet du quai au navire, quinze ou vingt minutes tout au plus. Je fus très-étonné lorsque le patron nous demanda un douro au lieu d'une piécette, prix ordinaire de la course. Dans mon ignorance nautique, voyant le ciel parfaitement clair, un soleil étincelant comme au premier jour du monde, je m'étais innocemment figuré qu'il faisait beau temps. Telle était ma conviction. Il faisait au contraire un temps atroce, et je ne tardai pas à m'en apercevoir aux premières bordées que courut le canot. La mer était courte, clapoteuse, et d'une dureté effroyable. Il ventait à décorner les bœufs. Nous sautions comme dans une coquille de noix, et nous embarquions de l'eau à chaque instant. Au bout de quelques minutes, nous jouissions d'un bain de pieds qui menaçait fort de se changer bientôt en bain de siége. L'écume des lames m'entrait par le collet de mon habit et me coulait dans le dos. Le patron et ses deux acolytes juraient, tempêtaient, s'arrachaient les écoutes et le gouvernail des mains. L'un voulait ceci, l'autre voulait cela, et je vis le moment où ils allaient se gourmer. La situation devint assez critique pour que l'un d'eux commençât à marmotter un tronçon de prière à je ne sais plus quel saint. Par bonheur, nous approchions du brick, qui se balançait nonchalamment sur ses ancres, et semblait regarder d'un air de pitié dédaigneuse les évolutions convulsives de notre petite barque. Enfin, nous abordâmes, et il nous fallut plus de dix minutes pour pouvoir empoigner les tireveilles et grimper sur le pont.

« Voilà ce qui s'appelle avoir le courage de l'exactitude, » nous dit le commandant avec un sourire en nous voyant monter sur le tillac, ruisselants d'eau, les cheveux éplorés en barbe de dieu marin, et il nous fit donner un pantalon, une chemise, une veste, enfin un costume complet. « Cela vous apprendra à vous fier aux descriptions des poëtes ; vous avez cru qu'il n'y avait pas de tempête sans orchestre obligé de tonnerre, sans vagues allant mêler leur écume aux nuages, sans pluie, et sans éclairs déchirant l'obscurité profonde. Détrompez-vous, je ne pourrai probablement vous renvoyer à terre que dans deux ou trois jours. »

Le vent était en effet d'une violence terrible, les cordages tressaillaient comme des cordes à violon sous l'archet d'un joueur frénétique, le pavillon claquait avec un bruit sec, et son étamine menaçait de se couper et de s'envoler en lambeaux dans le fond de la rade ; les poulies grinçaient, piaulaient, sifflaient, et par instants, jetaient des cris aigus qui semblaient jaillir d'un gosier humain. Deux ou trois matelots en pénitence dans les haubans, pour je ne sais quelle peccadille, avaient toutes les peines du monde à ne pas être emportés.

Tout cela ne nous empêcha pas de faire un excellent dîner, arrosé des meilleurs vins, assaisonné des plus aimables propos, et aussi de diaboliques épices indiennes qui feraient boire un hydrophobe. Le lendemain, comme à cause du mauvais temps l'on n'avait pu mettre de canot à la mer pour aller chercher des provisions fraîches à terre, nous fîmes un dîner non moins délicat, mais qui avait cela de particulier, que chaque mets portait une date assez reculée. Nous mangeâmes des petits pois de 1836, du beurre frais de 1835, et de la crème de 1834, tout cela d'une fraîcheur et d'une conservation miraculeuses. Le gros temps dura deux jours, pendant lesquels je me promenai sur le pont, ne me lassant pas d'admirer la propreté de ménagère hollandaise, le fini de détails, le génie d'arrangement de ce prodige de l'esprit de l'homme qu'on appelle tout simplement un vaisseau. Le cuivre des caronades étincelait comme de l'or, les planches luisaient comme le palissandre du meuble le mieux verni. Aussi, chaque matin, l'on procède à la toilette du vaisseau, et, pleuvrait-il à verse, le pont n'en est pas moins lavé, inondé, épongé, fauberdé avec le même scrupule et la même minutie.

Au bout de deux jours le vent tomba, et l'on nous conduisit à terre dans un canot à dix rameurs.

Seulement mon habit noir, fortement imprégné d'eau de mer, ne put, en séchant, reprendre son élasticité, et il resta toujours parsemé de micas brillants, et roide comme une morue salée.

L'aspect de Cadix en venant du large est charmant. A la voir ainsi étincelante de blancheur entre l'azur de la mer et l'azur du ciel, on dirait une immense couronne de filigrane d'argent ; le dôme de la cathédrale, peint en jaune, semble une tiare de vermeil posée au milieu. Les pots de fleurs, les volutes et les tourelles qui terminent les maisons varient à l'infini la dentelure. Byron a merveilleusement caractérisé la physionomie de Cadix en une seule touche :

« Brillante Cadix, qui t'élèves vers le ciel du milieu du bleu foncé de la mer. »

Dans la même stance, le poëte anglais émet sur la vertu des Gaditanes une opinion un peu leste qu'il était sans doute dans le droit d'avoir. Quant à nous, sans agiter ici cette question délicate, nous nous bornerons à dire qu'elles sont fort belles et d'un type particulier; leur teint a cette blancheur de marbre poli qui fait si bien ressortir la pureté des traits. Elles ont le nez moins aquilin que les Sévillanes, le front petit, les pommettes peu saillantes, et se rapprochent tout à fait de la physionomie grecque. Elles m'ont paru aussi plus grasses que les autres Espagnoles, et d'une taille plus élevée. Tel est du moins le résultat des observations que j'ai pu faire en me promenant au Salon, sur la place de la *Constitucion* et au théâtre, où, par parenthèse, je vis jouer très-joliment *le Gamin de Paris* (*el Pilluelo de Paris*) par une femme travestie, et danser des boléros avec beaucoup de feu et d'entrain.

Cependant, si agréable que soit Cadix, cette idée d'être renfermé d'abord par les remparts, ensuite par la mer, dans son enceinte étroite, vous donne le désir d'en sortir. Il me semble que la seule pensée que puissent nourrir des insulaires, c'est d'aller sur le continent : c'est ce qui explique les perpétuelles émigrations des Anglais, qui sont partout, excepté à Londres, où il n'y a que des Italiens et des Polonais. Aussi les Gaditans sont-ils perpétuellement occupés à faire la traversée de Cadix à Puerto de Santa-Maria et réciproquement. Un léger bateau à vapeur omnibus, qui part toutes les heures, des barques à voile, des canots, attendent et provoquent les vagabonds. Un beau matin, mon compagnon et moi, réfléchissant que nous avions une lettre de recommandation d'un de nos amis grenadins pour son père, riche marchand de vin à Jérès, lettre ainsi conçue : « Ouvre ton cœur, ta maison et ta cave aux deux cavaliers ci-joints, » nous grimpâmes sur le vapeur à la cabine duquel était collée une affiche annonçant pour le soir une course entremêlée d'intermèdes bouffons, qui devait avoir lieu à Puerto de Santa-Maria. Cela composait admirablement notre journée. Avec une calesine, l'on pouvait aller de Puerto à Jérès, y rester quelques heures, et revenir à temps pour la course. Après avoir déjeuné en toute hâte à la fonda de Vista Alegre, qui mérite on ne peut mieux son nom, nous fîmes marché avec un conducteur, qui nous promit d'être de retour à cinq heures pour la *funcion :* c'est le nom qu'on donne en Espagne à tout spectacle, quel qu'il soit. La route de Jérès traverse une plaine montueuse, rugueuse, bossuée, d'une aridité de pierre ponce. Au printemps, ce désert se couvre, dit-on, d'un riche tapis de verdure tout émaillé de fleurs sauvages. Le genêt, la lavande, le thym, embaument l'air de leurs émanations aromatiques ; mais à l'époque de l'année où nous étions, toute trace de végétation a disparu. A peine aperçoit-on çà et là quelques tignasses de gazon sec, jaune, filamenteux, et tout enfariné de poussière. Ce chemin, s'il faut en croire la chronique locale, est fort dangereux. L'on y rencontre souvent des *rateros,* c'est-à-dire des paysans qui, sans être brigands de profession, prennent l'occasion à la bourse lorsqu'elle se présente, et ne résistent pas au plaisir de détrousser un passant isolé. Ces *rateros* sont plus à craindre que les véritables bandits, qui procèdent avec la régularité d'une troupe organisée, soumise à un chef, et qui ménagent les voyageurs pour leur faire subir une nouvelle pression sur une autre route ; ensuite, l'on n'essaie pas de résister à une brigade de vingt ou vingt-cinq hommes à cheval, bien équipés, armés jusqu'aux dents, au lieu qu'on lutte contre deux *rateros,* on se fait tuer ou tout au moins blesser; et puis le *ratero,* c'est peut-être ce bouvier qui passe, ce laboureur qui vous salue, ce *muchacho* déguenillé et bronzé qui dort ou fait semblant de dormir sous une mince bande d'ombre, dans une déchirure de ravin, votre *calesero* lui-même, qui vous conduit dans une embuscade. On ne sait, le danger est partout et nulle part. De temps en temps la police fait assassiner par ses agents les plus dangereux et les plus connus de ces misérables dans des querelles de cabaret, provoquées à dessein, et cette justice, bien qu'un peu sommaire et barbare, est la seule praticable, vu l'absence de preuves et de témoins, et la difficulté de s'emparer des coupables dans un pays où il faudrait une armée pour arrêter chaque homme, et où la contre-police est faite avec tant d'intelligence et de passion par un peuple qui n'a guère sur le tien et le mien des idées plus avancées que les Bédouins d'Afrique. Cependant, ici comme partout ailleurs, les brigands annoncés ne se montrèrent pas, et nous arrivâmes sans encombre à Jérès.

Jérès, comme toutes les petites villes andalouses, est blanchie à la chaux des pieds à la tête, et n'a rien de remarquable en fait d'architecture que ses *bodegas,* ou magasins de vins, immenses celliers aux grands toits de tuiles, aux longues murailles blanches privées de fenêtres. La personne à qui nous étions recommandés était absente, mais la lettre fit son effet, et l'on nous conduisit immédiatement à la cave. Jamais plus glorieux spectacle ne s'offrit aux yeux d'un ivrogne; on marchait dans des allées de tonneaux disposés sur quatre ou cinq rangs de hauteur. Il nous fallut goûter de tout cela, au moins les principales espèces, et il y a infiniment de principales espèces. Nous suivîmes toute la gamme, depuis le jérès de quatre-vingts ans, foncé, épais, ayant le goût de muscat et la teinte étrange du vin vert de Béziers, jusqu'au jérès sec couleur de paille claire, sentant la pierre à fusil et se rapprochant du sauterne. Entre ces deux notes extrêmes il y a tout un registre de vins intermédiaires, avec des tons d'or, de topaze brûlée, d'écorce d'orange, et une variété de goût extrême. Seulement, ils sont tous plus ou moins mélangés d'eau-de-vie, surtout ceux que l'on destine à l'Angleterre, où l'on ne les trouverait pas assez forts sans cela; car, pour plaire aux gosiers britanniques, le vin doit être déguisé en rhum.

Après une étude si complète sur l'œnologie jérésienne, le difficile était de regagner notre voiture avec une rectitude suffisamment majestueuse pour ne pas compromettre la France vis-à-vis de l'Espagne; c'était une question d'amour-propre international : tomber ou ne pas tomber, telle était la question, question bien autrement embarrassante que celle qui donnait tant de tablature au prince de Danemark. Je dois dire avec un orgueil bien légitime que nous allâmes jusqu'à notre calesine dans un état de perpendicularité très-satisfaisant, et que nous représentâmes glorieusement notre cher pays dans cette lutte contre le vin le plus capiteux de la Péninsule. Grâce à l'évaporation rapide produite par une chaleur de 38 à 40 degrés, à notre retour à Puerto, nous étions en état de disserter sur les points de psychologie les plus délicats et d'apprécier les coups à la course. Cette course, où la plupart des taureaux étaient *embolados*, c'est-à-dire portaient des boules au bout des cornes, et où deux seulement furent tués, nous réjouit fort par une foule d'incidents burlesques. Les *picadores,* costumés en Turcs de carnaval, avec des pantalons de percale à la mameluk, des vestes soleillées dans le dos, des turbans en gâteau de Savoie, rappelaient à s'y méprendre les figures de Mores extravagants que Goya ébauche en trois ou quatre traits de pointe dans les planches de la *Toromaquia.* L'un de ces drôles, en attendant son tour de faire le coup de lance, se mouchait dans le coin de son turban avec une philosophie et un flegme admirables. Un *barco de vapor* en osier, recouvert de toile et monté par un équipage d'ânes vêtus de brassières rouges et coiffés tant bien que mal de chapeaux à trois cornes, fut poussé au milieu de l'arène. Le taureau se rua sur cette machine, crevant, renversant, jetant en l'air les pauvres bourriques de la façon la plus drôle du monde : je vis aussi sur cette place un *picador* tuer le taureau d'un coup de lance, dans le manche de laquelle était caché un artifice dont la détonation fut si violente, que l'animal, le cheval et le cavalier tombèrent à la renverse tous les trois : le premier, parce qu'il était mort, les deux autres par la force du recul. Le *matador* était un vieux coquin vêtu d'une souquenille usée, chaussé de bas jaunes, trop à jour, ayant l'air d'un Jeannot d'opéra-comique, ou d'un *queue-rouge* de saltimbanque. Il fut renversé plusieurs fois par le taureau, auquel il portait des estocades si mal assurées, que l'emploi de la *media-luna* devint nécessaire pour en finir. La *media-luna,* comme son nom l'indique, est une espèce de croissant emmanché d'une perche et assez semblable aux serpes à tailler les grands arbres. On s'en sert pour couper les jarrets de l'animal, que l'on achève alors sans aucun danger. Rien n'est plus ignoble et plus hideux : dès que le péril cesse, le dégoût arrive ; ce n'est plus un combat, c'est une boucherie. Cette pauvre bête se traînant sur ses moignons, comme Hyacinthe des Variétés, lorsqu'il représente la *Naine* dans la sublime parade des *Saltimbanques,* offre le spectacle le plus triste qu'on puisse voir, et l'on ne désire qu'une chose, c'est qu'elle retrouve assez de force pour éventrer d'un coup de corne suprême ses stupides bourreaux.

Ce misérable, matador par occasion, avait pour industrie spéciale de *manger*. Il absorbait sept ou huit douzaines d'œufs durs, un mouton tout entier, un veau, etc. A voir sa maigreur, il faut croire qu'il ne travaillait pas souvent. Il y avait beaucoup de monde à cette course ; les habits de majo étaient riches et nombreux ; les femmes, d'un type tout différent de celles de Cadix, portaient sur la tête, au lieu de mantilles, de longs châles écarlates qui encadraient parfaitement leurs belles figures olivâtres, au teint presque aussi foncé que celui des mulâtresses, où la nacre de l'œil et l'ivoire des dents ressortent avec un éclat singulier. Ces lignes pures, ce ton fauve et doré, prêteraient merveilleusement à la peinture, et il est fâcheux que Léopold Robert, ce Raphaël des paysans, soit mort si jeune et n'ait pas fait le voyage d'Espagne.

En errant à travers les rues, nous débouchâmes sur la place du marché. Il faisait nuit. Les boutiques et les étalages étaient éclairés par des lanternes ou des lampes suspendues, et formaient un charmant coup d'œil tout étoilé et tout pailleté de points brillants. Des pastèques à l'écorce verte, à la pulpe rose, des figues de cactus, les unes dans leur capsule épineuse, les autres déjà écalées, des sacs de *garbanzos,* des oignons monstrueux, des raisins couleur d'ambre jaune à faire honte à la grappe rapportée de la terre promise, des guirlandes d'aulx, de piments et autres denrées violentes, étaient pittoresquement entassés. Dans les passages laissés entre chaque marchand, allaient et venaient les paysans poussant leurs ânes, les femmes traînant leurs marmots. J'en remarquai une d'une beauté rare, avec des yeux de jais dans un ovale de bistre, et sur les tempes, des cheveux plaqués, luisants comme deux coques de satin noir ou deux ailes de corbeau. Elle marchait sérieuse et radieuse, les jambes sans bas, son charmant pied nu dans un soulier de satin. Cette coquetterie du pied est générale en Andalousie.

La cour de notre auberge, arrangée en *patio,* était ornée d'une fontaine entourée d'arbustes sur lesquels vivait un peuple de caméléons. Il serait difficile d'imaginer un animal plus bizarrement hideux. Figurez-vous une espèce de lézard ventru, de six à sept pouces plus ou moins, avec une gueule démesurément fendue, qui darde une langue visqueuse, blanchâtre, aussi longue que le corps, des yeux de crapaud à qui l'on marche sur le dos, saillants, énormes, enveloppés d'une membrane, et d'une indépendance complète de mouvement; l'un regarde le ciel et l'autre la terre. Ces lézards louches, qui ne vivent que d'air, au dire des Espagnols, mais que j'ai parfaitement vus manger des mouches, ont la propriété de changer de couleur, selon le lieu où ils se trouvent. Ils ne deviennent pas subitement écarlates, bleus ou verts d'un instant à l'autre, mais au bout d'une heure ou deux ils s'emboivent et s'empreignent de la teinte des objets les plus rapprochés d'eux. Sur un arbre, ils deviennent d'un beau vert; sur une étoffe bleue, d'un gris d'ardoise; sur l'écarlate, d'un brun roussâtre. Tenus à l'ombre, ils se décolorent et prennent une sorte de nuance neutre d'un blanc jaunâtre. Un ou deux caméléons figureraient à merveille dans le laboratoire d'un alchimiste ou d'un docteur Faust. En Andalousie, l'on pend à la voûte une cordelette d'une certaine longueur, dont on remet le bout entre les pattes de devant de l'animal, qui commence à grimper, et grimpe jusqu'à ce qu'il rencontre la voûte, où ses griffes ne peuvent s'accrocher. Alors il redescend jusqu'au bout de la corde, et mesure, en tournant un de ses yeux, la distance qui le sépare de la terre; puis, tout bien calculé, il reprend son ascension avec un sérieux et une gravité admirables, et ainsi de suite indéfiniment. Quand il y a deux caméléons à la même corde, le spectacle devient d'une bouffonnerie transcendantale. Le spleen en personne crèverait de rire à contempler les contorsions, les regards effroyables des deux vilaines bêtes, lorsqu'elles se rencontrent. Curieux de me procurer ce divertissement en France, j'achetai une couple de ces aimables animaux, que j'emportai dans une petite cage; mais ils prirent froid dans la traversée, et moururent de la poitrine à notre arrivée à Port-Vendres. Ils étaient devenus étiques, et leur pauvre petite anatomie se faisait jour à travers leur peau flasque et ridée.

A quelques jours de là, l'annonce d'une course, la dernière, hélas! que je dusse voir, me fit retourner à Jérès. Le cirque de Jérès est très-beau, très-vaste, et ne manque pas d'un certain caractère architectural. Il est bâti en briques relevées de côté de pierre, mélange qui produit un bon effet. Il y avait une foule immense, bigarrée, diaprée, fourmillante, avec un grand mouvement d'éventails et de mouchoirs. Nous avons déjà décrit plusieurs courses, et nous ne rapporterons de celle-ci que quelques détails. Au milieu de l'arène était planté un poteau terminé par une espèce de petite plateforme. Sur cette plate-forme se tenait accroupi, en faisant des grimaces, en brochant des babines, un singe fagoté en troubadour, et retenu par une chaîne assez longue qui lui permettait de décrire un cercle assez étendu dont le pieu était le centre. Lorsque le taureau entrait dans la place, le premier objet qui lui frappait les yeux, c'était le singe sur son juchoir. Alors se jouait la comédie la plus divertissante : le taureau poursuivait le singe, qui remontait bien vite à sa plate-forme. L'animal furieux donnait de grands coups de cornes dans le poteau, et imprimait de terribles secousses à M. le babouin, en proie à la plus profonde terreur, et dont les transes se traduisaient par des grimaces d'une bouffonnerie irrésistible. Quelquefois même, ne pouvant se tenir assez ferme au rebord de sa planche, bien qu'il s'y accrochât de ses quatre mains, il tombait sur le dos du taureau, où il se cramponnait désespérément. Alors l'hilarité n'avait plus de bornes, et quinze mille sourires blancs illuminaient toutes ces faces brunes. Mais à la comédie succéda la tragédie. Un pauvre nègre, garçon de place, qui portait un panier rempli de terre pulvérisée pour en jeter sur les mares de sang, fut attaqué par le taureau, qu'il croyait occupé ailleurs, et jeté en l'air à deux reprises. Il resta étendu sur le sable, sans mouvement et sans vie. Les *chulos* vinrent agiter leur cape au nez du taureau, et l'attirèrent dans un autre coin de la place, afin que l'on pût emporter le corps du nègre. Il passa tout près de moi ; deux *mozos* le tenaient par les pieds et la tête. Chose singulière, de noir il était devenu gros bleu, ce qui est apparemment la manière de pâlir du nègre. Cet événement ne troubla en rien la course : *Nada, es un moro;* ce n'est rien, c'est un noir, telle fut l'oraison funèbre du pauvre Africain. Mais si les hommes se montrèrent insensibles à sa mort, il n'en fut pas de même du singe, qui se tordait les bras, poussait des glapissements affreux et se démenait de toutes ses forces pour rompre sa chaîne. Regardait-il le nègre comme un animal de sa race, comme un frère réussi, comme le seul ami digne de le comprendre ? Toujours est-il que jamais je n'ai vu douleur plus vive, plus touchante que celle de ce singe pleurant ce nègre, et ce fait est d'autant plus remarquable, qu'il avait vu des *picadores* renversés et en péril sans donner le moindre signe d'inquiétude ou de sympathie. Au même moment un énorme hibou s'abattit au milieu de la place : il venait sans doute, en sa qualité d'oiseau de nuit, chercher cette âme noire pour l'emporter au paradis d'ébène des Africains. Sur les huit taureaux de cette course, quatre seulement devaient être tués. Les autres, après avoir reçu une demi-douzaine de coups de lance et trois ou quatre paires de *banderillas,* étaient ramenés au *toril* par de grands bœufs ayant des clochettes au cou. Le dernier, un *novillo,* fut abandonné aux amateurs, qui envahirent l'arène en tumulte, et le dépêchèrent à coups de couteau ; car telle est la passion des Andalous pour les courses, qu'il ne leur suffit pas d'en être spectateurs, il faut encore qu'ils y prennent part, sans quoi ils se retireraient inassouvis.

Le bateau à vapeur *l'Océan* était en partance dans la rade où le mauvais temps, ce superbe mauvais temps dont j'ai déjà parlé, le retenait depuis quelques jours ; nous y montâmes avec un sentiment de satisfaction intime, car, par suite des événements de Valence et des troubles qui en avaient été la suite, Cadix se trouvait quelque peu en état de siége. Les journaux ne paraissaient plus que remplis de pièces de vers ou de feuilletons traduits du français, et sur les angles de tous les murs étaient collés de petits *bandos* assez rébarbatifs, défendant les attroupements de plus de trois personnes, sous peine de mort. A part ces motifs de désirer un prompt départ, il y avait bien longtemps que nous marchions le dos tourné à la France ; c'était la première fois depuis bien des mois que nous faisions un pas vers la mère patrie ; et, si dégagé que l'on soit de préjugés nationaux, il est difficile de se défendre d'un peu de chauvinisme si loin de son pays. En Espagne, la moindre allusion à la France me rendait furieux, et j'aurais chanté gloire, victoire, lauriers, guerriers, comme un comparse du Cirque-Olympique.

Tout le monde était sur le pont, allant, venant, faisant des signes d'adieu aux canots qui retournaient à terre ; moi, qui ne laissais sur le rivage aucun regret, aucun souvenir, je furetais dans les coins et les recoins du petit univers flottant qui devait me servir de prison pendant quelques jours. Dans le cours de mes investigations, je rencontrai une chambrette remplie d'une grande quantité d'urnes de faïence d'une forme intime et suspecte. Ces vases peu étrusques me surprirent par leur nombre, et je me dis : « Voilà un chargement des moins poétiques ! O Delille, pudique abbé, roi de la périphrase, par quelle circonlocution aurais-tu désigné dans ton alexandrin majestueux cette poterie domestique et nocturne ? » A peine avions-nous fait une lieue, que je compris à quoi servait cette vaisselle. De tous les côtés l'on criait : *Me mareo!* le cœur me manque ! des citrons ! du rhum ! du vinaigre ! des sels ! Le pont offrait le spectacle le plus lamentable ; les femmes, si charmantes tout à l'heure, verdissaient comme des noyés de huit jours. Elles gisaient sur des matelas, des malles, des couvertures, dans un oubli complet de toute grâce et de toute pudeur. Une jeune mère qui allaitait son enfant, saisie du mal de mer, avait négligé de refermer son corsage et ne s'en aperçut que lorsque nous eûmes dépassé Tarifa. Un pauvre perroquet, atteint aussi dans sa cage, et ne comprenant rien aux angoisses qu'il éprouvait, débitait son répertoire avec une volubilité éplorée la plus comique du monde. J'eus le bonheur de n'être pas malade. Les deux jours passés sur *le Voltigeur* m'avaient sans doute acclimaté. Mon camarade, moins heureux que moi, fit le plongeon dans l'intérieur du navire, et ne reparut qu'à notre arrivée à Gibraltar. Comment la science moderne, qui s'occupe avec tant de sollicitude des rhumes de cerveau des lapins, et s'amuse à teindre en rouge les os des canards, n'a-t-elle pas encore cherché sérieusement un remède à cet horrible malaise qui fait plus souffrir qu'une agonie réelle?

La mer était encore un peu dure, bien que le temps fût magnifique; l'air avait une telle transparence, que nous apercevions assez distinctement la côte d'Afrique, le cap Spartel et la baie au fond de laquelle se trouve Tanger, que nous eûmes le regret de ne pouvoir visiter. Cette bande de montagnes pareilles à des nuages, dont elles ne différaient que par l'immobilité, c'était donc l'Afrique, la terre des prodiges, dont les Romains disaient : *Quid novi fert Africa?* le plus ancien continent, le berceau de la civilisation orientale, le foyer de l'islam, le monde noir où l'ombre absente du ciel se trouve seulement sur les visages, le laboratoire mystérieux où la nature, qui s'essaye à produire l'homme, transforme d'abord le singe en nègre! La voir et passer, quel raffinement nouveau du supplice de Tantale !

A la hauteur de Tarifa, bourgade dont les murailles de craie se dressent sur une colline escarpée derrière une petite île du même nom, l'Europe et l'Afrique se rapprochent et semblent vouloir se donner un baiser d'alliance. Le détroit est si resserré, que l'on découvre à la fois les deux continents. Il est impossible de ne pas croire, quand on est sur les lieux, que la Méditerranée n'ait été, à une époque qui ne doit pas être très-reculée, une mer isolée, un lac intérieur, comme la mer Caspienne, la mer d'Aral et la mer Morte. Le spectacle qui se présentait à nos yeux était d'une magnificence merveilleuse. A gauche l'Europe, à droite l'Afrique, avec leurs côtes rocheuses, revêtues par l'éloignement de nuances lilas clair, gorge de pigeon, comme celles d'une étoffe de soie à deux trames ; en avant, l'horizon sans bornes et s'élargissant toujours ; par-dessus, un ciel de turquoise ; par-dessous, une mer de saphir d'une limpidité si grande, que l'on voyait la coque de notre bâtiment tout entière, ainsi que la quille des bateaux qui passaient auprès de nous, et qui semblaient plutôt voler dans l'air que flotter sur l'eau. Nous nagions en pleine lumière, et la seule teinte sombre que l'on eût pu découvrir à vingt lieues à la ronde venait de la longue aigrette de fumée épaisse que nous laissions après nous. Le bateau à vapeur est bien réellement une invention septentrionale ; son foyer, toujours ardent, sa chaudière en ébullition, ses cheminées, qui finiront par noircir le ciel de leur suie, s'harmonient admirablement avec les brouillards et les brumes du Nord. Dans les splendeurs du Midi, il fait tache. La nature était en gaieté ; de grands oiseaux de mer d'une blancheur de neige rasaient l'eau du coupant de leurs ailes. Des thons, des dorades, des poissons de toute sorte, lustrés, vernissés, étincelants, faisaient des sauts, des cabrioles, et folâtraient avec la vague ; des voiles se succédaient d'instant en instant, blanches, arrondies comme le sein plein de lait d'une néréide qui se serait fait voir au-dessus de l'onde. Les côtes se teignaient de couleurs fantastiques ; leurs plis, leurs déchirures, leurs escarpements, accrochaient les rayons du soleil de manière à produire les effets les plus merveilleux, les plus inattendus, et nous offraient un panorama sans cesse renouvelé. Vers les quatre heures, nous étions en vue de Gibraltar, attendant que *la santé* (c'est ainsi qu'on appelle les agents du lazaret) voulût bien venir prendre nos papiers avec des pincettes, et voir si d'aventure nous n'apportions pas dans nos poches quelque fièvre jaune, quelque choléra bleu, ou quelque peste noire.

L'aspect de Gibraltar dépayse tout à fait l'imagination, l'on ne sait plus où l'on est ni ce que l'on voit. Figurez-vous un immense rocher ou plutôt une montagne de quinze cents pieds de haut qui surgit subitement, brusquement, du milieu de la mer sur une terre si plate et si basse qu'à peine l'aperçoit-on. Rien ne la prépare, rien ne la motive, elle ne se relie à aucune chaîne ; c'est un monolithe monstrueux lancé du ciel, un morceau de planète écornée tombé là pendant une bataille d'astres, un fragment du monde cassé. Qui l'a posée à cette place ? Dieu seul et l'éternité le savent. Ce qui ajoute encore à l'effet de ce rocher inexplicable, c'est sa forme : l'on dirait un sphinx de granit énorme, démesuré, gigantesque, comme pourraient en tailler des Titans qui seraient sculpteurs, et auprès duquel les monstres camards de Karnak et de Giseh sont dans la proportion d'une souris à un éléphant. L'allongement des pattes forme ce qu'on appelle la pointe d'Europe ; la tête, un peu tronquée, est tournée vers l'Afrique qu'elle semble regarder avec une attention rêveuse et profonde. Quelle pensée peut avoir cette montagne à l'attitude sournoisement méditative ? Quelle énigme propose-t-elle ou cherche-t-elle à deviner ? Les épaules, les reins et la croupe s'étendent vers l'Espagne à grands plis nonchalants, en belles lignes onduleuses comme celles des lions en repos. La ville est au bas, presque imperceptible, misérable détail

perdu dans la masse. Les vaisseaux à trois ponts à l'ancre dans la baie paraissent des jouets d'Allemagne, de petits modèles de navires en miniature, comme on en vend dans les ports de mer ; les barques, des mouches qui se noient dans du lait ; les fortifications même ne sont pas apparentes. Cependant la montagne est creusée, minée, fouillée dans tous les sens ; elle a le ventre plein de canons, d'obusiers et de mortiers ; elle regorge de munitions de guerre. C'est le luxe et la coquetterie de l'imprenable. Mais tout cela ne produit à l'œil que quelques lignes imperceptibles qui se confondent avec les rides du rocher, quelques trous par lesquels les pièces d'artillerie passent furtivement leurs gueules de bronze. Au moyen âge, Gibraltar eût été hérissé de donjons, de tours, de tourelles, de remparts crénelés ; au lieu de se tenir au bas, la forteresse eût escaladé la montagne et se fût posée comme un nid d'aigle sur la crête la plus aiguë. Les batteries actuelles rasent la mer, si resserrée à cet endroit, et rendent le passage pour ainsi dire impossible. Gibraltar était appelé par les Arabes Ghiblaltâh, c'est-à-dire le *Mont de l'Entrée*. Jamais nom ne fut mieux justifié. Son nom antique est Calpé. Abyla, maintenant le Mont des Singes, est de l'autre côté en Afrique, tout près de Ceuta, possession espagnole, le Brest et le Toulon de la Péninsule, où l'on envoie les plus endurcis des galériens. Nous distinguions parfaitement la forme de ces escarpements et sa cime encapuchonnée de nuages, malgré la sérénité de tout le reste du ciel.

Comme Cadix, Gibraltar, situé à l'entrée d'un golfe dans une presqu'île, ne tient au continent que par une étroite langue de terre que l'on appelle *le terrain neutre*, et sur laquelle sont établies les lignes de douanes. La première possession espagnole de ce côté est San-Roque. Algésiras, dont les maisons blanches reluisent dans l'azur universel comme le ventre argenté d'un poisson à fleur d'eau, est précisément en face de Gibraltar; au milieu de ce bleu splendide, Algésiras faisait sa petite révolution; l'on entendait vaguement pétiller des coups de fusil comme des grains de sel que l'on jetterait au feu. L'ayuntamiento se réfugia même sur notre bateau à vapeur, où il se mit à fumer son cigare le plus tranquillement du monde.

La *santé* ne nous ayant trouvé aucune infection, nous fûmes abordés par les canots, et un quart d'heure après nous étions à terre. L'effet produit par la physionomie de la ville est des plus bizarres. En faisant un pas, vous faites cinq cents lieues; c'est un peu plus que le petit Poucet avec ses fameuses bottes. Tout à l'heure, vous étiez en Andalousie; vous êtes en Angleterre. Des villes moresques du royaume de Grenade et de Murcie, vous tombez subitement à Ramsgate; voici les maisons de brique avec leurs fossés, leurs portes bâtardes, leurs fenêtres à guillotine, exactement comme à Twickenham ou à Richmond. Allez un peu plus loin, vous trouverez les cottages aux grilles et aux barrières peintes. Les promenades et les jardins sont plantés de frênes, de bouleaux, d'ormes et de la verte végétation du Nord, si différente de ces découpures de tôle vernie qu'on fait passer pour du feuillage dans les pays méridionaux. Les Anglais ont une individualité si prononcée, qu'ils sont les mêmes partout, et je ne sais vraiment pas pourquoi ils voyagent, car ils emportent avec eux toutes leurs habitudes, et charrient leur intérieur sur leur dos, comme de vrais colimaçons. En quelque endroit qu'un Anglais se trouve, il vit exactement comme s'il était à Londres; il lui faut son thé, ses rumpsteaks, ses tartes de rhubarbe, son porter et son sherry s'il se porte bien, et son calomel s'il se porte mal. Au moyen des innombrables boîtes qu'il traîne après lui, l'Anglais se procure en tous lieux le *at home* et le *comfort* nécessaires à son existence. Que d'outils il faut pour vivre à ces honnêtes insulaires, que de mal ils se donnent pour être à leur aise, et combien je préfère à ces recherches et à ces complications la sobriété et le dénûment espagnols ! Depuis bien longtemps je n'avais vu sur la tête des femmes ces horribles galettes, ces odieux cornets de carton recouverts d'un lambeau d'étoffe, qui se désignent sous le nom de chapeaux, et au fond desquels le beau sexe ensevelit sa figure dans les pays prétendus civilisés. Je ne puis exprimer la sensation désagréable que j'éprouvai à la vue de la première Anglaise que je rencontrai, un chapeau à voile vert sur la tête, marchant comme un grenadier de la garde au moyen de grands pieds chaussés de grands brodequins. Ce n'était pas qu'elle fût laide, au contraire, mais j'étais accoutumé à la pureté de race, à la finesse du cheval arabe, à la grâce exquise de démarche, à la mignonnerie et à la gentillesse andalouse, et cette figure rectiligne, au regard étamé, à la physionomie morte, aux gestes anguleux, avec sa tenue exacte et méthodique, son parfum de *cant* et son absence de tout naturel, me produisit un effet comiquement sinistre. Il me sembla que j'étais mis tout à coup en présence du spectre de la civilisation, mon ennemie mortelle, et que cette apparition voulait dire que mon rêve de liberté vagabonde était fini, et qu'il fallait rentrer, pour n'en plus sortir, dans la vie du dix-neuvième siècle. Devant cette Anglaise, je me sentis tout honteux de n'avoir ni gants blancs, ni lorgnon, ni souliers vernis, et je jetai un regard confus sur les broderies extravagantes de mon caban bleu de ciel. Pour la première fois, depuis six mois, je compris que je n'étais pas convenable et que je n'avais pas l'air gentleman.

Ces longs visages britanniques, ces soldats rouges aux allures d'automates, en face de ce ciel étincelant et de cette mer si brillante, ne sont pas dans leur droit ; l'on comprend que leur présence est due à une surprise, à une usurpation. Ils occupent, mais ils n'habitent pas leur ville.

Les juifs, repoussés ou mal vus par les Espagnols, qui, s'ils n'ont plus de religion, ont encore de la superstition, abondent à Gibraltar, devenu hérétique avec les mécréants d'Anglais. Ils promènent par les rues leurs profils au nez crochu, à la bouche mince, leur crâne jaune et luisant coiffé d'un bonnet rabbinique posé en arrière, leurs lévites râpées, de forme étroite et de couleur sombre : les juives, qui, par un privilége singulier, sont aussi belles que leurs maris sont hideux, portent des manteaux noirs à capuchon bordés d'écarlate et d'un caractère pittoresque. Leur rencontre nous fit penser vaguement à la Bible, à Rachel sur le bord du puits, aux scènes primitives des époques patriarcales, car, ainsi que toutes les races orientales, elles conservent dans leurs longs yeux noirs et sur leurs teints dorés le reflet mystérieux d'un monde évanoui. Il y a aussi à Gibraltar beaucoup de Marocains, d'Arabes de Tanger et de la côte ; ils y tiennent de petites boutiques de parfums, de ceintures de soie, de pantoufles, de chasses-mouches, de coussins de cuir historiés, et autres menues industries barbaresques. Comme nous voulions faire quelques emplettes de babioles et de curiosités, on nous conduisit chez un des principaux, qui demeurait dans la ville haute, en nous faisant passer par des rues en escalier, moins anglaises que celles de la ville basse, et qui laissaient, à de certains détours, la vue s'échapper sur le golfe d'Algésiras, magnifiquement éclairé par les dernières lueurs du jour. En entrant dans la maison du Marocain, nous fûmes enveloppés d'un nuage d'aromes orientaux : le parfum doux et pénétrant de l'eau de rose nous monta au cerveau, et nous fit penser aux mystères du harem et aux merveilles des *Mille et une Nuits*. Les fils du marchand, beaux jeunes gens d'une vingtaine d'années, étaient assis sur des bancs près de la porte et respiraient la fraîcheur du soir. Ils étaient doués de cette pureté de traits, de cette limpidité du regard, de cette noblesse nonchalante, de cet air de mélancolie amoureuse et pensive, attributs des races pures. Le père avait la mine étoffée et majestueuse d'un roi mage. Nous nous trouvions bien laids et bien mesquins à côté de ce gaillard solennel; et du ton le plus humble, le chapeau à la main, nous lui demandâmes s'il voulait bien daigner nous vendre quelques paires de babouches de maroquin jaune. Il fit un signe d'acquiescement, et, comme nous lui faisions observer que le prix était un peu élevé, il nous répondit d'une façon grandiose en espagnol : « Je ne surfais jamais : cela est bon pour les chrétiens. » Ainsi notre mauvaise foi commerciale nous rend un objet de mépris pour les nations barbares, qui ne comprennent pas que le désir de gagner quelques centimes de plus puisse faire parjurer un homme.

Nos acquisitions faites, nous redescendîmes dans le bas Gibraltar, et nous allâmes faire un tour sur une belle promenade plantée d'arbres du Nord, entremêlés de fleurs, de factionnaires et de canons, où l'on voit des calèches et des cavaliers absolument comme à Hyde-Park. Il n'y manque que la statue d'Achille Wellington. Heureusement les Anglais n'ont pu ni salir la mer ni noircir le ciel : cette promenade est hors de la ville, vers la pointe d'Europe et du côté de la montagne habitée par les singes. C'est le seul endroit de notre continent où ces aimables quadrumanes vivent et se multiplient à l'état sauvage. Selon que le vent change, ils passent d'un revers à l'autre du rocher et servent ainsi de baromètre ; il est défendu de les tuer sous des peines très-sévères. Quant à moi, je n'en ai pas vu ; mais la température du lieu est assez brûlante pour que les macaques et les cercopithèques les plus frileux s'y puissent développer sans poêles et sans calorifères. Abyla, s'il faut en croire son nom moderne, doit jouir, sur la côte d'Afrique, d'une population semblable.

Le lendemain, nous quittions ce parc d'artillerie et ce foyer de contrebande, et nous voguions vers Malaga, que nous connaissions déjà, mais qui nous fit plaisir à revoir. avec son phare svelte et blanc, son port encombré et son mouvement perpétuel. Vue de la mer, la cathédrale semble plus grande que la ville, et les ruines des anciennes fortifications arabes produisent sur les pentes des rochers les effets les plus romantiques. Nous retournâmes à notre auberge des Trois Rois, et la gentille Dolorès poussa un cri de joie en nous reconnaissant.

Le jour suivant, nous reprenions la mer, alourdis d'une cargaison de raisins secs ; et, comme nous avions perdu un peu de temps, le capitaine résolut de brûler Alméria et de pousser tout d'un trait jusqu'à Carthagène.

Nous suivions la côte d'Espagne d'assez près pour ne la jamais perdre de vue. Celle d'Afrique, par suite de l'élargissement du bassin méditerranéen, avait, depuis longtemps, disparu de l'horizou. D'une part, nous avions donc pour perspective de longues bandes de falaises bleuâtres, aux escarpements bizarres, aux fissures perpendiculaires, tachetées çà et là de points blancs indiquant un petit village, une tour de vigie, une guérite de douanier; de l'autre, la pleine mer, tantôt moirée et gaufrée par le courant ou la bise, tantôt d'un azur terne et mat ou bien d'une transparence de cristal, tantôt d'un éclat tremblant comme une basquine de danseuse, tantôt opaque, huileuse et grise comme du mercure et de l'étain fondu : une variété de tons et d'aspects inimaginable, à faire le désespoir des peintres et des poëtes. Une procession de voiles rouges, blanches, blondes, de navires de toute taille et de tout pavillon, égayait le coup d'œil et lui ôtait ce que la vue d'une solitude infinie a toujours de triste. Une mer sans aucune voile est le spectacle le plus mélancolique et le plus navrant que l'on puisse contempler. Songer qu'il n'y a pas une pensée sur un si grand espace, pas un cœur pour comprendre ce sublime spectacle ! Un point blanc à peine perceptible sur ce bleu sans fond et sans limite, et l'immensité est peuplée; il y a un intérêt, un drame.

Carthagène, qu'on appelle *Cartagena de Levante* pour la distinguer de la Carthagène d'Amérique, occupe le fond d'une baie, espèce d'entonnoir de rochers où les vaisseaux sont parfaitement à l'abri de tous les vents. Sa découpure n'a rien de bien pittoresque; les traits les plus distincts qu'elle ait laissés dans notre mémoire sont deux moulins à vent dessinés en noir sur un fond de ciel clair. A peine avions-nous mis le pied dans les canots pour descendre à terre, que nous fûmes assaillis, non par des portefaix, pour enlever nos bagages comme à Cadix, mais bien par d'affreux drôles qui nous vantaient les charmes d'une foule de Balbinas, de Casildas, d'Hilarias, de Lolas, à n'y pouvoir rien entendre.

L'aspect de Carthagène diffère entièrement de celui de Malaga. Autant Malaga est gaie, riante, animée, autant Carthagène est morne, renfrognée dans sa couronne de roches pelées et stériles, aussi sèches que les collines égyptiennes au flanc desquelles les Pharaons creusaient leurs syringes. La chaux a disparu, les murs ont repris les teintes sombres, les fenêtres sont grillées de serrureries compliquées, et les maisons, plus rébarbatives, ont cet air de prison qui distingue les manoirs castillans. Cependant, sans vouloir tomber ici dans le travers de ce voyageur qui écrivait sur son calepin : « Toutes les femmes de Calais sont acariâtres, rousses et bossues, » parce que l'hôtesse de son auberge réunissait ces trois défauts, nous devons dire que nous n'avons aperçu, à ces fenêtres si bien garnies de barreaux, que de charmants visages et des physionomies d'anges ; c'est peut-être pour cela qu'elles sont grillées avec tant de soin. En attendant le dîner, nous allâmes visiter l'arsenal maritime, établissement conçu dans les proportions les plus grandioses, et aujourd'hui dans un état d'abandon qui fait peine à voir ; ces vastes bassins, ces cales, ces chantiers inactifs où pourrait se construire une autre Armada, ne servent plus à rien. Deux ou trois carcasses ébauchées, pareilles à des squelettes de cachalots échoués, achèvent de pourrir obscurément dans un coin ; des milliers de grillons ont pris possession de ces grands bâtiments déserts, on ne sait où poser le pied pour n'en pas écraser ; ils font tant de bruit avec leurs petites crécelles, que l'on a de la peine à s'entendre parler. Malgré l'amour que je professe pour les grillons, amour que j'ai exprimé en prose et en vers, je dois convenir qu'il y en avait un peu trop.

ALICANTE FONTAINE SANTA MARIA.

De Carthagène, nous allâmes jusqu'à la ville d'Alicante, de laquelle, d'après un vers des *Orientales* de Victor Hugo, je m'étais composé dans ma tête un dessin infiniment trop dentelé :

> Alicante aux clochers mêle les minarets.

Or, Alicante, du moins aujourd'hui, aurait beaucoup de peine à opérer ce mélange que je reconnais pour infiniment désirable et pittoresque, attendu qu'elle n'a d'abord pas de minaret, et qu'ensuite le seul clocher qu'elle possède n'est qu'une tour fort basse et peu apparente. Ce qui caractérise Alicante, c'est un énorme rocher qui s'élève du milieu de la ville, lequel rocher, magnifique de forme, magnifique de couleur, est coiffé d'une forteresse et flanqué d'une guérite suspendue sur l'abîme de la façon la plus audacieuse. L'hôtel de ville, ou pour plus de couleur locale, le palais de la *Constitucion*, est un édifice charmant et du meilleur goût. L'alameda, toute dallée de pierre, est ombragée par deux ou trois allées d'arbres assez garnis de feuilles pour des arbres espagnols dont le pied ne trempe pas dans un puits. Les maisons s'élèvent et reprennent la tournure européenne. Je vis deux femmes coiffées de chapeaux jaune-soufre, symptôme menaçant. Voilà tout ce que je sais d'Alicante, où le bateau ne toucha que le temps nécessaire pour prendre du fret et du charbon : temps d'arrêt dont nous profitâmes pour déjeuner à terre. Comme on le pense bien, nous ne négligeâmes pas l'occasion de faire quelques études consciencieuses sur le vin du cru, que je ne trouvais pas aussi bon que je me l'imaginais, malgré son authenticité incontestable ; cela tenait peut-être au goût de poix que lui avait communiqué la *bota* qui le renfermait. Notre prochaine étape devait nous conduire à Valence, *Valencia del Cid*, comme disent les Espagnols.

D'Alicante à Valence, les falaises de la rive continuent à présenter des formes bizarres, des aspects inattendus; on nous fit remarquer sur le sommet d'une montagne une entaille carrée, et qui semble pratiquée par la main de l'homme. Le jour suivant, vers le matin, nous mouillions devant le Grao : c'est ainsi qu'on nomme le port et le faubourg de Valence, qui est éloignée de la mer d'une demi-lieue. La vague était assez forte, et nous arrivâmes au débarcadère passablement arrosés. Là nous prîmes une tartane pour nous rendre à la ville. Le mot *tartane* s'entend d'ordinaire dans un sens maritime; la tartane de Valence est une caisse recouverte de toile cirée et posée sur deux roues sans le moindre ressort. Ce véhicule nous parut, comparé aux *galeras,* d'une mollesse efféminée, et jamais voiture de Clochez ne fut trouvée si douce. Nous étions surpris et comme embarrassés d'être si bien. De grands arbres bordaient la route que nous suivions, agrément dont nous avions perdu l'habitude depuis longtemps.

Valence, sous le rapport pittoresque, répond assez peu à l'idée qu'on s'en fait d'après les *romances* et les chroniques. C'est une grande ville, plate, éparpillée, confuse dans son plan, et sans avoir les avantages que donne aux vieilles villes bâties sur des terrains accidentés le désordre de leur construction. Valence est située dans une plaine nommée la Huerta, au milieu de jardins et de cultures où de perpétuelles irrigations entretiennent une fraîcheur bien rare en Espagne. Le climat en est si doux, que les palmiers et les orangers y viennent en pleine terre à côté des productions du Nord. Aussi Valence fait un grand commerce d'oranges; pour les me-

TOUR DE SANTA CATALINA VALENCE.

surer, on les fait passer par un anneau, comme les boulets dont on veut reconnaître le calibre; celles qui ne passent pas forment le premier choix. Le Guadalaviar, traversé par cinq beaux ponts de pierre et bordé d'une superbe promenade, passe à côté de la ville, presque sous les remparts. Les nombreuses saignées qu'on pratique à sa veine pour l'arrosement rendent les trois quarts de l'année ses cinq ponts un objet de luxe et d'ornement. La porte du Cid, par laquelle on passe pour aller à la promenade du Guadalaviar, est flanquée de grosses tours crénelées d'un assez bon effet.

Les rues de Valence sont étroites, bordées de maisons élevées d'un aspect assez maussade, et sur quelques-unes l'on déchiffre encore quelques blasons frustes mutilés; l'on devine des fragments de sculptures émoussées, chimères sans ongles, femmes sans nez, chevaliers sans bras. Une croisée de la renaissance, perdue, empâtée dans un affreux mur de maçonnerie récente, fait lever, de loin en loin, les yeux de l'artiste et lui arrache un soupir de regret; mais ces rares vestiges, il faut les chercher dans les angles obscurs, au fond des arrière-cours, et Valence n'en a pas moins la physionomie toute moderne. La cathédrale, d'une architecture hybride, malgré une abside à galerie avec pleins cintres romans, n'a rien qui puisse attirer l'attention du voyageur après les merveilles de Burgos, de Tolède et de Séville. Quelques retables finement sculptés; un tableau de Sébastien del Piombo, un autre de l'Espagnolet dans sa manière tendre, lorsqu'il tâchait d'imiter le Corrége, voilà tout ce qu'il y a de remarquable. Les autres églises, bien que nombreuses et riches, sont bâties et décorées dans ce goût étrange d'ornementation rocaille dont nous avons donné déjà plusieurs fois la description. On ne peut, en voyant toutes ces extravagances, que regretter tant de talent et d'esprit gaspillés en pure perte. *La Lonja de Seda* (bourse de la soie), sur la place du marché, est un délicieux monument gothique ; la grande salle, dont la voûte retombe sur des rangées de colonnes aux nervures tordues en spirales d'une légèreté extrême, est d'une élégance et d'une gaieté d'aspect rares dans l'architecture gothique, plus propre en général à exprimer la mélancolie que le bonheur. C'est dans la Lonja que se donnent au carnaval les fêtes et les bals masqués. Pour en finir avec les monuments, disons quelques mots de l'ancien couvent de la Merced, où l'on a réuni un grand nombre de peintures, les unes médiocres, les autres mauvaises, à quelques rares exceptions près. Ce qui me charma le plus à la Merced, c'est une cour entourée d'un cloître et plantée de palmiers d'une grandeur et d'une beauté tout orientales, qui filent comme la flèche dans la limpidité de l'air.

Le véritable attrait de Valence pour le voyageur, c'est sa population, ou, pour mieux dire, celle de la Huerta qui l'environne. Les paysans valenciens ont un costume d'une étrangeté caractéristique, qui ne doit pas avoir varié beaucoup depuis l'invasion des Arabes, et qui ne diffère que très-peu du costume actuel des Mores d'Afrique. Ce costume consiste en une chemise, un caleçon flottant de grosse toile serré d'une ceinture rouge, et en un gilet de velours vert ou bleu garni de boutons faits de piécettes d'argent ; les jambes sont enfermées dans des espèces de *knémides* ou jambards de laine blanche bordées d'un liséré bleu et laissant le genou et le cou-de-pied à découvert. Pour chaussures, ils portent des *alpargatas*, sandales de cordes tressées, dont la semelle a près d'un pouce d'épaisseur, et qui s'attachent au moyen de rubans comme les cothurnes grecs ; ils ont la tête habituellement rasée à la façon des Orientaux

VALENCE. PLACE DU MARCHÉ.

et presque toujours enveloppée d'un mouchoir de couleur éclatante ; sur ce foulard est posé un petit chapeau bas de forme, à bords retroussés, enjolivé de velours, de houppes de soie, de paillons et de clinquant. Une pièce d'étoffe bariolée, appelée *capa de muestra*, ornée de rosettes de rubans jaunes, et qui se jette sur l'épaule, complète cet ajustement plein de noblesse et de caractère. Dans les coins de sa cape, qu'il arrange de mille manières, le Valencien serre son argent, son pain, son melon d'eau, sa *navaja* ; c'est à la fois pour lui un bissac et un manteau. Il est bien entendu que nous décrivons là le costume au grand complet, l'habit des jours de fête ; les jours ordinaires et de travail, le Valencien ne conserve guère que la chemise et le caleçon : alors, avec ses énormes favoris noirs, son visage brûlé du soleil, son regard farouche, ses bras et ses jambes couleur de bronze, il a vraiment l'air d'un Bédouin, surtout s'il défait son mouchoir et laisse voir son crâne rasé et bleu comme une barbe fraîchement faite. Malgré les prétentions de l'Espagne à la catholicité, j'aurai toujours beaucoup de peine à croire que de pareils gaillards ne soient pas musulmans. C'est probablement à cet air féroce que les Valenciens doivent la réputation de mauvaises gens (*mala gente*) qu'ils ont dans les autres provinces d'Espagne : on m'a dit vingt fois que dans la Huerta de Valence, lorsqu'on avait envie de se défaire de quelqu'un, il n'était pas difficile de trouver un paysan qui, pour cinq ou six douros, se chargeait de la besogne. Ceci m'a l'air d'une pure calomnie ; j'ai souvent rencontré dans la campagne des drôles à mines effroyables qui m'ont toujours salué fort poliment. Un soir, même, nous nous étions perdus et nous faillîmes coucher à la belle étoile, les portes de la ville se trouvant fermées à notre retour, et cependant il n nous arriva rien de fâcheux, quoiqu'il fît nuit noire depuis longtemps, que Valence et les environs fussent en révolution.

Par un contraste singulier, les femmes de ces Kabyles européens sont pâles, blondes, *bionde e grassote*, comme les Vénitiennes ; elles ont un doux sourire triste sur la bouche, un tendre rayon bleu dans le regard ; on ne saurait imaginer un contraste plus parfait. Ces noirs démons du paradis de la Huerta ont pour femmes des anges blancs, dont les beaux cheveux sont retenus par un grand peigne à galerie ou traversés par de longues aiguilles ornées à leur extrémité de boules d'argent ou de verroteries. Autrefois les Valenciennes portaient un délicieux costume national qui rappelait celui des Albanaises; malheureusement elles l'ont abandonné pour cet effroyable costume anglo-français, pour les robes à manches à la gigot et autres abominations pareilles. Il est à remarquer que les femmes sont les premières à quitter les vêtements nationaux ; il n'y a guère plus en Espagne que les hommes du peuple qui conservent les anciens costumes. Ce manque d'intelligence dans ce qui touche à la toilette surprend de la part d'un sexe essentiellement coquet ; mais l'étonnement cesse lorsque l'on songe que les femmes n'ont que le sentiment de la mode et non celui de la beauté. Une femme trouvera toujours charmant le plus misérable chiffon, si le genre suprême est de porter ce chiffon.

Nous étions depuis une dizaine de jours à Valence, attendant le passage d'un autre bateau à vapeur, car le temps avait dérangé les départs et brouillé toutes les correspondances. Notre curiosité était satisfaite, et nous n'aspirions plus qu'à retourner à Paris, à revoir nos parents, nos amis, les chers boulevards, les chers ruisseaux ; je crois, Dieu me le pardonne, que je nourrissais le désir secret

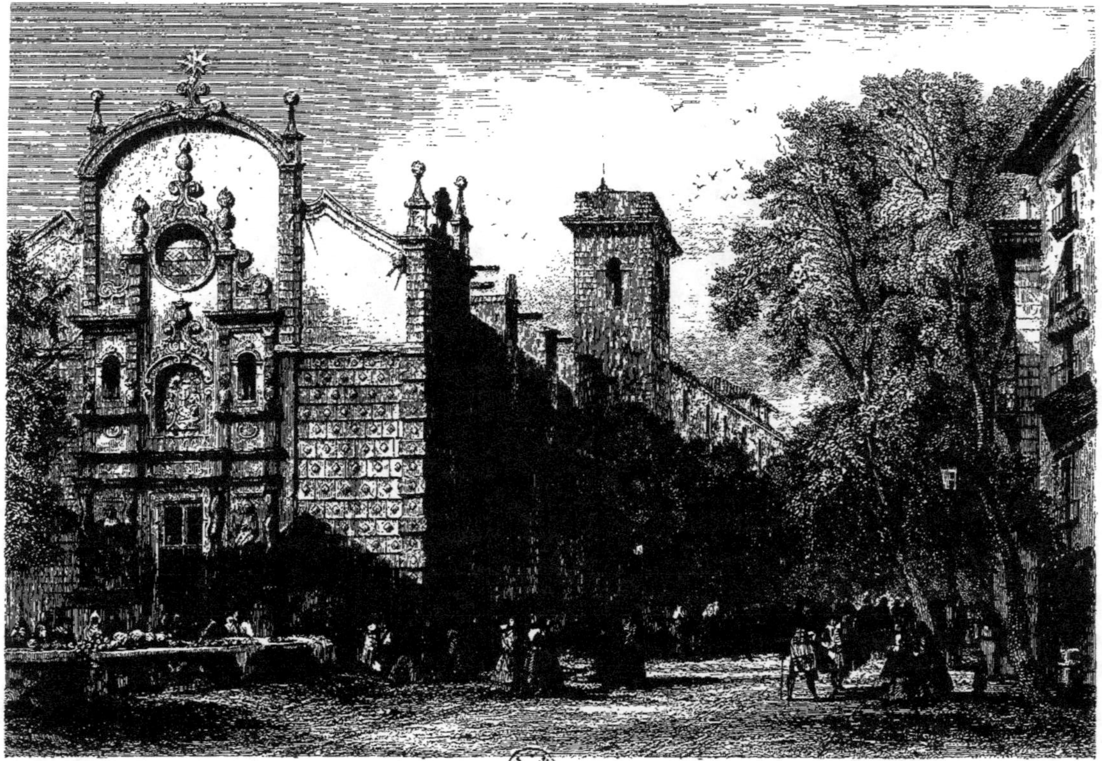

Rouargue frères del et sc.

Impr. F. Chardon aîné, 3, r. Hautefeuille, Paris

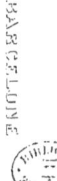

BARCELONE LA RAMBLA.

d'assister à un vaudeville ; bref, la vie civilisée, oubliée pendant six mois, nous réclamait impérieusement. Nous avions envie de lire le journal du jour, de dormir dans notre lit, et mille autres fantaisies béotiennes. Enfin il passa un paquebot venant de Gibraltar, qui nous prit et nous conduisit à Port-Vendres, en passant par Barcelone, où nous ne restâmes que quelques heures. L'aspect de Barcelone ressemble à Marseille, et le type espagnol n'y est presque plus sensible ; les édifices sont grands, réguliers, et, sans les immenses pantalons de velours bleu et les grands bonnets rouges des Catalans, l'on pourrait se croire dans une ville de France. Malgré sa Rambla plantée d'arbres, ses belles rues alignées, Barcelone a un air un peu guindé et un peu roide, comme toutes les villes lacées trop dru dans un justaucorps de fortifications.

La cathédrale est fort belle, surtout à l'intérieur, qui est sombre, mystérieux, presque effrayant. Les orgues sont de facture gothique et se ferment avec de grands panneaux couverts de peintures : une tête de Sarrasin grimace affreusement sous le pendentif qui les supporte. De charmants lustres du quinzième siècle, brochés à jour comme des reliquaires, tombent des nervures de la voûte. En sortant de l'église, on entre dans un beau cloître de la même époque, plein de rêverie et de silence, dont les arcades demi-ruinées prennent les tons grisâtres des vieilles architectures du Nord. La rue de *la Plateria* (de l'orfévrerie) éblouit les yeux par ses devantures et ses verrines éclatantes de bijoux, et surtout d'énormes boucles d'oreilles grosses comme des grappes, d'une richesse lourde et massive, un peu barbare, mais d'un effet assez majestueux, qui sont achetées principalement par les paysannes aisées.

Le lendemain, à dix heures du matin, nous entrions dans la

petite anse au fond de laquelle s'épanouit Port-Vendres. Nous étions en France. Vous le dirai-je? en mettant le pied sur le sol de la patrie, je me sentis des larmes aux yeux, non de joie mais de regret. Les tours vermeilles, les sommets d'argent de la Sierra-Nevada, les lauriers-roses du Généralife, les longs regards de velours humide, les lèvres d'œillet en fleur, les petits pieds et les petites mains, tout cela me revint si vivement à l'esprit, qu'il me sembla que cette France, où pourtant j'allais retrouver ma mère, était pour moi une terre d'exil. Le rêve était fini.

FIN.

TABLE DES MATIÈRES

Dédicace...	VI
I. De Paris à Bordeaux...	1
II. Bayonne. — La contrebande humaine...........................	15
III. Le zagal et les escopeteros. — Irun. — Les petits mendiants. — Astigarraga..	21
IV. Vergara. — Vittoria; le *baile nacional* et les hercules français. — Le passage de Pancorvo. — Les ânes et les lévriers. — Burgos. — Une fonda espagnole. — Les galériens en manteaux. — La cathédrale. — Le coffre du Cid...	31
V. Le cloître, peintures et sculptures. — Maison du Cid; maison du Cordon; porte Sainte-Marie. — Le théâtre et les acteurs. — La Cartuja de Miraflores. — Le général Thibaut et les os du Cid................	54
VI. El correo real; les galères. — Valladolid. — San Pablo. — Une représentation d'*Hernani*. — Sainte-Marie des Neiges. — Madrid........	69
VII. Courses de taureaux. — Sevilla le picador. — La estocada á vuela piés.	87
VIII. Le Prado. — La mantille et l'éventail. — Type espagnol. — Marchands d'eau; cafés de Madrid. — Journaux. — Les politiques de la Puerta del Sol. — Hôtel des Postes. — Les maisons de Madrid. — Tertulias; société espagnole. — Le théâtre del Principe. — Palais de la reine, des Cortès et monument du Dos de Mayo. — L'Armeria, le Buen Retiro.	107
IX. L'Escurial. — Les voleurs..	147
X. Tolède. — L'Alcazar. — La cathédrale. — Le rite grégorien et le rite mozarabe. — Notre-Dame de Tolède. — San Juan de los Reyes. — La Synagogue. — Galiana, Karl et Bradamant. — Le bain de Florinde. — La grotte d'Hercule. — L'hôpital du cardinal. — Les lames de Tolède...	161

XI. Procession de la Fête-Dieu à Madrid. — Aranjuez. — Un patio. — La campagne d'Orcaña. — Tembleque et ses jarretières. — Une nuit à Manzanarès. — Les couteaux de Santa Cruz. — La Puerto de los Perros. — La colonie de la Carolina. — Baylen. — Jaen, sa cathédrale et ses Mayos. — Grenade. — L'Alameda. — L'Alhambra. — Le Généralife. — L'Albaycin. — La vie à Grenade. — Les Gitanos. — La Chartreuse. — Santo-Domingo. — Ascension au Mulhacen......... 207

XII. Les voleurs et les cosarios de l'Andalousie. — Alhama. — Malaga. — Les étudiants en tournée. — Une course de taureaux. — Montès. — Le théâtre.. 237

XIII. Ecija. — Cordoue. — L'archange Raphaël. — La Mosquée............ 337

XIV. Séville. — La Cristina. — La Torre del Oro. — Italica. — La cathédrale. — La Giralda. — El polvo sevillano. — La Caridad et don Juan de Marana.. 367

XV. Cadix. — Visite au brick *le Voltigeur*. — Les Rateros. — Jérès. — Courses de taureaux embolados. — Le bateau à vapeur. — Gibraltar. — Carthagène. — Valence. — La Lonja de Seda. — Le couvent de la Merced. — Les Valenciens. — Barcelone. — Retour............... 389

FIN DE LA TABLE DES MATIÈRES.

CORBEIL. — TYP. ET STÉR. DE CRÉTÉ FILS

www.ingramcontent.com/pod-product-compliance
Lightning Source LLC
Chambersburg PA
CBHW072106220426
43664CB00013B/2014